# CrN基

## 微纳米复合膜
### 的制备与应用

蔡志海　张　平　底月兰　乔玉林　著

知识产权出版社
全国百佳图书出版单位

图书在版编目（CIP）数据

CrN 基微纳米复合膜的制备与应用 / 蔡志海等著.—北京 ：知识产权出版社, 2017.4
ISBN 978-7-5130-4855-2

Ⅰ. ①C… Ⅱ. ①蔡… Ⅲ. ①纳米材料－膜材料－研究 Ⅳ. ①TB383

中国版本图书馆 CIP 数据核字(2017)第 073529 号

**内容提要**

本书总结了 CrN 基微纳米复合膜的最新研究结果，从研制新型活塞环表面涂层需求入手，对 CrN 薄膜、Cr/CrN 纳米多层膜、CrTiN、CrAlN、CrTiAlN 等微纳米复合硬膜和 CrMoN、$CrMoN/MoS_2$ 微纳米固体润滑复合膜的显微组织、成膜机理和性能，以及 CrN 基微纳米复合膜的抗热腐蚀机理、摩擦磨损机理、摩擦副匹配机理和 $CrMoN/MoS_2$ 微纳米固体润滑复合膜的摩擦磨损机理模型等方面进行了全面、深入的分析和研究，并在上述研究基础上，进行了 CrN 基微纳米复合膜活塞环实际应用考核试验。

本书为物理气相沉积制备 CrN 基微纳米复合膜及装备零件真空镀膜表面改性强化提供了重要的理论基础和工艺指导，具有重要的工业应用参考价值。

**责任编辑：彭喜英**　　　　　　　　　　　　　　**责任出版：孙婷婷**

# CrN 基微纳米复合膜的制备与应用

**CrN JI WEINAMI FUHEMO DE ZHIBEI YU YINGYONG**

蔡志海　张　平　底月兰　乔玉林　著

| | | | |
|---|---|---|---|
| 出版发行：知识产权出版社 有限责任公司 | 网　　址：http://www.ipph.cn |
| 电　　话：010-82004826 | http://www.laichushu.com` |
| 社　　址：北京市海淀区西外太平庄 55 号 | 邮　　编：100081 |
| 责编电话：010-82000860 转 8539 | 责编邮箱：pengxyjane@163.com |
| 发行电话：010-82000860 转 8101/8029 | 发行传真：010-82000893/82003279 |
| 印　　刷：北京中献拓方科技发展有限公司 | 经　　销：各大网上书店、新华书店及相关专业书店 |
| 开　　本：787mm×1092mm　1/16 | 印　　张：12.5 |
| 版　　次：2017 年 4 月第 1 版 | 印　　次：2017 年 4 月第 1 次印刷 |
| 字　　数：306 千字 | 定　　价：48.00 元 |
| ISBN 978-7-5130-4855-2 | |

# 前　言

为了节约社会资源、延长机械零部件的服役寿命，绿色制造和再制造工程技术在现代工业中备受关注。物理气相沉积技术作为表面工程和再制造工程的关键技术之一，在零件的性能强化与再制造延寿领域展现出较大的应用潜力。在装甲兵工程学院 2012 年全国优秀博士学位论文（提名奖）《坦克发动机活塞环 CrN 基复合膜的摩擦学性能与抗高温腐蚀行为研究》的基础上，补充近几年来关于 CrN 基微纳米复合膜成膜机理和固体润滑等方面的研究成果，重新组织撰写了本书《CrN 基微纳米复合膜的制备与应用》。

全书以 CrN 基微纳米复合膜制备成膜技术涉及的工艺、性能和应用等关键问题为主线，共分 8 章，第 1 章主要叙述了 CrN 基微纳米复合膜的制备技术、性能特点、研究进展以及应用场合；第 2 章基于多弧离子镀 $N_2$ 浓度、负偏压和弧电流等工艺参数优化，研究 CrN 薄膜与 Cr/CrN 纳米多层膜的成膜机理、力学性能与磨损机制。第 3 章通过调控薄膜添加元素成分和含量，分析 CrTiN、CrAlN、CrTiAlN 微纳米复合膜的显微组织和性能的影响规律，研究 CrN 基微纳米复合膜的成膜机理。第 4 章模拟活塞环服役高温腐蚀环境，比较研究 Cr 电镀层和 CrN 基微纳米复合膜的抗高温氧化和抗热腐蚀行为，揭示了 CrN 基微纳米复合膜的抗高温氧化机理和抗热腐蚀机理。第 5 章基于不同润滑环境、滑动速度、载荷条件和温度，研究 CrN 基微纳米复合膜的摩擦磨损机制和摩擦副匹配机理。第 6 章基于 CrMoN 微纳米复合膜工艺优化基础，探索物理气相沉积与低温离子渗硫技术相结合原位合成 $CrMoN/MoS_2$ 微纳米固体润滑复合膜，分析其成膜机理与性能。第 7 章研究了不同摩擦条件下 $CrMoN/MoS_2$ 微纳米固体润滑复合膜的摩擦学性能，建立了 $CrMoN/MoS_2$ 微纳米固体润滑复合膜的的摩擦磨损机理模型。第 8 章基于 CrN 基微纳米复合膜在活塞环上的实际应用考核结果，研究实际应用环境下活塞环/缸套摩擦副的磨损机制。本书的内容为装备零件的真空镀膜表面改性提供了理论支持，也为其他薄膜制备技术等相关研究领域开辟新的视觉，展现了广阔的研究和应用空间。

本书是由蔡志海、底月兰主笔，在张平教授和乔玉林教授指导下完成的。全书特请装甲兵工程学院谭俊教授、梁秀兵研究员和赵军军博士审阅，在此表示诚挚的谢意。本书的研究成果得益于国家自然科学基金项目（No.50901089），以及军队科研等项目，在此表示衷心感谢。同时，向书中参考文献的作者致以敬意。限于著者水平，书中难免存在不当之处，恳请读者批评指正。

2016 年 8 月

# 目　　录

# 第1章 绪 论

## 1.1 研究背景

在发动机中，活塞环和缸套是影响发动机使用寿命最关键的一对摩擦副，其运行工况最为苛刻，需在高温、高压、化学腐蚀和边界润滑等恶劣的条件下工作，磨损极为严重。工作时，高温燃气直接作用在缸套和活塞环上。由于燃气温度高并有一定的腐蚀性，缸套内侧被磨成上大下小的漏斗状，活塞环外径变小。二者的磨损使缸套与活塞环之间不再具有气密性，造成漏气、烧机油等症状，直接影响发动机的功率输出、燃油和润滑油的消耗及燃烧排放等重要指标，严重制约了发动机的使用寿命。

近年来，体积更小、效率更高、排放更低是发动机的发展趋势，坦克发动机也不断地向高功率、高转速、长寿命的方向发展。随着坦克发动机功率密度的提高，发动机燃烧室内燃烧温度将会更高，而且单位时间内活塞环经过的工作循环将大大增加，这对活塞环的抗高温氧化性能、抗高温腐蚀性能和抗高温磨损性能以及与缸套匹配等特性都提出了更高的要求[1-3]。传统的活塞环电镀 Cr 层性能远远不能满足未来高功率密度坦克发动机的设计要求，使得活塞环的表面处理技术也需要不断地发展。

而且，电镀 Cr 工艺是污染非常严重的一种工艺技术，特别是 $Cr^{6+}$ 对水污染非常严重，且难以消除，是公认的致癌物，给环境保护造成大量的困难[4-6]；而且经电镀 Cr 废液排放过的土地 400 年内不能生长植物，这一点已引起全世界的广泛关注；另外，电镀 Cr 工件在使用过程中所逐渐排放的污染也已经引起人们的高度警惕。随着国家对环境保护的日益重视，专门制订了《电镀行业污染物排放标准》，明确规定电镀污染物的排放指标，其中电镀 Cr 就是被国家禁止的严重污染工艺之一，目前北京地区所有的电镀 Cr 厂家已经完全被取缔。可以预见，将来坦克发动机活塞环电镀 Cr 工艺将逐渐被淘汰。电镀 Cr 的污染以及对活塞环性能要求的不断提高促使活塞环的表面处理技术不断地发展。在这种背景下，呼唤一种摩擦学性能非常优异的新型活塞环涂层，来替代传统的 Cr 电镀层，意义重大。提高活塞环性能的途径，除电镀 Cr 以外，也可采用其他表面强化工艺，如复合电镀、热喷涂、激光强化、离子氮化、化学复合镀和物理气相沉积技术（PVD）等[7-10]。因此，研究一种新型的活塞环涂层来替代坦克发动机活塞环 Cr 电镀层，为探索坦克发动机活塞环新一代表面处理方法打下基础，具有重要的科学研究价值。

在世界各国相继强制淘汰电镀 Cr 活塞环的背景下，研究者迎来了共同的机遇，在同一起跑线上各自开展新型活塞环表面薄膜的科研攻关。开展该课题研究将为开创军用高功率密度发动机活塞环新一代表面处理技术奠定基础，为解决未来军用高功率密度发动机的瓶颈难题，实现国产高功率密度发动机赶超国际先进水平提供有力的技术支持。同时，也是对严酷环境下抗高温腐蚀磨损薄膜制备方法、成膜机理、薄膜性能的新突破，可进一步丰富和发展在极端条件下摩擦学的内涵，为解决一些苛刻工况下的摩擦副匹配问题提供新的借鉴手段。

## 1.2  活塞环磨损工况及失效机理分析

　　活塞环与缸套是内燃机的心脏部分，也是工作条件极为恶劣的部位，磨损极为严重。活塞环/缸套的磨损造成的能量损耗也占整个发动机由于摩擦造成的能量损耗的主要部分。图 1-1 为发动机中由于摩擦造成的能量损失示意图。可以看出，在发动机中，活塞环/缸套的磨损造成的能量损失最多，占发动机中摩擦损失总能量的 56%[11]。因此控制活塞环/缸套摩擦副的摩擦和磨损是提高整个发动机性能的关键。

图 1-1　发动机中由于摩擦造成的能量损失

### 1.2.1  活塞环的服役工况分析

　　对于活塞环，国内外发动机普遍采用两道气环、一道油环的组合。其中第一道气环主要起密封作用。第二道气环除了起一定密封作用外，还对机油消耗有微控作用。油环的功能主要是布油，刮油，控制机油消耗。

　　活塞环的工作条件十分恶劣，一方面直接承受燃烧气体的高压和高温作用，产生很大的机械应力和热应力，使弹性和耐磨性降低；另一方面，其工作表面润滑条件差。发动机气缸内的最不良摩擦条件发生在活塞环运动的上止点位置，特别是在燃烧室区域。此处活塞环和气缸摩擦表面的温度达到 350℃、压力最大、油膜厚度最小。油膜被工作混合气稀释，在着火期间被烧掉，并在压缩行程瞬间从顶环下被吹走。这将导致油膜的消失或丧失润滑能力。同时活塞环和气缸壁摩擦表面振动和相互撞击，更使工作条件进一步恶化。其次，发动机燃烧室表面高温除了引起热负荷外，还有高温腐蚀问题。燃烧产物 $CO_2$、$SO_2$、$SO_3$、$V_2S_5$ 和 $Na_2O$ 等对金属都有高温腐蚀作用。

　　影响活塞环磨损的因素很多，包括活塞环的材料和形状、缸套活塞的材料和结构、润滑状态、发动机的结构形式、运转条件、燃油和润滑油的品质等[12]。但在同一汽缸中，润滑状态对活塞环磨损的影响则是最大的。在一个冲程过程中，活塞环的载荷、速度、温度和润滑油供给情况在快速、大范围地变化；润滑状况也可能跨越所有三种可能出现的润滑状态：边界润滑、混合润滑以及流体润滑[12-15]。可以说，活塞环是发动机中润滑状况最复杂的部件，其润滑状态直接影响和决定着活塞环的磨损程度。

## 1.2.2 活塞环的磨损特点与分类

活塞式发动机中活塞环-缸套之间的磨损具有如下几个特点[16]。

（1）活塞环在上下止点之间做往复运动，速度从静止状态变化到最高达 30m/s 左右，如此反复做大幅度变化。

（2）做往复运动时，在工作循环的进气、压缩、做功和排气行程中，气缸压力变化很大。

（3）因为受燃烧行程的影响，活塞环的运动经常在高温下进行，特别是第一道气环，在高温高压及燃烧产物所产生的化学作用下，油膜很难建立，使其实现完全润滑比较困难，而常常处于临界润滑状态。

根据磨损机理，活塞环磨损可分为：①疲劳磨损；②粘着磨损（划伤，擦伤）；③磨粒磨损；④腐蚀磨损。但实际上这些磨损现象不会单独出现，而是同时存在而又相互影响的[17]。按照活塞环磨损的部位可分为：滑动表面的磨损和上、下端面的磨损；滑动面的磨损形式主要是粘着磨损和磨粒磨损，上、下端面则以因活塞做往复运功而引起的撞击磨损为主。

（1）活塞环滑动表面的磨损：滑动表面的磨损一般在活塞环开口附近最大，在开口的对面较小。这是由于开口附近漏气，油膜容易遭到破坏造成的。

（2）活塞环上、下端面的磨损：活塞环上、下端面的磨损，开口对面比开口附近严重，其原因是上、下端面的压力差在开口对面比开口附近大，因而使环的下端面磨损增加。

一般活塞环滑动表面的磨损比上、下端面的磨损大，所以根据滑动表面的磨损量来决定环的更换时期。而磨损的极限，根据实践一般为活塞环厚度的 15%～20%。

## 1.2.3 活塞环的磨损机理分析

磨损机理即摩擦系统中各要素之间的相互作用。20 世纪 50 年代，英国学者伯韦尔（Burwell）将磨损分为粘着磨损、磨粒磨损、腐蚀磨损和疲劳磨损[18]。这种分类方法至今仍为多数学者所接受。

### 1.2.3.1 粘着磨损

粘着磨损机理：粘着磨损过程是在外力作用下，摩擦接触的表面间材料原子键的形成（显微熔接）和分离过程，外力作用下材料原子间的相互作用是主要的[19]。

粘着磨损与其他磨损形式的很大不同在于，其他磨损形式一般都需要一些时间来扩展或达到临界破坏值，而粘着磨损则发生得非常突然；并主要发生在摩擦副之间没有润滑剂时，或期间油膜受到过大负荷或过高温度而破坏时。

在发动机中，粘着磨损俗称"拉毛磨损"，拉毛是一种熔结过程，即在相互移动表面的微观凸出部分因温度很高，间隙很小，相互严重摩擦，局部金属暂时熔化，发生熔结、拉毛。活塞环的拉毛通常发生在第一道气环到达气缸上止点的位置，因为此处的温度最高，润滑最差，而且环相对缸壁有短暂的停顿，所以最容易发生拉毛。拉毛产生后，就会迅速扩张。当拉毛继续扩展，气环和油环的密封作用遭到破坏，就会出现缸压下降和润滑油消耗增加的现象。拉毛磨损的显著特点是在磨损部位有小面积的粘结或熔结的痕迹，致使活塞环摩擦表面产生划伤、擦痕和卡死。

### 1.2.3.2 磨粒磨损

磨粒磨损机理：指摩擦副一方受到另一方（较硬的一方）的粗糙表面或者中间颗粒物质

体的作用，而发生划伤和微切削过程[20]。

活塞环的磨粒磨损主要是由进入气缸的尘土、摩擦产生的金属屑和燃油及润滑油中的杂质等引起的。这些尖锐的杂质附在缸壁上，发生活塞环和活塞的磨粒磨损，并通过润滑油传递到其他摩擦副处。磨损的程度取决于磨粒与活塞环摩擦表面的相对硬度和摩擦表面间的工作间隙。

#### 1.2.3.3 腐蚀磨损

腐蚀磨损机理：所谓腐蚀磨损是在摩擦作用下，摩擦副的一方或双方与中间物质或环境介质中的某些成分发生化学反应的过程[21]。

活塞环的腐蚀磨损是由大气中的 $CO_2$，润滑剂中的活性物及燃油中的硫燃烧时生成的硫衍生物（如 $SO_2$）对活塞环腐蚀而引起的。通常，活塞环摩擦面初期受到腐蚀作用，腐蚀磨损很快，随着金属表面上保护膜的形成，腐蚀速度就降低了。当反应产物因摩擦作用而从表面脱落时，表面重新裸露，腐蚀性破坏继续发生。在高温环境下，活塞环易产生高温氧化，与腐蚀介质交叉作用，产生高温腐蚀磨损，加快了活塞环的磨损速率。

#### 1.2.3.4 疲劳磨损

表面疲劳磨损是在交变载荷作用下，在摩擦副表面形成裂纹并扩展，直至造成磨屑脱落的过程。活塞环的疲劳磨损是由于活塞环摩擦表面的交变接触应力使内部产生剪切应力，在剪切应力作用下，活塞环产生重复变形，导致表层材料疲劳而剥离的现象。这个过程主要是表面层上应力作用的结果，它不在乎表面间是否出现直接接触。为提高活塞环表面抗疲劳磨损能力，从材料技术角度所采取的措施，主要是使材料具有足够硬度的同时，也应有足够的韧性。

## 1.3 发动机活塞环表面处理技术的研究现状

表面处理工艺是改善活塞环表面摩擦、磨损与润滑性能的有效方法。近 20 年来，国内外在这领域进行了卓有成效的研究。大量的研究表明，材料表层和亚表层的显微结构与摩擦磨损特性之间有一定的关系，通过表面处理工艺往往能够获得满意的耐磨或减摩的表面层[22-24]。目前，表面处理工艺已得到广泛应用的方法有以下几种。

（1）表面强化或表面硬化方法，如表面淬火、化学热处理（表面合金化、表面冶金）、电镀、喷涂、表面超硬覆盖、堆焊、电火花表面强化以及近年来采用的激光处理、电子束处理和离子注入等[22-25]。

（2）表面润化处理，如渗硫、磷化、氮化、氧化、表面软金属膜等[26-27]。

（3）复合处理，如淬火和渗硫、渗碳淬火和渗硫、渗氮和渗硫、软氮化和渗硫、氮氧共渗、氮硫共渗以及镀 Cr 与喷钼相结合等[28]。

在活塞环表面处理工艺上，国内外通常采用的是电镀 Cr、喷钼、氮化钢环、Cr 基陶瓷复合镀（CKS36）、Cr 基陶瓷金刚石复合镀（GDC）、物理气相沉积（PVD）等表面处理工艺[22-29]。

### 1.3.1 电镀

#### 1.3.1.1 电镀硬 Cr

活塞环电镀 Cr 的历史比较长，但直到现在还是活塞环的主要表面处理方法。Cr 电镀层活塞环的厚度为 10～300μm，硬度为 HV800～1000，耐磨性能较好。Cr 电镀层具有活塞环表面处理所要求的适合的特性值，形成各特性均衡良好的镀层，例如，镀层本身及配对材料的耐磨性、抗熔着能力、强度、制造加工性、成本等[30]。但是，Cr 电镀层不同于钼层，它不能适应因短期的快速磨合（初期磨合时）而产生的超负荷，这种超负荷会破坏活塞环与缸套之间的油膜、出现拉缸的危险。而长期从事研究活塞环擦伤问题的德国高茨公司（Goetzwerke）认为[31]，90%的擦伤是在磨合运转过程中产生的。活塞环同缸壁接触不均匀，局部接触应力很高，油膜遭受破坏均易发生擦伤[28]。为保护 Cr 电镀层，必须对 Cr 电镀层表面进行特殊处理以弥补以上缺陷。因此，该公司把防止气缸和活塞的热变形，注意加工精度作为必须采取的措施。同时，对活塞环表面进行镀 Cr 并喷钼，其原因是钼的熔点为 2450℃，要比铸铁（1200℃）和铬（1300℃）高很多[30]；另一个原因是喷钼活塞环表面呈多孔性，含油性好，又容易磨合。同时，还开发了特殊的表面处理技术——特殊珩磨，以此来改善磨合期内油膜的生成，并将镀 Cr 环的承载极限推向更高，特殊珩磨在提高现代内燃机活塞环的防拉缸能力上效果明显。但由于现代高功率密度发动机燃烧室工作条件更恶劣，润滑油膜易被破坏，镀 Cr 活塞环因其保油性能低劣、易产生熔着磨损而不能适应。

活塞环电镀 Cr 工艺特点主要包括以下几个方面[29-32]：①硬度略高于淬火钢；②表面光滑，粗糙度低；③对偶件损伤小；④摩擦系数与钢相接近；⑤Cr 和铁有较高亲和力，易产生粘着磨损；⑥成本低。

#### 1.3.1.2 颗粒增强镀 Cr 层

目前最先进的镀 Cr 层为陶瓷颗粒增强镀 Cr 层，它已经生产了近 10 年。这种颗粒增强技术是基于镀 Cr 过程中因析氢形成微裂纹的特征，并使这些微小裂纹成为增强颗粒的沉积地。在镀层沉积过程中，陶瓷颗粒悬浮在电镀液中。在第一层 Cr 沉积后，系统的极性转换，通过蚀刻使微裂纹展开。在这期间，颗粒在网状裂纹内沉积。当系统的极性再次转换后，析出的氢会去除 Cr 层表面所有沉积的颗粒，而裂纹内的颗粒则被沉积的 Cr 完全覆盖了。许多试验结果证实了这种薄膜（被命名为 CSK-36）磨损小，对于同样的缸套，陶瓷颗粒增强镀 Cr 层活塞环的耐磨性至少为普通镀 Cr 环的 2 倍，抗粘着磨损性也优于普通镀 Cr 层[29,33]。由于有这些优异性能，这种镀层商业化生产应用范围很广，曾经大约占据了欧洲柴油机市场 90%的份额，之后由于国际社会对环境保护的日益重视，电镀 Cr 工艺逐步被禁止，因此逐年缩小了份额。

## 1.3.2 氮化处理

作为活塞环的基体材料，欧美国家仍使用铸铁，而日本从 20 世纪 80 年代汽车业的快速发展时期已使用了钢材。目前日本帝国活塞环公司活塞环产量的 50%左右为钢材制造，这个比例今后可能还会增加。

如上所述，电镀硬 Cr 具有很多优良的特性，但是这种电镀的耐磨性及抗熔着性方面还不能完全满足发动机要求的性能。日本帝国活塞环公司为解决镀 Cr 工艺的性能不足问题，初期也使用了喷涂处理，但存在薄膜强度不足以及引起配对缸套材料磨损等缺点，因而被限定用于部分活塞环。高合金钢活塞环氮化处理技术，由于有高耐磨性，缸套磨损轻微等优异性能，故作为弥补电镀 Cr 工艺性能不足的主要工艺扩大了其应用范围，成为与欧美不同形式的工艺[34]。

氮化活塞环作为改善电镀硬 Cr 磨损的工艺措施，其耐磨性是镀 Cr 的 3～5 倍。传统的气体氮化法会使活塞环整个表面基本上均被氮化。然而整体氮化会形成高硬度的侧面，对环槽的内表面造成磨损。活塞环槽端面由于运转中的振动引起阶梯状磨损，而活塞环的回转又引起槽形磨损。为此开发了离子氮化，它只在外周滑动面形成氮化硬化层，而在与活塞环槽接触的上、下表面是非氮化层。也就是说离子氮化法可选择性地氮化电极对面的外周面，形成上、下面及内周面可以维持原样不进行处理。江汉大学机电与建筑工程学院傅乐荣等[35]为了提高船用柴油机活塞环的使用寿命，对活塞环进行离子氮碳共渗处理，结果表明[36]，其耐磨性和抗咬合性均有很大提高，使用寿命提高 2 倍以上。其经装机实际运行，氮碳共渗活塞环工作 6000～7000h，工况良好，可继续使用，寿命是未处理的活塞环（一般为 2000h 左右）的好几倍。武汉大学的肖文凯[34]对 6Cr13Mo 马氏体不锈钢活塞环进行气体氮化，氮化层深 0.20mm，最高硬度 1200HV，将氮化处理的活塞环装入 10 辆神龙富康出租车运行，到目前为止都已平稳运行 8 万公里以上，且仍正常行驶。这表明，该氮化活塞环的使用寿命已能与镀 Cr 环相媲美，考核结果认为该处理工艺可以代替传统的有污染的电镀 Cr 工艺。

活塞环氮化工艺特点主要包括以下几个方面[33-38]：①成本低，工艺简单；②硬度略高于淬火钢；③化合物层有缺陷，易剥落；④粗糙度高于机加工表面；⑤摩擦系数和钢接近；⑥有一定抗温、耐蚀性；⑦氮化层和铁之间粘着性强。但是，氮化钢环的耐磨性及其相对较低的热负荷承载能力对应用于现代柴油机第一道活塞环而言，还是不够的。

### 1.3.3 热喷涂

#### 1.3.3.1 等离子喷涂

20 世纪末，欧洲、美国、日本的部分汽车制造公司申请了关于活塞环、气缸套等离子喷涂专利。等离子喷涂的电弧产生的等离子体中心温度非常高，粉末状的喷涂材料在喷嘴出口处被径向注入到等离子焰流中后被加热加速，然后高速撞击到工件表面形成薄膜。此项技术关键在于正确控制电弧电流大小、送粉速度、粉末粒度等参数。应用于活塞环薄膜的喷涂材料包括含自熔性镍基硬质合金的钼粉以及含镍-铬合金和碳化物（如碳化铬、碳化钼、碳化钨）的钼粉。应用的薄膜包括：Mo-NiCrBSi、Fe-C-Si-Mo-B 和 WC/Cr$_3$C$_2$ 等[39]。近期，为进一步改善薄膜性能，还制备了 Fe-C-Ni-Cr-Cu-V-B 多元复合膜。有关试验资料表明，等离子喷涂活塞环，除了具有良好的耐磨性外，还能较好地适应发动机的废气再循环（EGR）和降低机油耗的要求。等离子喷涂还有一个优点就是对于较好耐磨性材料和较密薄膜有较好的材料适应性，并能产生致密的薄膜。它最大的缺点就是喷涂材料所经受的高温负荷可能引起粉末材料中耐磨碳化物的分解和严重氧化。

#### 1.3.3.2 高速氧燃料喷涂

目前在市场上有 2 种高速氧燃料喷涂（HVOF）工艺。第 1 种是所谓的高压-高速氧燃料喷涂工艺，它主要使用液体燃料，一般是煤油，燃烧发生在高压燃烧室，炽热气体通过拉瓦尔喷管膨胀，然后沿着喷管加速，以超过 2 倍音速的速度喷出。第 2 种是使用气体作为燃料。经常使用的是氢气、丙稀、丙烷、乙烷甚至天然气。这 2 种工艺主要的不同是它们的送粉方式。前者将粉末注入低压和低温的超音速射流中；后者将喷涂粉末轴向喷入高压、高热的燃烧室里。高速氧燃料喷涂的薄膜质量有显著的提高，主要表现在：薄膜残余应力为压应力，薄膜更加致密，薄膜与基体有更高的结合力和内聚力，喷涂粉末脱碳更少从而有更高的薄膜硬度[40]。

目前 HVOF 工艺主要使用的是 $Cr_3C_2$-NiCr 薄膜材料。用于产业化的 $Cr_3C_2$-NiCr 材料，由于它们生产流程的不同，其性质会有很大的不同。试验表明，标准的粉末生产流程和 HVOF 喷涂技术相结合会产生部分脱碳的 $Cr_7C_3$ 相，甚至有严重脱碳的 $Cr_{23}C_6$ 相。取而代之的是一种新的粉末配方和生产方法，可以产生抗磨损性和足够的延伸率，这就是所谓的 MKJetR 技术。MKJet 502 薄膜的化学成分是以 Ni、Cr 和 Mo 为基的金属黏合剂，其中加入了极细的（≤3μm）以 $Cr_3C_2$ 和 WC 为基的碳化物。

活塞环热喷涂工艺特点主要包括以下几个方面[39-42]：①薄膜多孔，致密度低，结合强度低；②降低颗粒度可提高性能，成本增加；③碳化物、氧化物硬度高，抗磨性好；④粗糙度大，摩擦系数高；⑤易使对偶磨件磨损；⑥高摩擦系数不利于油耗；⑦多孔可储油，有利于干摩擦。

## 1.3.4 气相沉积技术

### 1.3.4.1 活塞环气相沉积工艺特点

气相沉积技术按其成膜机理可分为化学气相沉积（CVD）和物理气相沉积（PVD）。这两种技术都属于物料接近原子量级的表面沉积技术，能很方便地制取各种难熔化合物膜，通过改变工艺参数，能人为地控制膜层的化学成分、晶体结构和生长速率，可以制取单层膜、多层膜和复合膜，从而满足各种使用的需要，也可以对外型复杂、结构各异的工件进行处理。由于是在真空系统中进行涂覆，工艺过程干净、清洁，对镀层的污染少。由于许多难熔化合物对杂质极为敏感，采用 PVD、CVD 显然比其他技术要优越得多，镀层质量较高，而且易于大规模生产和自动化生产。

化学气相沉积（CVD）是一种发展较为成熟的薄膜制备方法。但是 CVD 的缺点也是十分明显的。首先是沉积温度高，通常在 900～1100℃范围，超过了绝大多数常用活塞环钢材料的热处理温度，因而可用来镀层的活塞环钢材料种类极为有限，严格说来，只有硬质合金才能用作基材。当应用到高速钢基材时，还需在镀膜后重新进行热处理，这不仅增加了生产成本，而且还影响了精度。其次，在这样高的沉积温度下，薄膜和基材都面临着晶粒长大和失碳问题，这也将导致活塞环性能的降低。再次，由于 CVD 有时采用了氯化物作为原料，氯在高温下进入基材和对基材的晶间腐蚀将使活塞环材料变脆。因此，一般不用于活塞环表面薄膜的制备[43]。

物理气相沉积（PVD）法是利用热蒸发或辉光放电、弧光放电等物理过程，在基材表面沉积薄膜的技术。与 CVD 法相比，PVD 法具有更大的优越性。镀层材料广泛，不仅可以制备各种金属、合金、氧化物、氮化物、碳化物等化合物薄膜，也能镀制金属、化合物的多层或复合膜；薄膜附着力强；沉积温度低，工件一般无受热变形或材料变质的问题；薄膜纯度高、组织致密；工艺工程主要参数易于调节，对环境无污染[44]。

因此，目前用于强化活塞环表面的沉积技术主要是物理气相沉积[45]。PVD 工艺是在真空中将薄膜材料蒸发，并将其沉积在活塞环基体上。硬质薄膜的沉积过程是，雾化材料和氮气或碳氢之类的活性气体发生反应，从而在基体上形成如 TiN、CrN 或者 CrC 之类的硬相物质，或者各种多层或复合膜。蒸发薄膜材料主要有电弧 PVD 和磁控溅射 2 种工艺。电弧 PVD 是利用低压电弧撞击靶材，例如，Cr 生成 Cr 离子，然后将其导出。这些离子通过偏置电压加速冲向工件。这种工艺过程的不足就是在薄膜中有电弧导致的 Cr 小颗粒的存在，这可能会产生薄膜力学性能不足以及表面较粗糙的缺陷。磁控溅射使用磁场来产生等离子体。这些等离子体中的离子撞击靶材然后导出 Cr 原子。这些原子比电弧 PVD 产生的 Cr 离子动能更低，因此溅射工艺的沉积率以及结合力、内聚力更低。溅射薄膜的最大优点就是薄膜非常洁净并且非常平滑。在可接受的残余应力下，已经制备的 CrN 薄膜的硬度为 1500～2500HV$_{0.05}$。PVD 工艺的薄膜厚度取决于基体表面与靶材的相对位置以及电场强度分布。目前，活塞环 PVD 薄膜的最大厚度为 50μm。薄膜越厚，固有的残余应力也就越大[46]。

活塞环气相沉积工艺特点主要包括以下几个方面[43-48]：①可获得硬度高，抗磨性好的镀层；②可选择低摩擦系数薄膜；③选择薄膜成分可减少粘着；④添加元素可获得抗高温用薄膜；⑤高硬度、低摩擦系数薄膜可复合；⑥保持原有表面粗糙度；⑦对偶件损伤小；⑧薄膜越厚，残余应力越大。

通过比较活塞环的各种表面处理工艺可以得出，气相沉积工艺由于具有可自由调控设计膜系，可实现耐磨、减摩和抗高温氧化于一体的特点，能够制备适用于活塞环薄膜服役环境的薄膜，而受到越来越多的关注，成为活塞环表面新型薄膜研究的热点。

### 1.3.4.2 活塞环表面薄膜的发展趋势

当今世界多数发达国家均在探索在活塞环表面制备各种薄膜代替电镀 Cr，其中以 CrN 系列薄膜的研究最具代表性[47-50]。CrN 薄膜作为一种优异的抗摩擦磨损和腐蚀磨损薄膜，在工业各领域的应用研究得到了广泛的开展。德国 Dorrenberg Edelstahl 公司[51]开发了一种在压模上使用电弧蒸发镀沉积、具有高附着力的 CrN 薄膜工艺，镀层性能高于 Cr 电镀层以及 TiN 薄膜，可用于铝件的加工模具上。英国 Cambridge 和 Tecvac 公司[52]完善了在加工黄铜、Ti 和 Al 的加工模具上的 CrN 沉积法，镀层厚度 3～20μm，具有良好的附着性，在挤压成型以及塑料加工模具方面显示了良好的使用效果。Multi Arc（UK）Ltd. 在伯明翰 Tooling'95 展览会上介绍了该公司一种用于提高冲模寿命的 PVD 工艺，6～8μm 厚的 CrN 沉积层提高冲压 4mm 厚钢质变速箱壳的冲模寿命，由冲压 500 次增大到 20400 次，且不需要再抛光[53]。这些应用都表明了 CrN 薄膜具有非常优异的力学性能和良好的应用前景。

目前，在民用发动机领域，活塞环表面气相沉积 CrN 薄膜代替电镀 Cr 在国际上已经开始进行广泛的研究，并且获得了巨大的成功实践经验。如德国研制的高性能发动机活塞环上基本淘汰了电镀 Cr 工艺，绝大部分都采用了沉积 CrN 薄膜工艺[51, 54]。这项工艺在德国方程式赛车领域的广泛使用使德国的发动机性能有了一个质的飞跃，获得了巨大的成功；而且其他先进的发达国家也都开始开展相关领域的研究。

美国通用汽车公司 M. Yajuna 和 T. Simon C 等[55]在活塞环试样表面制备了三种薄膜，包括渗氮层、渗氮+CrN 薄膜，渗氮+B$_4$C／CrN 两元复合薄膜。并分别比较研究了三种薄膜的摩擦磨损性能，研究结果表明：在三种薄膜中，CrN 薄膜具有相对较低的摩擦系数，耐磨损性能相对较好。日本曾采用离子镀法在活塞环零件表面镀覆具有 CrN 或 Cr$_2$N 成分、附着力强的耐磨膜，CrN 梯度膜层中氮浓度由基体向膜层表面不断增大。膜层在不断变更氮分压情况下用蒸发源 Cr 和反应气体 N$_2$ 制成，厚度为 10μm 左右，硬度为 1500～2000 HV，远高于电镀 Cr 和氮化[56]。它的耐粘着性能约是电镀 Cr 的 1.5 倍，且其实际耐久性是电镀 Cr 的 4～10 倍，具有运行平稳、无拉缸和抱缸现象，效果十分理想。在日本，气相沉积 CrN 膜已被认为是一种无公害的、可取代电镀 Cr 处理的表面处理手段。

我国在活塞环上使用气相沉积 CrN 薄膜替换镀 Cr 的研究尚处于起步阶段。目前，清华大学的周庆刚使用多弧离子镀系统在 H13 钢基体上制备了几种成分的 $CrN_x$ 双层膜和梯度膜，膜层有精细、致密和均匀的显微结构，性能优良[57]。上海交通大学的李戈扬[58]采用反应磁控溅射法在不同的氮分压下制备了一系列 $CrN_x$ 薄膜，薄膜硬度从 7GPa 到 14GPa。刘兴举等[59]采用非平衡磁控溅射技术在 M2 高速钢试样上合成了一系列 CrN 薄膜。和 TiN薄膜相比，合成的 CrN 薄膜具有适中的硬度、较低的摩擦系数、良好的耐磨损性能和更好的抗高温氧化性能。使用 Cr 过渡层可以提高膜基结合强度，实现薄膜性能的优化。硬度高、表面粗糙度低和载荷小的薄膜具有较好的综合摩擦学性能。朱张校等[60]采用离子镀表面处理技术在活塞环试样表面获得了多元多层纳米膜，该膜由 TiN、$Ti_2N$、CrN 等物相组成，显微硬度为 1400～2027HV。薄膜厚度可达 2～5μm，每层膜的厚度为 100～230nm，薄膜破裂临界载荷为 31～33N，薄膜与基材之间有较高的结合力。赵晚成等[61]在不锈钢渗氮活塞环试样上沉积了 CrN 薄膜，并在 SRV 试验机上进行了摩擦磨损实验，对比了有/无 CrN 薄膜不锈钢渗氮活塞环试样的摩擦学性能。试验结果表明，CrN 薄膜能使摩擦因数较快地稳定且数值较低，同时活塞环试样及其对磨缸套试样的磨损量也大大降低，减少了 80% 以上。潘国顺等[62]在活塞环试样表面采用离子镀技术制备了 CrN 薄膜，并利用 SRV 摩擦磨损试验机考察了 CrN 薄膜的摩擦学特性。结果表明：活塞环表面离子镀 CrN 薄膜具有很高的硬度及较好的结合力，薄膜表面存在的微孔隙有利于降低磨损及改善润滑性能，使 CrN 薄膜具有良好的抗粘着性能。其次，在高温摩擦条件下，CrN 薄膜的摩擦系数明显低于电镀 Cr 的摩擦系数，其磨损量在各种温度下均远低于镀 Cr 层的磨损量，表现出优异的耐磨损特性。

通过以上分析可知，与 Cr 电镀层相比，CrN 系薄膜具有更高的硬度、更低的摩擦系数、更好的抗粘着磨损性能和抗高温氧化性能，相对比较适合用于活塞环服役的高温腐蚀磨损环境，成为活塞环表面薄膜的重要发展方向。

## 1.4　多弧离子镀技术原理及特点

### 1.4.1　离子镀技术的发展

离子镀是物理气相沉积法之一，与化学气相沉积、真空蒸镀、真空溅射相比具有如下特点，镀覆温度可控制低于 500℃，沉积速度快；镀层组织致密无气孔，无公害。因而自诞生以来一直受到研究人员的重视和用户的关注，发展相当迅速。

纵观离子镀技术发展进程，其关键问题在于离化率的提高，如表 1-1 所示，自 1963 年DM.Mattxo 发明了离子镀技术以来，从最初不到 1% 的离化率提高到了 60%～90%[63,64]。

表 1-1　离子镀技术分类及特点

| 分类 | 名称 | 放电特点 | 金属离化率 |
|---|---|---|---|
| 辉光 | 直流二极型离子镀<br>活性反应离子镀<br>增强型活性反应离子镀 | 辉光放电<br>辉光+弧光<br>辉光+弧光 | ≤1%<br>3%～5%<br>10%～15% |

| 分类 | 名称 | 放电特点 | 金属离化率 |
|------|------|----------|------------|
| 热弧 | 空心阴极离子镀<br>热丝弧等离子体离子镀 | 热弧光等离子体<br>热弧光等离子体 | 20%~40%<br>20%~40% |
| 冷弧 | 多弧离子镀（小弧源）<br>多弧离子镀（大弧源）<br>多弧离子镀（柱状弧） | 冷场致弧光等离子体 | 60%~90% |

同时，随着离化率的不断提高，离子镀设备也日益完善，主要体现在以下几个方面：

（1）镀膜室逐渐走向大型化，镀膜时工件除可作自转外，还可作公转；

（2）为镀膜室配备无油或少油的真空抽气系统，过去比较常用的分子泵、冷凝泵、罗茨泵，因价格较高、维修麻烦而逐渐被扩散泵加冷阱系统所代替；

（3）为了提高膜层的质量，离子镀设备一般都配有加热系统，即使是电弧离子镀也不例外，因为电弧离子镀虽可采用主弧轰击法加热，但由于在轰击的同时会出现沉积，且加热温度往往不足，故必须附设加热系统；

（4）设备的自控程度逐渐提高，配置计算机后，整个镀膜过程，包括进气、轰击、沉积等均可实现自动控制。

进入 20 世纪 80 年代，国内外相继开发出多弧离子镀。由于多弧离子镀具有如沉积速率快、结合力强等优点，在 80 年代中期就广泛应用于工业生产中，近年来又获得快速发展。

## 1.4.2 多弧离子镀的基本原理

多弧离子镀（Multi-Arc Ion Plating），就是将电弧技术应用于离子镀中，在真空环境下利用电弧蒸发作为镀料粒子源实现离子镀的过程，其装置原理示意如图 1-2 所示[63]。在实际应用中，一般是利用真空电弧将欲镀靶材离化后，在反应气体中形成真空等离子体，使之在沉积室空间内发生反应，并生成薄膜沉积于基体表面。

电弧的基本构成是阴极表面不停运动的点状放电弧斑，对于常见的多弧离子镀膜情况，阴极放电斑点的数量一般与阴极弧电流呈正比，可以认为每个斑点对应的弧电流是常数。由于弧斑直径很小，所以弧斑内的电流密度非常高，可达 $10^5$~$10^7 A/cm^2$。

真空电弧阴极斑点是电子、金属离子、中性原子和熔化液滴的发射源。弧源靶的电磁场控制阴极弧源靶蒸发的工作原理是冷阴极自持弧光放电。金属弧源靶为阴极，真空室壁为阳极，构成真空放电回路。通过辅助阳极电脉冲引燃弧光后，在阴极弧源靶和阳极之间产生稳定的弧光放电，使阴极靶表面形成快速移动的阴极热弧斑，导致阴极局部被快速蒸发并在空间迅速电离，其中的电子在电场作用下会产生一定形式的定向运动，离子在电场中的运动是热运动与定向运动的合运动。离子和电子在分别向阴极和阳极的定向运动过程中，会与沉积室内的气体分子碰撞，从而使气体分子电离，产生更多的离子和电子，这些离子和电子在电场作用下与气体分子进一步发生碰撞，电离出更多的离子和电子，加之电弧等离子体的离化率本身就很高，于是很快在真空室内形成高度离化的等离子体。事实上，多弧离子镀的突出特点在于它能产生由高度离化的蒸发材料粒子组成的等离子体，一般认为其离化率在 70%~80%之间，是目前离子密度最高的镀膜形式。

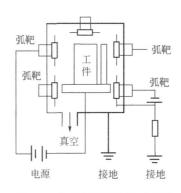

图 1-2 多弧离子镀装置示意图

### 1.4.3 多弧离子镀的特点

相对于其他离子镀形式，多弧离子镀具有如下优点[63-65]。

（1）最显著的特点是从阴极直接产生等离子体。真空电弧等离子体的唯一源泉是对阴极材料进行烧蚀并使烧蚀物电离的阴极斑点区域，所以沉积气氛十分"干净"，保证了沉积薄膜的纯度。

（2）由于阴极蒸发源的安装方位不受限制，允许安置多个阴极源同时工作，保证了薄膜沉积的均匀性和很高的沉积效率。

（3）电弧斑点的加热面积极小，其运动速度和轨迹可用磁场控制，所以易实现选择性蒸发，使用合金阴极或使用多个不同材料的阴极，方便沉积合金膜、复合膜或多层膜。

（4）多弧离子镀的最大优点，在于拥有最高的离化率，可达 70%～80%，容易实现用电场或磁场对沉积参数的控制，从而控制等离子体化学反应的进程，沉积高质量的薄膜。

（5）多弧离子镀等离子体中的离子平均荷电量和平均能量较高，使等离子体具有高的化学活性，易使工作气体和反应气体产生激发和电离。如此等离子体作用于工件表面，会产生溅射、轰击、迁徙、注入及沉积等多种效应，由于入射粒子能量高，在基片和膜界面会产生原子扩散，使沉积的膜层致密，附着强度高。

（6）电弧阴极的蒸发速度在一定的气压范围内几乎恒定不变，但在一定范围内离子电流却与电弧电流能呈正比，所以多弧离子镀的工艺参数控制非常简单直接。同时设备较为简单，采用低电压电源工作，比较安全。

尽管多弧离子镀拥有诸多其他镀膜形式所不可比拟的优点，但它也存在缺点。其中一个最显著的特点就是表面形貌特别复杂，薄膜表面存在许多大颗粒与小坑，尺寸与形貌很不均匀。从靶面分离出来的颗粒中，较小的随着镀膜过程的进行而被埋入膜层中，较大的只有部分被埋入，有的液滴较晚到达薄膜表面，因而埋入较浅，甚至直接附着在表面，很容易脱落而留下小坑。最终，在薄膜的外表面可以观察到这两种明显的缺陷：针孔和大颗粒，这两个缺陷对于薄膜的性能有严重的影响，严重限制了多弧离子镀技术的发展和应用范围。所以消除或者减少这些针孔和颗粒是十分必要的。

### 1.4.4 多弧离子镀技术发展应用前景

多弧离子镀技术由于成本低廉，已经广泛应用于生产中，为沉积更高质量的薄膜，镀层材料由单一的氮化钛，发展到氮化钛与碳氮化钛、氮化钛铝、氮化铬等多种材料并用，又进一步发展为多层复合镀层[60]。现在，用多弧离子镀技术在氮化钛薄膜基础上发展起来的多元膜、多层膜，一种朝着外表美观、抗氧化性好的装饰镀方向发展；一种向增加薄膜硬度、耐磨性、高温抗氧化性方向发展。薄膜的多元多层化，特别是纳米多层膜的研究是今后薄膜的主要发展方向，它不但提高了薄膜与基体的结合强度，还很好地改善了膜层的摩擦学性能。另外，薄膜的发展还应注重实际工业应用，并进一步开发新型的高性能薄膜，尽量降低薄膜制备成本，以实现广泛的工业应用[66]。

## 1.5 CrN 及其复合膜的性能与研究进展

### 1.5.1 CrN 薄膜的结构与性能

CrN 薄膜呈银白色，其各性能如表 1-2 所示[67]。Cr-N 系薄膜中一般有两种相成分，包括六方晶体结构的 $Cr_2N$ 和面心立方结构 CrN。图 1-3 显示了 $Cr_2N$ 膜层的密排六方结构，图 1-4 显示了 CrN 膜层的面心立方结构。

表 1-2 CrN 膜层的特性

| 膜层材料 | 密度/<br>（g/cm³） | 硬度/<br>（kgf/mm²） | 弹性模量/<br>（kN/mm²） | 热胀系数/<br>［μm/（m·K）］ | 晶体结构<br>（室温下） |
|---|---|---|---|---|---|
| CrN | 6.12 | 1100 | 400 | 2.3 | fcc |

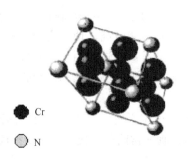

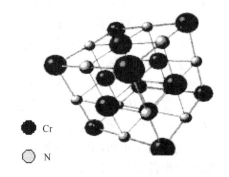

图 1-3 密排六方结构的 $Cr_2N$　　　　　图 1-4 面心立方结构的 CrN

CrN 薄膜具有较高的硬度，较好的延展性、附着力、低摩擦系数、耐腐蚀性、抗氧化性和热稳定性等，已经成功地应用于工业（生产和保护），作为耐磨薄膜用于工模具和切削工具的表面强化，而且在表面防腐和装饰等许多工业领域也有重要用途。另外，CrN 薄膜还具有对有色金属及其合金化学惰性好等特点，是加工铝合金、黄铜和镍合金等的理想薄膜材料[68]。

虽然与已得到广泛应用的 TiN 薄膜相比，CrN 薄膜的显微硬度低（CrN 约 1750HV，TiN 约 2300HV），但其具有韧性高、耐磨性好、薄膜结合强度高、抗高温氧化性和抗腐蚀性好，以及内应力低，膜层可以沉积较厚（高达 50μm）等优点[67-69]。

### 1.5.2　CrN 薄膜的研究进展

近年来，人们对 CrN 薄膜的结构、性能及工艺参数的影响等做了大量研究，早在 20 世纪 70 年代后期，Komiya K.等[70]用空心阴极法成功地生长出 CrN 厚膜，并研究了其结构和组成。1983 年，Aubert A.等[71]用平面磁控溅射沉积出 CrN 薄膜，但未获得其相组成。ShihK.K.等[72]用射频磁控反应磁控溅射获得了 CrN 薄膜，并研究了其性能，未提供沉积参数对薄膜的影响结果。此后，Kashiwag 等[73]用反应离子镀沉积 CrN 薄膜，并研究了结构、性能和沉积参数的关系。熊兆全则用加偏压的磁控溅射法制备了 CrN 薄膜，并对低能（＜1keV）轰击下形成的 CrN 薄膜进行了研究。Ensinger 等[74]用高能（30keV）轰击的 IBAD 技术，得到的 CrN 无论其结构还是性能都与前者的结构有较大差异，由于制膜方法不同，其结果相互间缺乏可比性，对低能和高能离子轰击造成的不同影响还缺乏系统的研究。

CrN 薄膜的常用制备方法有空心阴极离子镀、多弧离子镀、射频磁控溅射，分子束外延生长，离子束辅助沉积、三极溅射、非平衡磁控溅射等[73-76]，$CrN_x$ 薄膜溅射产额比较高，比其他元素的氮化物更有利于大批量的工业生产。各种方法制备的 $CrN_x$ 两元系统薄膜的研究结果表明[75]，在 $CrN_x$ 二元体系中存在两个氮化物相，即 $Cr_2N$（具有六方结构）和 CrN（具面心立方结构）。和 IV 族、V 族氮化物相比，Cr 所属的 VI 族金属和氮之间的反应活泼性较低，采用反应溅射法生成单一氮化物较为困难。对于 Cr 和 N 的情况，一般会得到由 Cr 和 $Cr_2N$ 组成的两相膜，较难获得单相 CrN 薄膜。Betrand 等[77]利用反应溅射法就制备了这种两相薄膜，所得的薄膜硬度在 1900kgf/mm$^2$ 左右。Hurkmans 等[78]的研究表明，在利用磁控溅射技术制备 $CrN_x$ 两元系统薄膜时，随 $N_2$ 流量的增加，薄膜的相组成可以为 Cr、Cr＋$Cr_2N$、$Cr_2N$＋CrN 或 CrN。单相 CrN 膜的硬度比块体材料的硬度高得多，后者只有 1100kgf/mm$^2$。而用多弧离子镀的方法制成单一氮化物 CrN 较为容易，只需调整 $N_2$ 与 Ar 的比例就可得到，且 CrN 的性能要比 $Cr_2N$ 与 Cr 及二者的混合物好。近期研究表明[79]，在 Cr/CrN 多层膜中，由于金属 Cr 层能够吸收多余的塑性形变而避免发生位错，较硬的 CrN 层支持 Cr 层并阻挡了研磨的穿透，使 Cr/CrN 多层膜的硬度和耐磨损性能高于单层 Cr 和 CrN 薄膜，这也解释了多层膜的内应力和界面应力较低的现象。此外，CrN 薄膜的多元合金化及多层化已成为发展的趋势。

### 1.5.3　CrN 薄膜的摩擦磨损与抗高温氧化性能

滑动摩擦试验（包括添加介质）能模拟具有高温、高接触应力和高相对滑移速度等特点的摩擦磨损工况，在薄膜摩擦学研究中较为基础，其接触几何、对磨副材料、环境、接触应力及相对滑移速度等参数的确定最为关键。不同学者分别采用不同对磨材料及接触方式（如圆柱-平面的线接触、球-平面的点接触等），对比研究了 CrN 与电镀 Cr 和 TiN 薄膜的滑动磨损性能，表明在疲劳寿命相当的情况下 CrN 具有比电镀 Cr 和 TiN 薄膜更良好的耐磨性能[80]。Rodriguez 等[81]在 20%～70%相对湿度下，将轴承钢和 WC 陶瓷球作为对磨材料，对 CrN 薄膜进行销盘试验，结果表明随着相对湿度增加，薄膜摩擦系数降低，表现出较好的抗粘结磨损性能。

CrN 薄膜具有良好的化学稳定性，在酸性、碱性、腐蚀性盐溶液中表现出极好的化学耐腐蚀性。与 TiN 薄膜相比，它具有更好的韧性，与铁基衬底有更好的结合力；在相同条件下制备的 CrN 薄膜耐腐蚀性要高于 TiN 薄膜；防腐领域中采用环境友好的 PVD 技术制备 CrN

代替电镀 Cr 是一个重要趋势。另外，CrN 薄膜的抗高温氧化性温度也明显高于 TiN 薄膜，形成致密、热稳定性高、具有保护功能的 $Cr_2O_3$ 薄膜，能作为热障层为内部的 CrN 提供非常好的隔热能力，从而提高工件的寿命。Navinsek 等[82]应用低温 PVD 技术制备了 TiN、Cr、CrN 薄膜，并对它们在高温下的氧化性能进行了研究，得出 Cr 和 CrN 薄膜的抗氧化性能明显优于 TiN 的结论。CrN 薄膜优越的抗氧化性及抗腐蚀能力已使其成功用于铝合金压铸成型模具中，高温下 CrN 表面形成一层致密且稳定的 $Cr_2O_3$ 保护层，能起到很好的热保障作用，使薄膜具有更好的耐高温性能，目前已有学者制备并研究了抗热腐蚀性能更佳的 $Cr_2O_3$/CrN 复合膜[83]。

### 1.5.4  CrN 基复合膜的研究进展

工业的飞速发展对工具表面的性能要求越来越高，许多零件的工况非常恶劣。单一薄膜已不能完全满足现代工业的发展要求，因此材料表面处理技术必将向多层复合薄膜的方向发展。单层 CrN 薄膜已具有良好的耐磨性，而多元多层复合技术的应用可以使其耐磨性进一步提高[84]。

目前 CrN 薄膜多元技术研究涉及的金属元素有 Al、Cu、Nb、Ti、Ta、Ni、Zr、W 等。其中三元复合膜最具代表性的为 CrAlN、TiCrN、CrNbN、CrZrN 和 CrNiN 等[84-86]。通过在薄膜中添加不同元素可以获得所需要不同的性能，如在 CrN 中添加 Al 元素合成 CrAlN 薄膜，与 TiAlN 薄膜相似，CrAlN 薄膜在使用过程中，其 AlN 将转化成致密的 $Al_2O_3$ 层，起到一定润滑作用，并使薄膜的耐高温性能和耐磨性能得到极大提高，而且 CrN 中可加入高于 77% 的 Al 含量而不会产生晶格畸变，这使得 CrAlN 薄膜与传统的 TiCN、TiAlN 薄膜相比，具有更高的红硬性和高温磨损性能，使用温度可高达 1000℃[86]。

四元系中最具代表性的为 CrTiAlN 薄膜[87-90]。CrTiAlN 薄膜是在 CrN 薄膜基础上发展起来的一种综合性能更为优良的超硬膜。与 CrN 膜层相比，CrTiAlN 复合薄膜由于 Al、Ti 元素的影响使其具有比 CrN 更高的硬度和强度等力学性能，摩擦学性能优异；同时其结构转变温度也有了很大的提高，高温抗氧化性能增强。CrTiAlN 薄膜具有优异的韧性，在微钻、刀具等工具上的应用有较大的优势。CrTiAlN 薄膜刀具使用寿命高于 TiN、CrN 薄膜刀具，特别适用于干式切削。广州有色金属研究院林松盛等[88]采用离子束辅助中频反应溅射方法制备的 CrTiAlN 梯度膜层细腻、致密、液滴小，其硬度达到 3500HV。由于离子束的辅助作用，膜/基结合力较高达 80N。在 PCB（线路板）微钻上表现出良好的应用前景。S.GHarris 等[89]采用多弧离子镀制备了高 Cr 的 CrTiAlN 膜层，实验采用两个 $Ti_{0.5}Al_{0.5}$ 合金靶和三个纯 Cr 靶。由于 Cr 靶功率的不同，制得不同组成配比的膜层。经过钻孔测试，发现膜层钻头寿命比未沉积膜层钻头高了 3 倍以上，表现出干摩擦条件下优异的耐磨性能。西安交通大学材料学院白力静等[90]采用闭合场非平衡磁控溅射设备在高速钢和单晶硅片制备了 CrTiAlN 梯度镀层，研究结果发现，CrTiAlN 薄膜硬度高、韧性好、具有良好的摩擦磨损性能，CrTiAlN 膜层在 900℃ 时还表现出很好的热稳定性。由此可见，多元复合的 CrN 基复合膜具有更加优异的抗高温摩擦磨损性能。

## 1.6  研究内容

通过前面对活塞环的磨损工况、失效机理及活塞环表面处理技术的研究现状与发展趋势的分析可知，PVD 技术制备的 CrN 系薄膜是活塞环表面薄膜的重要发展方向，具有替代 Cr 电镀层的发展潜力。然而，由于目前世界各国对于新型的 CrN 系薄膜在活塞环上的应用研究尚处于起步探索阶段，对于 CrN 系薄膜活塞环的各项性能包括抗高温磨损性能、高温腐蚀性能、化学稳定性等都没有深入进行研究，还没有很好地解决 CrN 系薄膜厚度与残余应力、结合强度之间的矛盾关系。同时，CrN 系薄膜在活塞环/缸套摩擦副运动过程的作用机理及其与缸套之间的摩擦副匹配机理方面研究都尚未涉足。所以，PVD 技术制备的 CrN 系薄膜能否成为坦克发动机活塞环新一代的表面处理工艺，有待更进一步的研究和探讨。因此，本研究的主要内容包括以下几个方面。

（1）CrN 薄膜的制备工艺优化及性能研究。采用多弧离子镀技术沉积制备了 CrN 薄膜，研究了 $N_2$ 浓度、负偏压和弧电流等参数对 CrN 薄膜性能的影响，获得了 CrN 薄膜制备的优化工艺参数。同时研究了不同调制周期对 Cr/CrN 纳米多层膜的硬度、抗塑性变形能力、残余应力和结合强度的影响，并对 Cr/CrN 纳米多层膜和 Cr 电镀层的摩擦磨损性能及磨损机制进行了比较分析。

（2）CrN 基复合膜的制备工艺及性能研究。针对活塞环服役工况，为进一步提高 CrN 薄膜的力学性能、抗高温氧化性能和抗高温磨损性能，在 CrN 薄膜制备工艺优化的基础上，研究了添加 Ti、Al 以及（Ti+Al）元素对 CrN 薄膜成分、相结构、表面形貌、力学性能和抗高温氧化性能的影响，以获得添加不同元素对 CrN 薄膜组织结构和性能的影响规律。并研究了负偏压及基体转动速度对 CrTiAlN 复合膜性能的影响，获得了 CrTiAlN 复合膜制备的优化工艺。

（3）CrN 基复合膜的抗高温氧化和热腐蚀行为研究。针对活塞环服役的高温腐蚀环境，对 Cr 电镀层和 CrN 基复合膜的抗高温氧化和热腐蚀行为进行了研究。通过采用扫描电子显微镜、能谱仪和 X 射线衍射仪等分析了氧化层的表面形貌、成分和相结构及氧化层的截面成分分布，揭示了 CrTiAlN 复合膜的抗高温氧化机理和抗热腐蚀机理，为 CrTiAlN 复合膜在高温腐蚀环境中的服役及应用打下理论基础。

（4）CrN 基复合膜的摩擦磨损性能与摩擦副优化匹配试验。采用 CETR 滑动摩擦磨损试验机模拟不同润滑条件、不同滑动速度和不同载荷条件下各薄膜的摩擦磨损行为，对 Cr 电镀层与 CrN 基复合膜的摩擦磨损性能进行比较研究。并采用 T11 高温磨损试验机模拟活塞环的高温磨损环境，对 Cr 电镀层与 CrN 基复合膜的抗高温磨损性能进行了比较研究，为 CrN 基复合膜在活塞环上的实际应用提供研究数据支持。在对坦克发动机活塞环/缸套摩擦副的磨损失效机理分析的基础上，采用 M200 摩擦磨损试验机对不同活塞环/缸套摩擦副的摩擦学性能进行匹配优化试验研究，以获得摩擦学匹配性能最优的缸套/活塞环摩擦副处理工艺。并采用扫描电子显微镜和能谱仪等分析了活塞环及其对偶缸套试样的摩擦磨损形貌和表面成分，研究了 CrN 基复合膜活塞环与激光渗硫缸套摩擦副的磨损机制及其影响因素。

（5）CrMoN/$MoS_2$ 微纳米固体润滑复合膜的成膜机理研究。Cr-Mo-N 微纳米复合膜制备的工艺优化，为下一步的低温离子渗硫处理打下基础；通过改变渗硫温度及渗硫时间，制备润滑性能最佳的 CrMoN/$MoS_2$ 复合膜，Cr-Mo-N 复合膜经低温离子渗硫处理后如何转变为 CrMoN/ $MoS_2$ 微纳米固体润滑复合膜是研究的核心内容。将通过对渗硫复合膜的形貌、微观组织结构研究及原子表面、界面研究说明其成膜机理与组织结构变化。

（6）CrMoN/$MoS_2$ 微纳米固体润滑复合膜的摩擦学行为研究。研究了不同摩擦条件下

CrMoN/MoS$_2$ 微纳米固体润滑复合膜的摩擦学性能，建立了 CrMoN/MoS$_2$ 微纳米固体润滑复合膜的摩擦磨损机理模型。

（7）CrN 系复合膜活塞环台架试验考核研究。采用坦克发动机台架试验台考核 CrN 基复合膜的抗高温磨损性能和摩擦副匹配性能，并对台架试验前后 CrN 及 CrTiAlN 复合膜活塞环的各项性能进行比较研究。采用扫描电子显微镜和能谱仪分析不同活塞环/缸套摩擦副的摩擦磨损形貌和表面成分，对实际应用环境下活塞环/缸套摩擦副的磨损机制进行进一步研究。

# 第2章　CrN薄膜的制备与性能研究

在 CrN 薄膜沉积制备的过程中，工艺参数是极其重要的影响因素，它直接对薄膜的成分、相结构、表面形貌、硬度和结合强度等产生影响。本章采用多弧离子镀技术在 Si 片和 65Mn 钢基体上沉积制备了 CrN 薄膜，采用 X 射线衍射仪、光电子能谱仪、扫描电子显微镜和纳米压入仪等对沉积的薄膜进行了表征，讨论了 $N_2$ 浓度、负偏压和弧电流等参数对 CrN 薄膜性能的影响，获得了 CrN 薄膜制备的优化工艺参数，为制备 Cr/CrN 纳米多层膜及 CrN 基复合膜奠定了工艺基础。

## 2.1　$N_2$ 浓度对 CrN 薄膜性能的影响

在 CrN 薄膜的沉积过程中，氮气浓度是一个关键因素，关系到所得薄膜的成分、相结构和显微组织。因为在 Cr-N 二元体系中存在两个氮化物相，即 $Cr_2N$（hcp）和 CrN（fcc），随着氮气浓度的不同，沉积薄膜的相组成可以为 Cr、$Cr+Cr_2N$、$Cr+Cr_2N+CrN$、$Cr_2N+CrN$ 或者 CrN。另外，氮气浓度对沉积薄膜的力学性能也存在明显影响。所以，研究氮气浓度对薄膜组织结构及性能的影响具有重要的意义。

### 2.1.1　工艺参数

系统中的反应气氛取决于弧电流和 $N_2$ 浓度，并直观地反映在靶表面的化合物覆盖面积和薄膜的成分上。在弧电流稳定的情况下，反应气体 $N_2$ 的浓度决定了靶表面和衬底界面的反应特征。如果反应气氛由流量控制，则 $N_2$ 浓度的改变可以通过改变 $N_2$ 流量与 Ar 流量的相对比例来调节，$\varPhi_{N_2}$ 和 $\varPhi_{Ar}$ 分别表示 $N_2$ 和 Ar 的流量，则工作系统中 $N_2$ 的浓度 $f(N_2)$ 可近似地表示为：

$$f(N_2)=\varPhi_{N_2}/(\varPhi_{N_2}+\varPhi_{Ar}) \tag{2-1}$$

表 2-1 为改变 $N_2$ 浓度条件下 CrN 薄膜的制备工艺参数，通过改变 $N_2$ 浓度制备不同相结构和化学剂量比的 $CrN_x$ 薄膜。同时，制备常规的 TiN 薄膜作为比较研究。

表 2-1　改变 $N_2$ 浓度时 CrN 薄膜的制备工艺参数

| 编号 | $N_2$ 流量 / sccm | Ar 流量 / sccm | $f(N_2)$ / % | 弧电流 / A | 负偏压 / V | 基体温度 / ℃ |
|------|------|------|------|------|------|------|
| N1 | 0 | 100 | 0 | 55 | -75 | 100 |
| N2 | 15 | 85 | 15 | 55 | -75 | 100 |

| 编号 | N$_2$ 流量 / sccm | Ar 流量 / sccm | $f(N_2)$ / % | 弧电流 /A | 负偏压 / V | 基体温度 /℃ |
|---|---|---|---|---|---|---|
| N3 | 25 | 75 | 25 | 55 | −75 | 100 |
| N4 | 35 | 65 | 35 | 55 | −75 | 100 |
| N5 | 45 | 55 | 45 | 55 | −75 | 100 |
| N6 | 55 | 45 | 55 | 55 | −75 | 100 |

## 2.1.2 沉积速率分析

图 2-1 是 CrN 与 TiN 薄膜的沉积速率与氮气浓度之间的对应关系比较曲线。由图 2-1 可知，薄膜的沉积速率随着氮气浓度的改变而变化。对于 CrN，当氮气浓度较低时，沉积速率低，CrN 薄膜沉积速率随氮气浓度的增加而增大，但氮气浓度超过 35% 后，沉积速率升高趋势不大。对于 TiN，随着氮气浓度的增加，沉积速率呈下降的趋势，在低氮气浓度下，随 N$_2$ 浓度增加，沉积速率下降得很快，N$_2$ 浓度超过 45% 后，沉积速率下降趋缓；若再进一步增大 N$_2$ 浓度，还容易造成断弧、引弧困难的现象，产生了镀膜过程中的"靶中毒"现象。CrN 所呈现的规律与 TiN 截然相反。

这是由于当氮分压较低时，TiN 薄膜获得高的沉积速率主要是因为纯 Ti 靶材熔点较低，蒸发速率较快；而随氮流量增加，氮分压升高，由于氮离子与 Ti 反应，靶材表面逐渐形成了氮化物。随着氮分压升高，靶材表面的氮化物组分越来越多（靶中毒），此时改变了靶材表面物质的逸出功，而且 TiN 的熔点（2960℃）比纯 Ti 熔点（1820℃）高得多，因而蒸发速率较慢，所以对应的沉积速率逐渐随氮流量增加而逐渐下降。当靶材的表面完全被氮化时，薄膜的沉积速率就达到最低，其他工艺参数不变，继续增加氮流量，沉积速率将保持恒定。而根据 Cr-N 二元相图[91]，Cr 的熔点很高，为 1875℃，而 CrN 的熔点仅为 1500℃，比 Cr 低得多，表层形成低熔点的 CrN，使金属靶表面比较容易熔化，反而使 CrN 薄膜的沉积速率增大；因此，CrN 薄膜的沉积速率随氮气浓度的变化所呈现的规律与 TiN 薄膜相反。

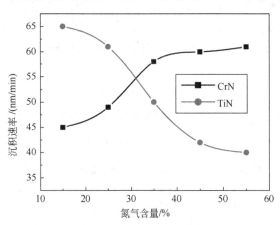

图 2-1 CrN 与 TiN 薄膜的沉积速率随氮气浓度的变化

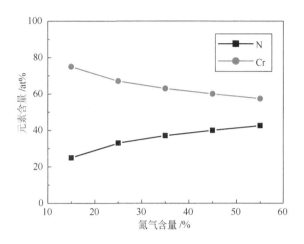

图 2-2　N$_2$ 浓度与薄膜中元素的变化曲线

## 2.1.3　成分与相结构分析

图 2-2 为氮气浓度与 CrN 薄膜中元素的变化关系曲线。由图可知，随着氮气浓度的增加，薄膜中氮元素的含量逐渐增加，而元素 Cr 随氮浓度的增加而逐渐减少。图 2-3 为氮气浓度为 45% 时 CrN 薄膜的能谱图，从图中可以发现，CrN 复合膜的主要成分为 Cr、N 两种元素，其原子百分含量为：Cr 占 57.4%，N 占 42.6%。图 2-4 为该 CrN 薄膜截面 AES 分析图，从图中可以看出，CrN 薄膜内部的 Cr、N 元素分布非常均匀，与表面的 Cr、N 元素的原子百分含量保持基本一致，同时，在膜基结合界面存在一个成分分布呈现梯度变化的过渡区，可有效提高膜基结合强度。

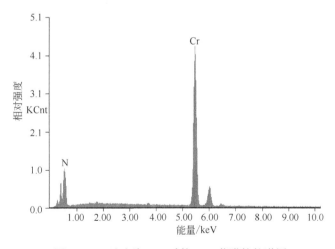

图 2-3　N$_2$ 浓度为 45% 时的 CrN 薄膜的能谱图

图 2-5 为不同氮气浓度条件下沉积 Cr-N 薄膜的 XRD 谱，对应的成分分析如图 2-2 所示。从图中可以看出，当 $f$(N$_2$)＝0 时，沉积的纯金属 Cr 薄膜表现为 α-Cr(110)择优取向；当 $f$(N$_2$)增加到 15% 时，衍射谱表现为只有一个峰位在 CrN(200)的馒头峰，半高宽（FWHM）达到 2.5°；而 G.A. Zhang 等[92]研究表明，当 N$_2$ 含量很少时，薄膜中同样出现了 CrN 相，只是衍射峰为

CrN(111)。当 $f(N_2)$＝25%时，CrN 相开始出现；当 $f(N_2)$ 从 25%增加到 55%时，XRD 衍射峰也由 β-Cr$_2$N(111) 和（300）逐渐变化为 CrN(111) 和（220）。CrN(200)衍射峰的峰位处在 Cr(110) 和 Cr$_2$N(111)之间，并且半高宽宽化。计算拟合的结果显示，（200）衍射峰实际上是 Cr(110) 和 Cr$_2$N(111)的重叠峰，造成 FWHM 宽化的主要原因可能是薄膜中大量不同结构的微晶和非晶混杂在一起所致，这是在较低的沉积温度下扩散不足和自阴影效应的结果。同时，这也可以解释薄膜内局部区域成分分布不均匀的原因，以至于出现局部的微晶结构有所不同。由此可见，常温下随着反应气体中 $f(N_2)$ 的增加，CrN$_x$ 薄膜相结构逐渐由 Cr+Cr$_2$N 转变为 CrN 相。

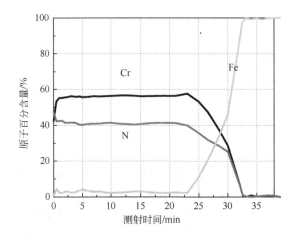

图 2-4　N$_2$ 浓度为 45%时的 CrN 薄膜的截面 AES 分析

图 2-6 为 Cr-N 相成分随 N$_2$ 浓度变化的二元相图[93]，从图中可以看出，随着 N$_2$ 浓度的增加，Cr-N 薄膜相成分变化依次为 α-Cr+β-Cr$_2$N、β-Cr$_2$N、β-Cr$_2$N+CrN 和 CrN。根据 Cr-N 二元相图可以看出，当 N$_2$ 浓度超过 33%以后，才开始出现 CrN 相。事实上，在本次试验研究中，当 N$_2$ 浓度为 25%时，薄膜已经出现了 CrN 相，这可能与 PVD 的成膜过程远离平衡态有关。

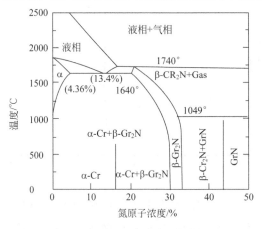

图 2-5　不同 N$_2$ 浓度 CrN$_x$ 薄膜的 X 射线衍射谱

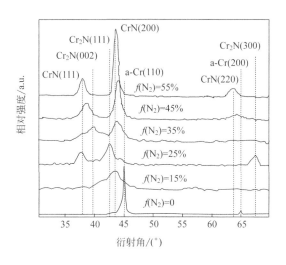

图 2-6　Cr-N 相成分随 $N_2$ 浓度变化

## 2.1.4　表面和断面形貌分析

图 2-7 所示为不同氮气浓度条件下沉积的 $CrN_x$ 薄膜的断面形貌。由图 2-7 可知，离子镀沉积的 $CrN_x$ 薄膜以接近垂直于衬底的柱状生长，呈典型的柱状晶结构。相比较而言，纯金属 Cr 薄膜的晶间空隙最多 [图 2-7（a）]，CrN 最为密集 [图 2-7（c）]。说明在相同的沉积工艺条件下，随着薄膜中 N 含量的增加，薄膜的致密度增加。

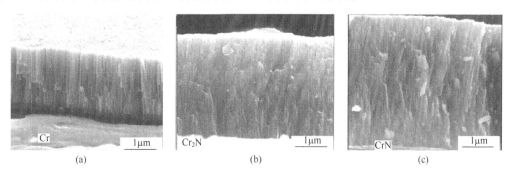

图 2-7　不同氮气浓度条件下 $CrN_x$ 薄膜的断面形貌

（a）$f(N_2)=0$；（b）$f(N_2)=15\%$；（c）$f(N_2)=55\%$

图 2-8 为不同 $N_2$ 浓度下沉积的 $CrN_x$ 薄膜的表面形貌。当 $N_2$ 浓度为 15% 时，薄膜表面熔滴数量少，直径较小，分布范围从几十纳米到一微米。随着 $N_2$ 浓度的升高，熔滴的密度和直径增大。之前在研究 TiN 或 TiAlN 薄膜时发现，随着 $N_2$ 浓度的增加，TiN 或 TiAlN 薄膜中熔滴的密度和直径减小。而对 CrN，呈现的规律刚好相反。

研究表明[94]，高熔点的金属，如铌、钨、锆等放电时，形成的灼坑小而浅，产生的微粒直径小，主要是由于弧斑变小变多，游移速度加快，这样单个斑点加热时间缩短，注入能量减小，弧斑停留时间短，即弧斑区加热的时间短，阴极表面平均温度将比气压低时下降，因此，喷出的微粒的密度和直径下降。由于阴极斑点处温度很高，靶材和 N 反应并在靶表面形成相应的氮化物。如 2.1.2 小节内容所述，随着气氛中含氮量的增加，在靶材表面生成的 CrN 越来越多，而其熔点比纯 Cr 低很多。故在弧斑作用下，从靶材表面逸出的熔滴数量变多，尺寸增大。

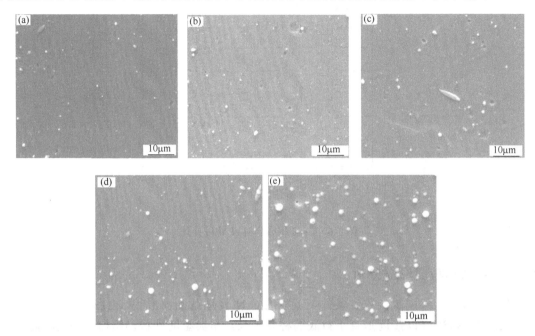

图 2-8　不同 N$_2$ 浓度下沉积的 CrN$_x$ 薄膜的表面形貌

（a）$f$(N$_2$)=15%；（b）$f$(N$_2$)=25%；（c）$f$(N$_2$)=35%；（d）$f$(N$_2$)=45%；（e）$f$(N$_2$)=55%

图 2-9 为不同氮气浓度条件下 CrN$_x$ 薄膜的 AFM 形貌图。从图上可以看出，氮气浓度为 55%条件下生长的 CrN$_x$ 薄膜的表面颗粒尺寸相对较大。同时，从 AFM 分析图上也可以看出，CrN 薄膜主要是以岛状模式生长。在 CrN 薄膜的生长初期，在基体表面形成无数个岛状晶体，随着原子或原子团的沉积，这些岛状晶体不断沿基体表面长大，同时也向垂直于基体表面的空间生长。岛状晶体沿基体表面生长的同时，这些岛状晶体会出现合并长大，形成尺寸更大的岛状晶体。当基体表面岛状晶体连成片后，岛状晶体主要是垂直于基体表面向空间生长，形成柱状晶体结构，同时也会发生晶体合并长大增大柱状晶尺寸。因此，当氮气浓度较高，溅射出来的原子或原子团尺寸较大时，形成的岛状晶体尺寸也会较大。

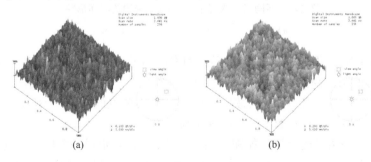

图 2-9　不同氮气浓度条件下 CrN$_x$ 薄膜的 AFM 形貌图

（a）$f$(N$_2$)=15%；（b）$f$(N$_2$)=55%

　　图 2-10 为不同氮气浓度条件下 CrN$_x$ 薄膜表面粗糙度的轮廓测试信号，其中图 2-10（a）为氮气浓度为 15% 的表面轮廓曲线，图 2-10（b）为氮气浓度为 55% 的表面轮廓曲线，通过比较可以看出，表面轮廓的振幅随着氮气浓度的增加而增加。探针在薄膜表面移动时，探针头受样品表面形貌的影响不同，波动程度不同，通过软件记录的信号经过计算绝对偏差平均值，表征出薄膜表面的粗糙度也不同。将表面轮廓测试信号计算的粗糙度与 AFM 测试的粗糙度值相对比，发现两种测试方法获得的表面粗糙度值吻合得较好。

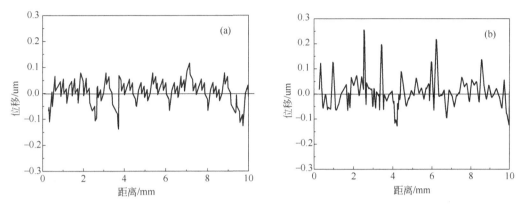

图 2-10　不同氮气浓度条件下 CrN$_x$ 薄膜表面轮廓测试信号

（a）$f$(N$_2$)=15%；　（b）$f$(N$_2$)=55%

　　图 2-11 为 CrN$_x$ 薄膜表面粗糙度随氮气浓度的变化。从图中可看出，薄膜表面粗糙度的变化与扫描电镜表面形貌分析结果一致。随着氮气浓度的增加，表面粗糙度值变大。

## 2.1.5　纳米硬度和弹性模量分析

　　图 2-12 为薄膜硬度和弹性模量随氮气浓度的变化曲线。由图可见，当氮气浓度为 0 时，沉积获得的纯 Cr 薄膜的硬度仅为 6 GPa；当氮气浓度为 15% 时，电弧蒸发的过多的铬粒子没有和氮气结合成 CrN，而是形成 Cr 和 Cr$_2$N 沉积在基体表面，薄膜硬度有所增加。随着 N$_2$ 浓度的继续增大，CrN$_x$ 膜层的纳米硬度也跟着增大，并在 N$_2$ 浓度为 25% 和 45% 时出现峰值，

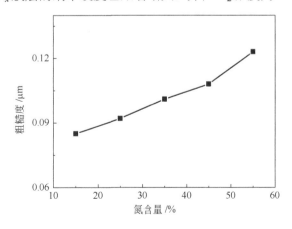

图 2-11　CrN$_x$ 薄膜表面粗糙度随 N$_2$ 浓度的变化

分别为 15GPa 和 18GPa，前者对应于薄膜为单相 $Cr_2N$，后者对应于 CrN 相；而 $Cr_2N$+CrN 两相兼有的薄膜则硬度较低，类似于 $Ti_2N$ 和 TiN 组成的两相薄膜的硬度比单相 $Ti_2N$ 或 TiN 薄膜略低的现象。文献[95]认为，薄膜成分偏离化学计量比，会改变化合物的费米能级，从而改变 d 带中成键电子和反键电子的能量，使材料的键合强度发生变化，因此两相薄膜的硬度略低于单相薄膜。

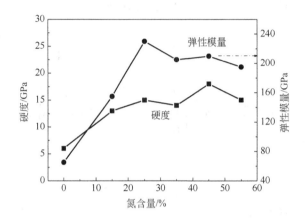

图 2-12　$CrN_x$ 薄膜硬度和弹性模量随 $N_2$ 浓度的变化

随着 $N_2$ 浓度的增加，有利于在膜层中生成 CrN 相，而使膜层硬度升高，当 $N_2$ 浓度超过 45%时，过多的氮离子轰击使基体表面形成过饱和的氮化层，CrN 沉积在其上时将使过饱和的氮从基体释放出来；从而在界面形成针孔，使结合强度降低。同时，$N_2$ 浓度的提高会引起膜层成分和结构的变化，也是硬度下降的原因。本试验得到 $CrN_x$ 薄膜的硬度是基底硬度的 4～8 倍，是 Cr 薄膜的 3～4 倍。从图 2-12 还可见到，薄膜的弹性模量与其硬度的变化不一样，单相 $Cr_2N$ 表现出最高的模量；而 CrN 单相薄膜虽然具有最高的硬度，其弹性模量却未表现出高值。

## 2.2　负偏压对 CrN 薄膜性能的影响

### 2.2.1　工艺参数

负偏压对薄膜的结构及性能有着明显的作用。在物理气相沉积设备中引入负偏压，可以实现薄膜的低温沉积，改善薄膜的性能。通过对负偏压参数的调整，改变沉积过程中离子的能量，从而可以控制在适当的范围内制备性能优异的理想薄膜。表 2-2 为改变负偏压条件下制备 CrN 薄膜的工艺参数，研究不同负偏压对 CrN 薄膜性能的影响。

表 2-2　改变工作负偏压时 CrN 薄膜的工艺参数

| 编号 | $F(N_2)$/% | 弧电流/A | 基体温度/℃ | 负偏压/ V |
|---|---|---|---|---|
| V1 | 50 | 45 | 300 | 0 |
| V2 | 50 | 45 | 300 | −25 |

续表

| 编号 | $F(N_2)/\%$ | 弧电流/A | 基体温度/℃ | 负偏压/ V |
|------|------|------|------|------|
| V3 | 50 | 45 | 300 | -50 |
| V4 | 50 | 45 | 300 | -75 |
| V5 | 50 | 45 | 300 | -100 |
| V6 | 50 | 45 | 300 | -125 |
| V7 | 50 | 45 | 300 | -150 |
| V8 | 50 | 45 | 300 | -175 |
| V9 | 50 | 45 | 300 | -200 |

## 2.2.2　镀前轰击对 CrN 薄膜生长的影响

在沉积 CrN 薄膜之前，先通入 Ar 气，加-800V 的负偏压轰击基体表面 5min，有助于 CrN 薄膜的生长。图 2-13 为有无轰击作用时 CrN 薄膜的表面形貌对比。未经过轰击处理的 CrN 薄膜表面孔洞和缺陷较多，表面粗糙、大颗粒较多且不均匀；而经过轰击处理后，基体表面会产生大量的空位、位错等缺陷，能够促进沉积膜的形核，使得表面晶核密度提高，从而可以得到表面较为平整的 CrN 薄膜。

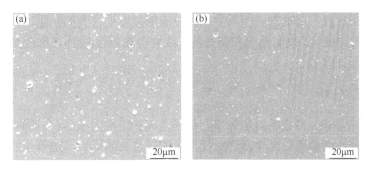

图 2-13　镀前有无轰击作用时 CrN 薄膜的表面形貌

（a）0V；（b）-800V

图 2-14 为有无偏压轰击下沉积的 CrN 薄膜 X 射线衍射谱。由图 2-14 可以发现，镀前轰击对 CrN 薄膜的晶体取向有很大影响。未经过轰击处理沉积到基体表面的 CrN 薄膜的择优取向是（111）衍射峰［图 2-14（a）］，而轰击后 CrN 薄膜的择优取向转变为（220）衍射峰［图 2-14（b）］。

在薄膜沉积之前离子轰击产生的效果主要有以下几种。

（1）离子溅射清洗：高能离子轰击会使基体表面发生物理溅射作用，可以除去表面吸附的气体和杂质，溅射剥离表面的氧化层，对在 65Mn 钢基体上沉积薄膜很重要。由于 65Mn 钢基体表面氧化层的存在，易造成基体与镀层结合不够牢固，将严重影响薄膜-基体之间的结合强度。采取镀前轰击后，会明显提高基体与薄膜之间的结合强度。

（2）温度升高：偏压的引入增加了荷电离子的能量，加强了离子对基体的轰击作用。同时轰击离子的能量大部分转变为表面热，从而引起基体温度的升高。基体温度的升高有利于沉积薄膜的硬度和膜/基结合力的提高。

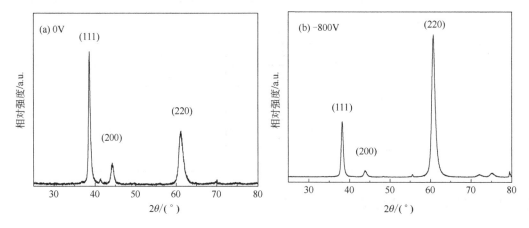

图 2-14　镀前有无轰击下 CrN 薄膜的 X 射线衍射谱

（a）0V；（b）-800V

（3）产生缺陷：轰击离子传递给晶格原子的能量，如果超过离位阈值（大约 25eV），晶格原子将发生离位并迁移到间隙位置，从而形成空位和间隙原子等点缺陷。这些点缺陷的存在可以改善形核模式，提供更多的成核位置，形成较高的成核密度。

（4）改变表面形貌：离子轰击作用使基体表面形貌发生很大的变化，表面粗糙度增加，产生许多小的凸起和凹坑。表面凸起和凹坑的形成将会在薄膜-基体之间起到"锚链"的作用，增强薄膜-基体界面的结合。

## 2.2.3　沉积速率分析

如图 2-15 所示是 CrN 薄膜的沉积速率与偏压之间的对应关系。当在低偏压下沉积薄膜时，CrN 薄膜的沉积速率随偏压升高缓慢增加；当偏压超过-100V 后，随偏压的增加，沉积速率逐渐下降。在-100V 偏压下，沉积速率最大。

薄膜的沉积速率决定于成膜速率和已沉积膜的溅射剥离速率。负偏压正是通过对成膜速率和溅射剥离速率的改变来影响沉积速率的。一般说来，对于电弧离子镀技术，在沉积薄膜过程中影响薄膜沉积速率的主要因素有二。

一是粒子在基体上的堆积效应。从靶材蒸发出来的粒子附着在基体表面上，粒子的动能越小，附着的概率越大，从而可以获得较高的沉积速率；负偏压的提高将更多的离化金属离子导向基体表面，减少了湮没在空间的离子数量，提高了成膜速率。在偏压小于-100V 时，薄膜沉积速率的提高就是由于这种偏压对荷能离子的导向作用引起的。

二是带电粒子对基体的溅射剥离效应。随着入射带电粒子能量的增加，部分粒子与基体碰撞后，会被基体弹回并进入真空中。而已经附着在表面上的部分原子，也还会受到后续入射粒子的溅射作用，重新回到真空中。可见，高的偏压提高了达到基体的离子的能量，增强了离子对基体表面已沉积膜的"再溅射"作用，从-100V 到-200V 时，由于负偏压的升高，增强了这种溅射剥离的作用，因而薄膜的沉积速率下降。

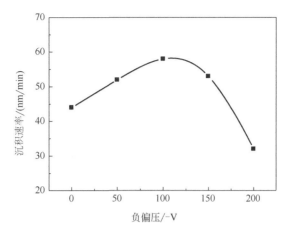

图 2-15　薄膜沉积速率与负偏压的关系

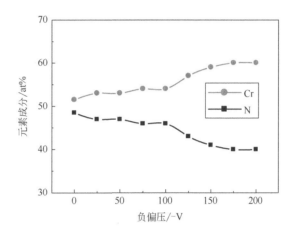

图 2-16　负偏压与 CrN 薄膜中元素的关系

## 2.2.4　成分与相结构分析

图 2-16 为负偏压与 CrN 薄膜中元素的变化关系。由图可知，随着负偏压的增加，薄膜中 N 元素的含量逐渐减少，而 Cr 元素逐渐增加。在负偏压较低时，沉积态薄膜由 CrN（fcc）单相组成，此时 Cr 元素和 N 元素原子比接近 1:1，基本符合化学计量比。但是当负偏压增大到某一值时，沉积态薄膜相组成由原来的 CrN（fcc）单相变为 $Cr_2N$ 和 CrN 两相，此时 Cr 元素原子百分含量为 57%～60%，N 元素原子百分含量为 40%～43%。继续增大负偏压，$Cr_2N$ 相含量增大，Cr 元素含量呈继续增加趋势。

图 2-17 为不同偏压下所获得薄膜的 XRD 结果。从中可以看到，偏压对沉积态薄膜的相组成、择优取向、衍射峰的峰宽和峰位都有较强的影响。多弧离子镀获得的薄膜一般都具有一定的择优取向，为了考查薄膜择优取向的变化，首先以（111）和（220）晶面为例，引入择优取向因子的定义[96]：

$$f = \frac{I_{(111)} / I_{(220)} - I_{0(111)} / I_{0(220)}}{I_{(111)} / I_{(220)} + I_{0(111)} / I_{0(220)}} \tag{2-2}$$

式中，$I_{(hkl)}$ 为薄膜的（hkl）面的衍射强度；$I_{0(hkl)}$ 为粉末样即标准卡片的（hkl）面的衍射强度。

对于粉末样品而言，$I_{(111)}/I_{(220)}=I_{0(111)}/I_{0(220)}$，$f=0$，此时无择优取向；当 $f>0$，即 $I_{(111)}/I_{(220)}-I_{0(111)}/I_{0(220)}>0$ 时，（111）晶面择优；当 $f<0$，即 $I_{(111)}/I_{(200)}-I_{0(111)}/I_{0(220)}<0$ 时，（220）晶面择优。

从图中可看出，CrN 薄膜的主要晶面，即（111），（200），（220）对应的衍射峰强度随负偏压的改变发生了较大的变化。同时随着偏压的增大，薄膜的相结构发生了变化，出现了六方 $Cr_2N$ 相。由图可知，当偏压为 0V 时，薄膜中只有 CrN 相；在此负偏压下，$f=0.12>0$，薄膜呈（111）择优取向。随着负偏压的继续增大，薄膜的取向开始向（200）转变，当负偏压为 -50V 时，薄膜以（200）取向为主。当继续增加负偏压值到 -100V 时，$f=-0.96<0$，薄膜呈（220）择优取向。随着偏压继续增加到 -150V 后，沉积态薄膜相组成由 CrN(fcc)单相转变为 $Cr_2N$(hcp)和 CrN(fcc)两相组成。这与 CrN 薄膜中的元素浓度随负偏压变化规律相一致。当工作负偏压为 -200V 时，薄膜由 $Cr_2N$ 和 CrN 两相组成，在 CrN（111）、（220）、（311）面和 $Cr_2N$（110）、（111）、（112）、（300）面上出现衍射峰，CrN 呈（111）择优取向。

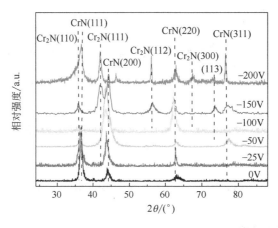

图 2-17　不同负偏压下所获得薄膜的 XRD 谱

通过以上分析可以得出，负偏压对薄膜择优取向的影响缘于各晶面在溅射过程中的竞争生长。当无偏压或偏压值比较低时，正离子对基体的轰击效果不明显，且达到基体表面的吸附原子的活性很低。这时薄膜就会以能够容纳大量的原子快速作用而快速成长的取向生长。FCC 结构的 CrN 薄膜的最密排面为（111）面，因此，当负偏压较低时，CrN 薄膜为（111）取向。继续提高偏压会增强 $Ar^+$ 对基体的轰击，这样将导致正在生长的薄膜中和基体结合不强的部分被反溅出来。fcc 结构的各晶面中原子的密排程度从大到小依次为（111），（200），（220）和（311）面。（200）面是仅次于（111）面的密排面，面密度和（111）面非常接近。这样在正离子的轰击下，各个晶面上的原子被反溅的概率也正在按照上面的顺序递减。根据 Dobrev 等[97]的观点，在比较强的正离子轰击下，CrN 薄膜的（111）面和（200）面会竞争生长，但是作为对正离子轰击的回应，原子反溅概率比较小的（200）面会优先生长。当负偏压提高到 -100V 时，具有 fcc 结构的薄膜按照（220）面择优取向生长。

当负偏压值范围为 0～-100V 时，薄膜分析测试的结果与 Lee[98]的二维模型理论相符合。根据 Lee 的分析结果，对于具有 FCC 结构的晶体，其表面能大小排列依次为（110）＞（100）＞（111），随着活性沉积基团能量的提高，薄膜将由[111]取向变为[100]取向，最后是[110]取向。在试验中，随着基体所加负偏压的升高，向基体表面轰击的活性粒子能量逐渐增加。在低偏压时，粒子的能量较小，基体温度较低，所以直接沿表面能较低的（111）面择优生长；当负偏压升高至某一临界值时，入射粒子能量达到一定程度，此时各晶面的表面能和形变能达到暂时的平衡状态，所以这时各晶面的择优取向系数相当，薄膜呈现无择优取向，即随机取向；继续升高负偏压，入射粒子的能量增大，基体温度也会升高，有利于沉积粒子在基体表面的迁移，这时表面能较高的（200）面和（220）面成为主要生长方向。高能面的择优生长是消耗了其他的低能面而生长的，因为高指数面具有较高的台阶密度，为晶体生长提供了更多的形核位置。

由于 $Cr_2N$ 生长所需的自由能高于 CrN[99]，当偏压达到一定值时，达到了 $Cr_2N$ 生长所需的能量，突破了 $Cr_2N$ 的生长势垒，使薄膜相组成由原来的 CrN(fcc)单相变为 $Cr_2N$ 和 CrN 两相，导致 Cr 元素浓度增加，N 元素浓度降低。

另外，随着负偏压值的增加，CrN(200)衍射峰的位置逐渐向小角度偏移，表明 CrN 薄膜的晶格常数发生了变化。由图 2-17 还可看出，$CrN_x$ 薄膜的 XRD 衍射峰的半高宽（FWHM）随着负偏压的增加而不断增加。一般来说，材料内部残余应力能够导致 X 射线衍射峰发生位移和宽化。由宏观应力引起的晶格畸变会改变晶面间距，如果是均匀的畸变，则衍射线位置会发生位移。如果材料内部存在宏观拉应力，导致衍射线向高角度偏移；反之，若为压应力，衍射线向低角度偏移（$\sigma_I$）。若是多个晶粒尺寸范围内存在微观应力（$\sigma_{II}$），即发生不均匀的晶格畸变，则在不同晶面间距处的衍射线的位置是略有差异的，故最后测得的峰形是这些略有位移的衍射峰的包络线，从而使峰形加宽，即衍射峰的宽化。

CrN（200）衍射峰峰位的低角度偏移和宽化说明薄膜内部存在宏观压应力，并且在多个晶粒范围内存在微观应力。在薄膜沉积过程中，薄膜的表面处于高速离子以及原子的轰击之下，若与薄膜相碰撞的高速粒子把薄膜中的原子从阵点位置碰撞离位，并进入间隙，产生钉扎效应；或者直接进入晶格之中，从而产生了内应力。当薄膜沉积无偏压时，CrN（200）衍射峰的位置是 43.65°；当负偏压值为-25V 时，（200）衍射峰的位置为 43.60°，当负偏压值为-100V 时，（200）衍射峰的位置为 43.56°。对于氮化物薄膜来说，XRD 衍射峰向小角度偏移表明薄膜中存在压应力，在高的偏压下，N 除了和 Cr 反应生成 $CrN_x$ 外，多余的高能量的 N 会注入到 $CrN_x$ 的晶格中，另外，在高的偏压下，薄膜中还会捕获一些 $Ar^+$。因为 N 和 Ar 的离子半径都比 $CrN_x$ 薄膜的四面体或八面体间隙大，所以间隙原子的存在会导致薄膜晶格畸变而产生压应力。因此，可以推断薄膜中的压应力随着负偏压值的增加而不断上升。

造成 XRD 衍射峰宽化的因素主要有：晶粒细化、固溶以及微观应力变化导致的晶格局部畸变。通过 XPS 分析可知，薄膜中除生成 CrN 和 $Cr_2N$ 化合物外，还存在纯金属 Cr，以固溶的形式存在。因此，以上三种因素都是造成 XRD 衍射峰宽化的原因。衍射峰宽化程度随负偏压变化而加大的原因是随着负偏压的升高，轰击离子能量逐渐加大，使应力增加。其主要原因是"原子锤击"效应。一般规律是：随着基体负偏压的增加，薄膜中应力增加或者发生张应力向压应力的逐渐转变，二者共同作用导致半高宽增加。

## 2.2.5　表面形貌与粗糙度分析

如图 2-18 所示为不同负偏压下 CrN 薄膜的表面 SEM 形貌。从图上可以看出，负偏压对 CrN 薄膜的表面形貌影响很大。

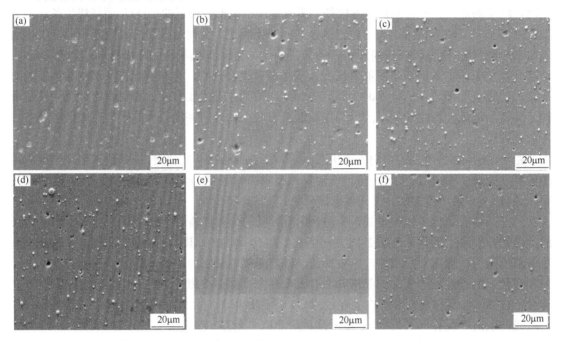

图 2-18　不同负偏压下 CrN 薄膜的表面形貌

（a）-25V；（b）-50V；（c）-75V；（d）-100V；（e）-150V；（f）-200V

在负偏压较小（-25V）时，带负电的大颗粒受到电场的排斥力较小，更易于达到基体表面，致使薄膜表面粗糙，熔滴密度大。薄膜表面熔滴的尺寸和分布很不均匀，个别区域大颗粒发生团聚，最大的可达几微米，较小的有几百纳米，如图 2-18（a）、（b）所示。这些大颗粒熔滴的存在使薄膜内部缺陷增多，连续性遭到破坏，易剥落。尤其在交变应力的复杂工作条件下，这些大颗粒边界往往过早开裂、被腐蚀，成为缺陷源，使薄膜过早失效。这些大颗粒的存在也增大了薄膜的摩擦系数。随着负偏压的增加，真空室中等离子体密度增大，增加了金属 Cr 离子与气体离子的碰撞概率，大颗粒在运动过程中被碰碎，使熔滴尺寸减小。其次，负偏压的增加使基体表面受到离子的轰击程度增大，导致基体局部温度升高，加剧了薄膜表面原子和基团的扩散，沉积到薄膜表面大熔滴数量减少，熔滴的密度降低，薄膜组织更致密，薄膜的表面逐渐均匀平整，如图 2-18(c)～(e)所示。继续增加负偏压，可以发现薄膜表面的缺陷增多，如图 2-18（f）所示。

图 2-19 为 $CrN_x$ 薄膜表面粗糙度随负偏压的变化曲线，从图中可以看出，薄膜表面粗糙度的变化与扫描电镜表面形貌分析结果一致：随着负偏压的增加，表面粗糙度值先降低后变大，在负偏压为-150V 时，粗糙度值相对最小。

在负偏压较小时，电弧蒸发出来的 Cr 与通入的氮气部分离化并发生反应，形成 CrN。而一些较大的 Cr 液滴蒸发出来后无法完全离化，在稀疏的等离子体空间自由飞行并沉积到基体表面形成大颗粒。随着负偏压值的增加，电弧等离子体在外加电场的作用下，等离子体中的离子对运动中的蒸发粒子、基体表面及已沉积的薄膜表面具有更强的轰击作用，从而影响大颗粒的尺寸、数量与分布，从而改善表面形貌。随着负偏压的升高，轰击作用增强，薄膜表面由于存在较多的大颗粒，在受轰击时暴露在薄膜最表面的大颗粒容易被高速率的粒子溅射掉或者被沉积粒子打碎，这样产生的效果是大颗粒直径减小或直接消失，薄膜表面逐渐平整均匀。但当负偏压过高时，一方面将导致基体的温度过高，造成薄膜内部产生较大的内应力；另一方面由于轰击作用过强，将使得已沉积的薄膜表面形成过多的凹坑，影响生成薄膜的质量，甚至造成薄膜/基体界面应力过大，结合力变差，严重时导致薄膜脱落。

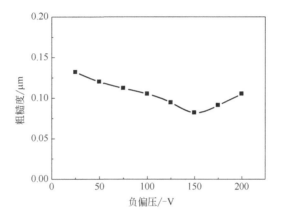

图 2-19  CrN$_x$薄膜表面粗糙度随负偏压的变化

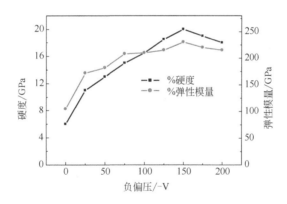

图 2-20  薄膜硬度与弹性模量随负偏压的变化

## 2.2.6  纳米硬度和弹性模量分析

薄膜的硬度测量是在 Nanotest 600 型多功能纳米测试仪上进行的。图 2-20 为 CrN 薄膜的硬度随工作负偏压的变化曲线。由图可知，负偏压对 CrN 薄膜的硬度有较大的影响。在无负偏压时，CrN 薄膜的硬度较低；随着负偏压的增加，硬度值增大。在负偏压达到-150V 时，硬度达到最大值 20GPa；再继续增加负偏压时，薄膜的硬度值反而开始缓慢减小。CrN 薄膜的弹性模量随负偏压变化的趋势基本与纳米硬度的变化趋势相同，随着负偏压的增加，弹性模量值增大。在负偏压达到-150V 时，弹性模量达到最大值 230GPa；再继续增加负偏压时，薄膜的弹性模量值反而开始缓慢减小。

在无偏压（0V）时，薄膜结构不连续，薄膜中存在较多的大颗粒，这些大颗粒的主要组成是表面已被氮化的 Cr，硬度较低；且粒子自由沉积到基体表面，膜层结构比较疏松，所以表现出较低的硬度。随着负偏压增加（0～-150V），粒子的轰击作用加强，膜层中的大颗粒减少，颗粒尺寸细化；使得膜层结构连续，孔洞减少，所以硬度增大。另一方面，由于负偏压升高，粒子向基体轰击的能量增加，薄膜的表面经常处于高速离子以及中性原子的轰击之下，与薄膜相碰撞的高速粒子会把薄膜中的原子从阵点位置碰撞离位，并进入间隙，产生钉扎效应；或者直接进入晶格之中，从而产生了内应力，薄膜内部存在着的压应力随负偏压的升高而增加。此外，强烈的轰击作用一方面会打掉薄膜表面结合较差的粒子，同时也会增强原子活性，促使其向晶间的沟壑中生长，从而使得膜层组织更加致密，这也是造成硬度随负偏压升高而增加的原因。

随着负偏压继续增加（>150V），CrN 薄膜受到高能离子的轰击，薄膜应力增大，其表面被轰击出现许多凹坑 [图 2-18（f）]，凹坑的出现使膜层表面致密性降低。虽然薄膜应力增大有利于硬度的增加，但其表面孔隙变多，却使薄膜的硬度减小。因此，当负偏压超过某一临界值后，表面缺陷及薄膜的致密性对硬度的影响占主导地位，随着负偏压的增大，薄膜的硬度开始变小。

## 2.2.7 结合性能分析

对不同工作负偏压下沉积的 CrN 薄膜进行划痕试验，以薄膜开始剥落时所对应的载荷间接表示薄膜的结合强度，该载荷称为临界载荷 $L_c$。图 2-21 给出了不同工作负偏压下薄膜临界载荷与声发射强度变化之间的关系，通过监听声发射强度变化获得不同薄膜对应的临界载荷 $L_c$ 值，与不同工作负偏压之间的关系曲线示于图 2-22。图中给出了利用划痕试验测试的不同工作负偏压下，CrN 薄膜与基体的结合强度。从图中可以看出，薄膜与基体的结合强度随着负偏压的增大，先增大后减小，这与硬度随负偏压的变化趋势基本一致。在-150V 左右，薄膜与基体的结合力达到最大值 56N。

在无偏压（0V）时，从靶材蒸发出来的离子自由沉积到基体上，离子在基体上通过凝聚形核成膜，薄膜与基体的结合力主要是范德瓦尔斯力，此时薄膜与基体结合强度较低。

随着负偏压的升高（0～150V），粒子的能量增加，粒子向基体撞击的速率也逐渐增加。在这个过程中，荷能粒子直接轰击基体表面，使表面原子附近的微区产生高温高压过程，有利于薄膜与基体结合力的提高。同时当撞向基体的荷能粒子能量达到一定程度，将直接进入薄膜内部，形成所谓的浅注入效应，浅注入效应不仅改善了薄膜与基体的结合情况，还增加薄膜的致密性，提高了薄膜的综合性能，因此薄膜与基体的结合力增加。

随着负偏压的继续升高（>150V），粒子对薄膜的轰击效应增强，薄膜的内应力逐渐增加，基体与薄膜的热膨胀系数差异引起的热应力也逐渐增加，从而导致薄膜与基体的结合力减小。通过以上分析可知，$L_c$ 值的变化主要归因于应力的变化和薄膜结构。低的轰击离子能和轰击离子流密度导致薄膜低的密度和应力，因而结合力也是低的；但是过高的轰击离子流会导致过量的压应力，会降低薄膜的结合性能。

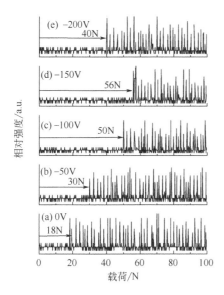

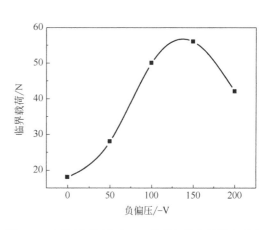

图 2-21　CrN 薄膜临界载荷与声发射强度的关系　　图 2-22　不同负偏压下 CrN 薄膜与基体的结合强度

　　图 2-23 是−150V 负偏压下沉积的 CrN 薄膜进行划痕实验后划痕的形貌。对比分析划痕的表面形貌可知，划痕的最初部分比较平且窄，随载荷的增加逐渐变宽变深。整个划擦过程可以分为四个阶段：第一阶段为起始阶段，是划擦过程初始的几百微米，在此阶段压头压入薄膜，但划擦过后薄膜表面并没有留下划痕，这表明在此阶段薄膜具有高的变形恢复能力和良好的耐磨能力［图 2-23（a）］。在第二阶段，随着载荷的增加，压头压入薄膜的深度增加，薄膜的塑性变形逐渐增大，显微照片已逐渐发现划痕，在压头作用下，开始形成沿划痕向两边

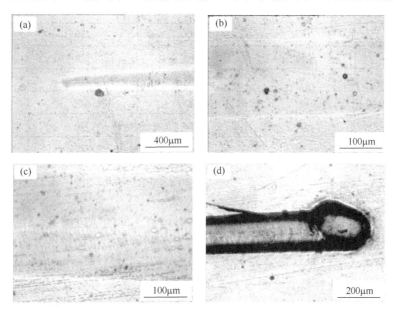

图 2-23　−150V 负偏压时 CrN 薄膜的不同阶段划痕形貌

（a）起始；（b）内聚力失效；（c）膜基之间开始失效；（d）大面积剥落

分布的小裂纹，但未剥落，此阶段对应于 $L_{c1}$，即薄膜内聚力失效阶段［图 2-23（b）］。在第三阶段，随着载荷进一步加大，CrN 薄膜的划痕中出现了裂纹，裂纹向两边的薄膜扩展，且裂纹的数量和长度随着负偏压的增加而增加。这说明负偏压增加，薄膜的韧性下降，薄膜变脆。此阶段对应于 $L_{c2}$，即在更高的压力作用下，出现小块膜层从基底剥落的起始点，表示膜基之间开始失效［图 2-23（c）］。最后到第四阶段，随着载荷的增大，裂纹不断向前扩展，当扩展到一定程度时，薄膜发生脆性开裂，形成的碎片散落在划痕的边缘。薄膜开始发生脱落，露出基体，薄膜断断续续地附着在基体上，直到最后完全剥落，此阶段对应于 $L_{c3}$，即薄膜大面积剥落的起始点［图 2-23（d）］。

## 2.3　弧电流对 CrN 薄膜性能的影响

### 2.3.1　工艺参数

在多弧离子镀中，弧电流是一个非常重要的参数。弧电流直接决定阴极靶材蒸发出的粒子的初始能量和熔融液滴的数量及尺寸，而粒子能量和熔滴大小对薄膜的组织结构和各项性能有着极大的影响。研究弧电流在沉积过程中的作用，对优化工艺参数、制备出性能良好的薄膜有着重要的意义。表 2-3 为改变弧电流条件下制备 CrN 薄膜的工艺参数。

表 2-3　改变弧电流时 CrN 薄膜的工艺参数

| 编号 | $f(N_2)$/ % | 负偏压/ V | 基体温度/℃ | 弧电流/A |
| --- | --- | --- | --- | --- |
| H1 | 40 | 125 | 220 | 40 |
| H2 | 40 | 125 | 220 | 45 |
| H3 | 40 | 125 | 220 | 50 |
| H4 | 40 | 125 | 220 | 55 |
| H5 | 40 | 125 | 220 | 60 |
| H6 | 40 | 125 | 220 | 65 |
| H7 | 40 | 125 | 220 | 70 |

### 2.3.2　沉积速率分析

如图 2-24 所示是 CrN 薄膜的沉积速率与弧电流之间的对应关系。由图可知，随着弧电流的增大，沉积速率呈增大趋势。这是因为首先随着弧电流的增大，阴极靶材蒸发出的 Cr 粒子逐渐增多，因而在基体附近有更多的 Cr 粒子电离，并和电离的 $N_2^+$ 相互作用而生成 CrN 薄膜。其次随着弧电流的增大，沉积室温度升高而导致真空度提高，在稀疏的等离子体中，粒子相互碰撞的概率减小，平均自由程增大，有更多的粒子自由飞行并在基体表面沉积。另外，从化学反应的角度来说，温度的提高也有利于 Cr 与 N 结合成 CrN，而导致沉积速率增大。

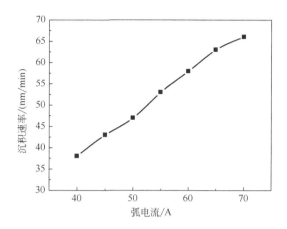

图 2-24　CrN 薄膜的沉积速率与弧电流的关系

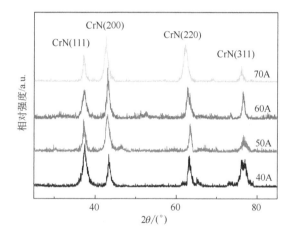

图 2-25　不同弧电流下 CrN 薄膜的 X 射线衍射谱

## 2.3.3　相结构分析

图 2-25 为不同弧电流下 CrN 薄膜的 X 射线衍射谱。由图可知，弧电流对薄膜的衍射峰峰宽、峰位及相对强度都有一定影响，但对薄膜的相组成没有明显的影响。对照标准 PDF 卡片，图 2-25 中各衍射峰均向低角度偏移，说明薄膜内部存在宏观压应力。

在弧电流为 40A 时，CrN 薄膜在（111）、（200）、（220）和（311）面上均出现衍射峰。与标准粉末衍射数据相比较，可以知道，薄膜呈（220）和（111）择优取向。随着弧电流的增大，（111）衍射峰的强度逐渐减小，而（220）衍射峰逐渐增强，薄膜只在（220）方向上出现择优取向。对于 FCC 结构的 CrN 薄膜来说，最常见的择优取向为（111）面，随着沉积工艺参数的改变有时也会出现（110）和（100）择优取向。（111）面是最密排面，具有最低的自由能，所以密排面也是生长较快的面。但是随着弧电流增大，从阴极靶材蒸发的活性粒子能量逐渐增加，对已沉积薄膜表面的轰击作用不断加强，使表面自由能增高，引起薄膜的择优取向发生变化。Dobrev 和 Marnov 已经证明[101, 104]，对于 FCC 材料来说，会发生（110）

或（100）择优取向，其原因是垂直于（110）或（100）面的方向有利于形成离子沟道，从而产生较多的缺陷，并有利于发生再形核现象。

### 2.3.4　表面形貌与粗糙度分析

图 2-26 为不同弧电流下获得的 CrN 薄膜的表面形貌。由图可以看出，弧电流对薄膜的表面形貌有较大的影响。从弧电源靶蒸发出来的 Cr 粒子，其颗粒大小不同，在大颗粒从弧源到基体飞行的过程中，有些和其他粒子会发生碰撞而变小，有些仍然较大，所以在沉积的 CrN 薄膜表面有许多不同大小的颗粒。

当弧电流较小时，弧源温度较低，蒸发出的颗粒也较小，所以沉积的 CrN 薄膜表面颗粒较少，分布比较均匀，表面较均匀平整，如图 2-26（a）所示。随着弧电流的增大，薄膜表面的颗粒开始增多，但表面颗粒数量和尺寸的增加幅度不是很大，如图 2-26（b）和图 2-26（c）所示。当弧电流增大到 70A 时，薄膜表面颗粒数量和尺寸都明显增加，同时还出现许多球形的颗粒（大熔滴），表面粗糙度也呈增大趋势，如图 2-26（d）所示。

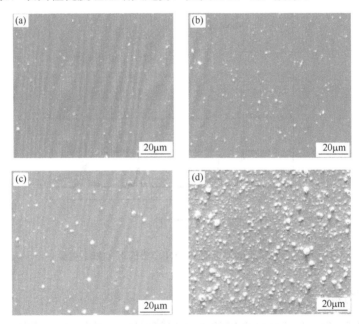

图 2-26　不同弧电流下 CrN 薄膜的表面形貌

（a）40A；（b）50A；（c）60A；（d）70A

图 2-27 为 $CrN_x$ 薄膜表面粗糙度随弧电流的变化曲线，从图中可以看出，薄膜表面粗糙度的变化与扫描电镜表面形貌分析结果一致，随着弧电流的增加，表面粗糙度值呈增加趋势，当弧电流大于 60A 后，表面粗糙度值呈迅速增加趋势。

大颗粒的存在是电弧离子镀膜不可克服的一个缺陷，到目前为止还不可能完全消除。这些大颗粒主要是由阴极靶材蒸发出来的大熔滴沉积到基体表面及已沉积的薄膜表面而形成的，它们数量的多少、尺寸的大小直接由熔滴决定。因此要想控制大颗粒的数量和尺寸，就必须控制熔滴的数量和尺寸。

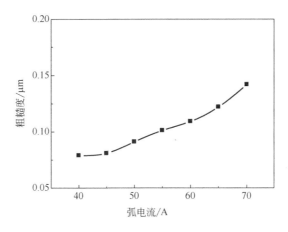

图 2-27　CrN$_x$ 薄膜表面粗糙度随弧电流的变化

如图 2-28 所示为电弧离子镀中熔滴的产生原理。在电弧离子镀 CrN 薄膜过程中，整个真空室内弥漫着等离子体，中性 Cr 粒子以一定初始速度从弧靶喷发出来进入等离子体。在等离子体中飞行时，热运动使电子和离子与大颗粒发生碰撞而被吸附在大颗粒表面，因为电子的热运动速度远大于离子的热运动速度，所以达到稳态时，大颗粒表面将会出现过剩的负电荷，前面对 CrN 薄膜的表面形貌的试验分析发现，负偏压幅值越高，薄膜表面的大颗粒越少。说明带负电的大颗粒在偏压较大时，受到来自基片负电场的排斥力更大，此时大颗粒穿越鞘层落到基片上的难度加大，结果使分布在薄膜上的大颗粒数量减少。McClure 总结的导致熔滴形成和加速的几个主要过程是：①伴随着熔爆的焦耳加热；②热弹性应力导致的材料断裂；③局部高电场使结合较弱的材料脱落；④离子和等离子体的压力使材料分裂。熔滴的数量与放电条件、阴极材料、弧电流、电弧作用时间、斑点运动的速度及轨迹有关[101]：

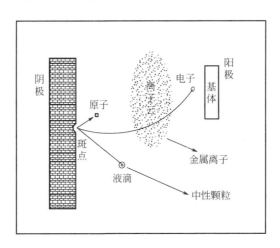

图 2-28　电弧离子镀熔滴形成机理

$$n = K \frac{I_a tD}{lVP} \tag{2-3}$$

式中，$n$ 为液滴数；$K$ 为比例系数；$I_a$ 为弧电流；$t$ 为沉积时间；$D$ 为靶厚；$l$ 为靶与基体间的距离；$V$ 为工作负偏压；$P$ 为气体压强。

消除熔滴的方法主要分为两类：一是通过改进工艺降低从阴极发射的大液滴；二是设法从阴极等离子流中分离产生的液滴。在实际应用中第一类方法比第二类方法更容易实现。从公式（2-3）中可以看出，减小弧电流和沉积时间，增加靶基距离，提高真空室压强和负偏压，都有利于熔滴的消除。另外，基片的位置也会影响薄膜的熔滴密度。以上工艺参数证实了减小弧电流密度和提高工作负偏压能够有利于减少熔滴的数量，降低表面粗糙度。

### 2.3.5 纳米硬度分析

图 2-29 为 CrN 薄膜的硬度随弧电流的变化曲线，从图中可以发现，CrN 薄膜硬度随弧电流的增加先增大后减小。当弧电流为 60A 时，沉积的 CrN 薄膜硬度达到最大值 19GPa。进一步增大电流，CrN 薄膜硬度开始呈下降趋势。

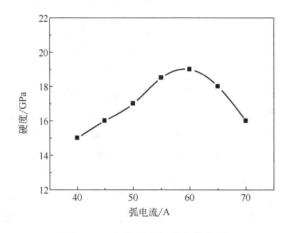

图 2-29　薄膜硬度与弧电流关系

CrN 薄膜的硬度受许多因素的影响。随着弧电流的增大，沉积速度也加快，在相同的时间下，薄膜厚度会较厚，硬度相对较高。一般情况下，在 CVD 和其他 PVD 薄膜技术中，当薄膜的生长速率低于 1 个单层原子/秒时，薄膜的生长不受动力学的限制，而当超过 1 个单层原子/秒的生长速率时，沉积速度越高，薄膜生长受动力学的限制就越大，从而形成具有不同类型缺陷的不平衡结构，晶粒变小且致密。按照这种观点，在沉积过程中，电流在 40～60A 时，沉积速度为 40～60nm/min，属于中等沉积速度。因此电流越大、沉积速度越高，硬度越高。

但弧电流过大时，会使薄膜中含有许多大颗粒，颗粒表面氮化生成 CrN，但内部还是以单质 Cr 存在，使薄膜的整体硬度下降。同时，这些大颗粒会在薄膜中造成很多杂质相及微孔，形成较多的缺陷，从而减弱薄膜的硬度。因此随着电流的增大并超过某一临界值后，薄膜中的大颗粒会大量增加，从而使薄膜的硬度降低。

## 2.4　Cr/CrN 纳米多层膜的制备与性能研究

近年来，纳米多层薄膜由于具有超硬、超模效应以及良好的断裂韧性而备受关注，对于 A、B 两种材料形成的纳米多层膜，相邻两层的厚度之和称为调制周期，而它们的厚度之比称为调制比，各调制层的晶体结构可以是各种类型的单晶、多晶或非晶，因而将形成极为复杂的界面结构，层间的界面可以防止柱状晶和粗大晶粒的生长，细化晶粒，提高塑性变形能力，对位错滑移具有阻碍作用，抑制裂纹的形成和扩展，提高了膜层的强度和抗冲击能力。

由于未来高功率密度坦克发动机活塞环工作条件非常恶劣，磨损很严重，对活塞环表面薄膜厚度、薄膜结合强度、表面质量和耐磨性提出了很高的要求，而厚度的增加容易导致较高的残余应力，使薄膜的结合强度降低，甚至导致薄膜脱落及引起薄膜出现裂纹。因此，希望通过设计 Cr/CrN 纳米多层膜结构来提高膜层的承载能力，降低薄膜的残余应力，提高薄膜膜基结合强度，进而获得更为满意的服役寿命。

## 2.4.1 工艺参数

在上述单因素工艺参数优化的基础上，通过多因素工艺参数优化，得到较优的 CrN 薄膜制备工艺。并在优化工艺基础上，制备 Cr/CrN 纳米多层膜。其优化工艺参数为：真空度为 $2\times10^{-3}$Pa，烘烤温度为 300℃，负偏压为 -150V，Cr 靶弧电流为 60A，氮气浓度为 45%；通过控制氮气流量计的开关以及通断时间实现 CrN 与 Cr 的交替沉积，合成不同调制周期的 Cr/CrN 多层膜。表 2-4 为 Cr/CrN 多层薄膜的制备方案，调制周期改变范围为 40～600nm，调制比为 1：1。为了对比，在相同的工艺参数条件下，沉积单层 Cr 和 CrN 膜。

表 2-4 Cr/CrN 多层薄膜的设计方案

| 编号 | 薄膜结构 | 调制周期/nm |
|------|----------|-------------|
| Cr | 单层 Cr 2.4μm | — |
| CrN | 单层 CrN 2.4μm | — |
| D-4 | 4×(0.3μmCr+0.3μmCrN) | 600 |
| D-6 | 6×(0.2μmCr+0.2μmCrN) | 400 |
| D-12 | 12×(0.1μmCr+0.1μmCrN) | 200 |
| D-16 | 16×(0.075μmCr+0.075μmCrN) | 150 |
| D-20 | 20×(0.06μmCr+0.06μmCrN) | 120 |
| D-30 | 30×(0.04μmCr+0.04μmCrN) | 80 |
| D-60 | 60×(0.02μmCr+0.02μmCrN) | 40 |

## 2.4.2 Cr/CrN 多层膜的显微组织结构分析

### 2.4.2.1 显微组织分析

采用透射电子显微镜对 Cr/CrN 多层膜进行显微组织分析。图 2-30 是编号为 D-60 的 Cr/CrN 多层膜试样横截面的 TEM 形貌像和选区电子衍射花样。由图 2-30（a）的选区电子衍射花样可以看出，Cr/CrN 多层膜中相邻两调制层的显微组织分别对应 Cr 层和 CrN 层，其中 Cr 层的电子衍射花样对应为体心立方结构的单质 Cr。CrN 层的电子衍射花样对应为面心立方的 CrN 和密排六方的 $Cr_2N$ 的混合组织结构。由图 2-30（b）可以看出，多层膜的调制周期结构清晰，调制周期约为 40nm，两个调制层的调制比约为 1：1，与设计值基本相符。

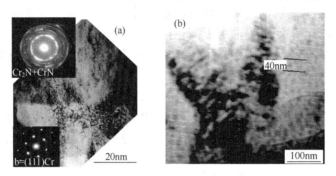

图 2-30　Cr/CrN 多层膜的电子衍射花样和截面 TEM 像分析

（a）选区电子衍射；（b）截面 TEM 分析

#### 2.4.2.2　相结构分析

采用 X 射线衍射仪分析 Cr/CrN 多层膜的相结构。图 2-31 是调制周期为 40nm 的 Cr/CrN 多层膜与 CrN 单层膜的 X 射线衍射比较分析。从图中可以看出，CrN 单层膜主要由 CrN 相组成，在（200）、（111）、（220）和（311）面上都出现了衍射峰。与 CrN 单层膜不同，Cr/CrN 多层膜由 CrN（fcc）、$Cr_2N$（hcp）和 Cr（bcc）相组成。膜层在 CrN（200）面上出现了择优取向，而（111）和（220）面上的衍射峰的强度相对减弱。同时，在 CrN（200）、（111）、（220）面衍射峰中，对应的衍射峰半高宽宽度均明显增加。这是由于多层膜晶粒细化和各种微晶混杂在一起致使衍射峰宽化。

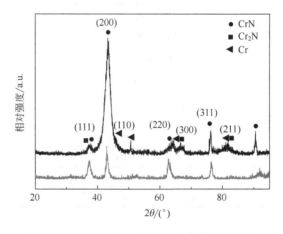

图 2-31　Cr/CrN 多层膜的 X 射线衍射分析图

#### 2.4.2.3　剖面成分分布分析

图 2-32 是调制周期为 120nm 的 Cr/CrN 多层膜元素随深度分布的 AES 图，溅射速率为 24nm/min。随着溅射时间的延长，溅射深度增加，薄膜中 Cr 和 N 元素的含量呈现周期性的起伏变化。N 元素的波峰位置正对应 Cr 含量的波谷，表明 CrN 的存在，相反则对应 Cr 层的存在。AES 分析结果表明：Cr 元素与 N 元素成分对应起伏波动，薄膜的调制结构为 Cr 层-过渡层-CrN 层的"三明治"结构，这与工艺密切相关。在沉积多层膜的过程中，采用了较高

的偏压，Cr 离子在向基体表面运动的过程中获得了很高的能量，从而对生长表面产生了较强的离子轰击，薄膜在沉积过程中使得表面原子级联碰撞，引发原子扩散，从而导致 Cr 与 CrN 之间存在一个富 Cr 的过渡层。此外，由于采用通断送气的方式，当沉积 Cr 层时，虽然氮气绝对停止送入，但真空室内必会残留气体，此外由于真空室内的氮气含量周期性变化，也会导致过渡层的出现。

　　另外，对样品表面进行成分分析表明：Cr/CrN 多层膜中的 N 原子含量约为 38%，Cr 原子含量约为 57%，N/Cr 原子比约为 0.66，多层膜中 Cr 原子含量高于 N 原子含量，表明膜层中除含有化学剂量比的 CrN 外，还含有部分 Cr$_2$N 和纯金属 Cr 的存在。图 2-32 中显示的 C 和 O 元素含量在用高能 Ar 粒子轰击 2 min 后大幅降低，且在整个测量深度范围内保持在 5% 以下，表明表面的 C 和 O 元素含量高主要是由于试样放置在空气中吸附造成的。由于真空度的限制，薄膜中也不可避免存在少量的 C 和 O 元素。

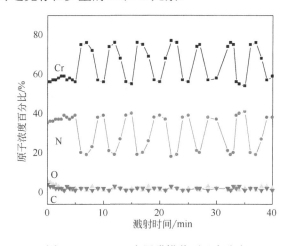

图 2-32　Cr/CrN 多层膜横截面元素分布

#### 2.4.2.4　表面与断面形貌分析

　　图 2-33 是 Cr/CrN 多层膜的 SEM 表面形貌图，可以观察到多层膜的表面平整致密，液滴细小。图 2-34 是调制周期为 400nm 的 Cr/CrN 多层膜截面的背散射电子像。可以看出：膜层的厚度约为 2.4μm，图像各层的亮度区分明显，基体的背散射电子信号最强，反映在图像上亮度最高。同时，从图中看不到多层膜中柱状晶体的出现，而相同条件沉积的单层 CrN 薄膜具有非常明显的柱状晶体结构。这是由于 Cr 属于体心立方，CrN 属于面心立方，它们的交替沉积阻断柱状晶体的生长，使得薄膜更加致密。可见，Cr/CrN 纳米多层膜为不同结构的单层多周期交替排列而成，这种多层结构存在大量的中间界面，可抑制柱状晶的生长，在受力的状态下，可降低薄膜的残余应力。

### 2.4.3　Cr/CrN 多层膜的力学性能分析

　　采用纳米压入仪对 Cr/CrN 多层膜的表面硬度进行了测试分析。由于 Cr/CrN 多层膜的调制波长在微纳米量级，因此，在测试其显微硬度时，要考虑测试载荷对测试结果的影响。当压痕深度等于或略小于薄膜总厚度的 1/10 时，基体对测试结果没有影响[102]。图 2-35 给出了 Cr/CrN 多层膜的硬度和弹性模量随调制周期的变化曲线。从图中可以看出，所有不同调制周期的 Cr/CrN 多层膜的硬度都比 Cr 和 CrN 的混合平均硬度值（14GPa）要高，说明 Cr/CrN 纳米多层膜出现了硬度增强效应。当调制周期≥80nm 时，多层膜的硬度与调制周期符合 Hall-Petch 关系，即多层膜的纳米硬度值与调制周期的 $\lambda^{-1/2}$ 为线性关系。从图中硬度值的变化可以发现多层膜的硬度随周期减小而增大，当调制周期为 80nm 时，多层膜的硬度值相对最高为 21.5GPa，略高于单层 CrN 膜，而周期≥120nm 的多层膜硬度比单层 CrN 膜略小，这是由于薄膜中较软的金属 Cr 层厚度增加，在外力作用下更容易变形，从而降低了薄膜的硬度。表明多层膜的硬度与周期厚度关系更紧密，而且有最佳的周期值。当调制周期降低到 40nm 时，多层膜的硬度反而下降，此时，多层膜的纳米硬度值已经偏离了 Hall-Petch 关系，这在纳米级多层膜中是一种趋势。随着调制周期的减小，多层膜的硬度值将会出现一个高峰值，之后将随之下降，表明调制周期太小反而会引起多层界面混合，导致薄膜硬度下降。而当调制周期为 600nm 时，多层膜的硬度与混合平均硬度值相近，表明在调制周期较大（600nm）时，基本没有出现硬度增强效应。同时可以看出，多层膜的弹性模量变化趋势与硬度的变化趋势相一致，Cr/CrN 多层膜的弹性模量值都低于 CrN 单层膜，且周期≥120nm 的多层膜的弹性模量值都略低于混合平均弹性模量值（225GPa）。

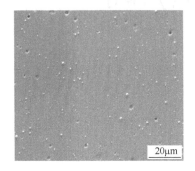

图 2-33　Cr/CrN 多层膜的 SEM 表面形貌

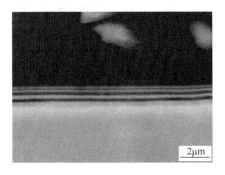

图 2-34　Cr/CrN 多层膜截面的背散射电子像

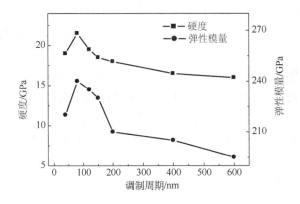

图 2-35　多层膜的硬度和弹性模量随调制周期的变化

图 2-36 为 Cr/CrN 多层膜的 $H^3/E^2$ 值随调制周期的变化曲线。其中 $H^3/E^2$ 表征着薄膜的抗塑性变形能力，其值越大表明薄膜抵抗塑性变形的能力越强[103]，在硬度 $H$ 相近的情况下，希望得到的膜的 $E$ 值越低越好，因为可以允许给定载荷分布在较大的区域，这不同于传统的线性-弹性断裂理论，传统理论认为弹性模量越高，材料阻止裂纹扩展的能力越强；从图中可

以看出，Cr/CrN 多层膜的 $H^3/E^2$ 值均高于 CrN 与 Cr 单层膜，且当调制周期为 120nm 时，多层膜的 $H^3/E^2$ 值最高。表明 Cr/CrN 多层膜比 CrN 与 Cr 单层膜有更优良的抗塑性变形能力。

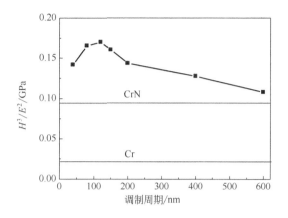

图 2-36　多层膜的 $H^3/E^2$ 值随调制周期的变化

## 2.4.4　Cr/CrN 多层膜的残余应力与结合强度分析

### 2.4.4.1　多层膜的残余应力分析

图 2-37 给出了 Cr/CrN 多层膜与 CrN 单层膜残余应力大小的比较，从图中可以看出，所有多层膜均显示为压应力，其值在 0.6～1.2GPa 范围内，普遍小于 CrN 的应力值 1.4GPa。这是由于交替沉积 Cr 和 CrN 阻断了柱状晶粒的生长，同时，金属 Cr 层能够吸收多余的塑性形变，使薄膜的残余应力得到了部分释放。且多层膜内的残余应力随调制周期减小而呈增大趋势。通过比较多层膜硬度和应力变化趋势可以发现，多层膜硬度与应力随调制周期的变化基本一致，都是随着调制周期的增大，硬度和应力值降低。唯独调制周期为 40nm 时，多层膜的硬度呈降低趋势，而应力值较高。这种反 Hall-Patch 关系在小周期和小晶粒情况下经常会出现，多见报道[104-106]。

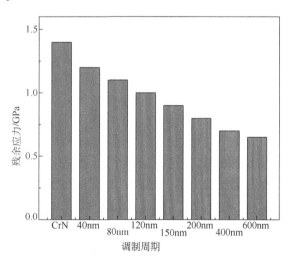

图 2-37　Cr/CrN 多层膜残余应力随调制周期的变化

#### 2.4.4.2 多层膜的结合强度分析

图 2-38 给出了 Cr/CrN 多层膜与 CrN 单层膜划痕临界载荷 $L_c$ 的比较,从图中可以明显看出,多层薄膜的膜基结合力均明显高于 CrN 单层膜的膜基结合力,这是因为多层界面结构能够使裂纹偏移,同时能够更有效地阻止塑性变形,使薄膜结合强度提高。同时,软硬交替的多层膜中软层 Cr 通过剪切应变可以吸收划痕时的能量,从而提高结合力。同时,不同的调制周期,多层膜的结合强度值各不相同,随着调制周期的增加,多层膜的结合强度呈先上升后下降的趋势。当调制周期为 120nm 时,多层膜的划痕临界载荷值相对较高,为 69N。

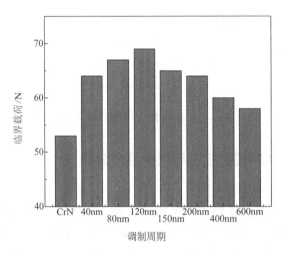

图 2-38　Cr/CrN 多层膜临界载荷随调制周期的变化

影响薄膜与衬底结合强度的因素是十分复杂的。对于多层膜的膜基结合不仅要考虑其组元的弹性模量、热膨胀系数、晶格常数等因素的影响,还要考虑存在于衬底和薄膜内部的宏观应力和微观应力的影响[107]。在其他条件均相同的情况下,小的残余应力有利于膜基结合强度的改善。而在多层膜中,Cr 软层的厚度直接影响着薄膜的残余应力大小,进而影响膜基结合强度。由于 Cr 单层厚度的变化趋势与调制周期一致,因此,可以看出,结合力随着 Cr 单层厚度的增加先增大而后降低,即出现一个 Cr 单层厚度的临界值,在本试验条件下为 60nm。超过或小于这一临界值时结合力均会降低。这是因为软的 Cr 层可调整 Cr/CrN 多层薄膜的残余应力,Cr 层越厚,则残余应力越低;但过厚,则使多层薄膜整体硬度降低,也会使膜基结合强度下降;Cr 层过薄,则不利于残余应力的释放,也会不利于结合强度的提高。同时,比较图 2-38 和图 2-36 可知,Cr/CrN 多层膜的结合强度随调制周期的变化趋势与 Cr/CrN 多层膜的 $H^3/E^2$ 随调制周期的变化趋势基本相同。在调制周期为 120nm 时,多层膜的 $H^3/E^2$ 值和结合强度相对较高,这表明多层膜的结合强度与其抗塑性变形能力紧密相关,具有高抗塑性变形能力的多层膜往往具有较高的结合强度。

对于活塞环薄膜的实际工况,结合力问题甚至比提高硬度更重要。一般氮化物层的硬度越高,则薄膜脆性越大,有效结合力越低。CrN 薄膜的硬度要高于基体的硬度,且其弹性模量也有较大的差距,而软的基体又无法承受高的载荷。交叉沉积 Cr 中间层能降低界面间的残余应力，并使应力的不连续程度得到缓和，有利于界面的应力协调，降低了界面和镀层的内应力，阻止界面区裂纹的扩展，提高塑性变形抗力。同时，交替沉积 Cr 与 CrN，在软硬交替多层膜体系中 Cr 软层起到剪切带的作用，使硬层之间在保持低的应力水平的情况下产生一定的相对滑动，缓解膜层和界面应力，还可以通过剪切应变吸收划痕时的能量，从而提高结合强度。

### 2.4.4.3　多层膜的厚度与残余应力及结合强度的关系

通过对不同调制周期 Cr/CrN 多层膜的力学性能、结合强度和残余应力值的比较分析，发现当调制周期为 120nm 时，Cr/CrN 多层膜具有较高的抗塑性变形能力和结合强度值。因此，试验选择调制周期为 120nm，通过延长沉积时间，制备不同厚度的 Cr/CrN 多层膜进行比较分析，其制备工艺参数与前面介绍相同，不同厚度的设计方案见表 2-5。并在相同的工艺参数条件下沉积的 3μm 的单层 CrN 膜作为对比。

表 2-5　不同厚度 Cr/CrN 多层膜的制备工艺参数

| 编号 | 调制周期/nm | 层数 | 设计厚度/μm | 测试厚度/μm |
|------|------------|------|------------|------------|
| H1 | 120 | 25 | 3.0 | 2.9 |
| H2 | 120 | 50 | 6.0 | 5.9 |
| H3 | 120 | 80 | 9.6 | 9.4 |
| H4 | 120 | 120 | 14.4 | 14.2 |
| H5 | 120 | 160 | 19.2 | 18.9 |

图 2-39 为 H3 样品的厚度台阶仪测试图，从图中可以看出，H3 样品的厚度平均值为 9.4μm，与试验设计的厚度 9.6μm 基本吻合，薄膜的划痕峰波动较小，表明薄膜表面均匀，粗糙度不大。图 2-40 为 H5 样品的厚度台阶仪测试图，从图中可以看出，H5 样品的厚度平均值为 18.9μm，与试验设计的厚度 19.2μm 也基本吻合，薄膜的划痕后期出现了一个较大的波动峰，可能是在划痕过程中与薄膜中存在的液滴相遇，而留下的较大波动痕迹。

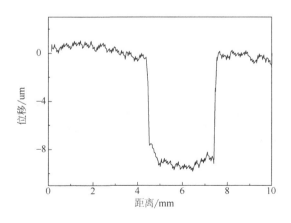

图 2-39　H3 样品的厚度台阶仪测试图

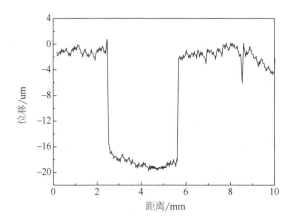

图 2-40  H5 样品的厚度台阶仪测试图

图 2-41 为 H3 样品的截面形貌二次电子像和背散射电子像。截面形貌观察首先证明了台阶仪测试的 H3 样品厚度值的准确性。同时，还可以看出，Cr/CrN 多层膜结合非常致密，空隙少，表明多层膜的总体质量良好。从背散射像来看，多层膜与基体之间出现明显的分层，由于多层膜的调制周期较小，无法看清楚多层膜内部的界面。

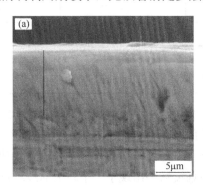
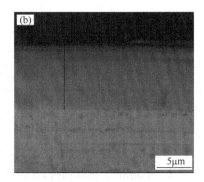

图 2-41  H3 样品的截面形貌二次电子像和背散射电子像

（a）二次电子像；（b）背散射电子像

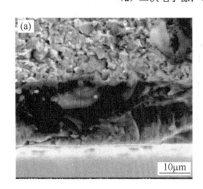
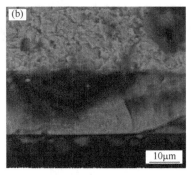

图 2-42  H5 样品的截面形貌二次电子像和背散射电子像

（a）二次电子像；（b）背散射电子像

图 2-42 为 H5 样品的截面形貌二次电子像和背散射电子像。同样，从截面形貌上可以看

出，H5 样品的厚度值为 19μm 左右，与台阶仪测试的厚度值相吻合。同时，从截面还可以看出，Cr/CrN 多层膜与基体之间结合紧密，薄膜质量良好，无裂纹和剥落现象出现，这一点可从背散射电子像来证明。分析结果表明，通过优化设计 Cr/CrN 的调制周期，可以获得大厚度的 Cr/CrN 多层膜，且与基体之间结合良好。

图 2-43 为 Cr/CrN 多层膜的结合强度与残余应力随厚度的变化曲线，从图中可以看出，随着 Cr/CrN 多层膜厚度的增大，结合强度呈下降趋势，而残余应力值呈上升趋势，两者的变化趋势相反，可见膜层的结合强度与残余应力值的大小是紧密相关的。当多层膜的厚度小于 9.4μm 时，薄膜的残余应力值升高幅度相对较小，对应的结合强度值降低幅度也相对较小。而当多层膜的厚度较厚时，其残余应力值和结合强度值的变化幅度明显加大。同时，与 CrN 单层膜相比，在 Cr/CrN 多层膜厚度≤14.2μm 范围内，Cr/CrN 多层膜的结合强度均明显高于 CrN 单层膜，残余应力值也都小于 CrN 单层膜，这表明 Cr/CrN 多层膜的设计能够有效降低 CrN 膜的残余应力，提高结合强度。在保证高结合强度的前提下，使薄膜的厚度值得到提高。

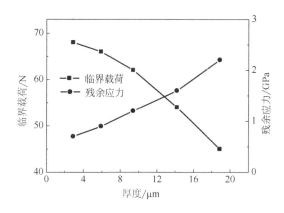

图 2-43　Cr/CrN 多层膜的结合强度与残余应力随厚度的变化

## 2.4.5　Cr/CrN 多层膜的摩擦磨损性能

### 2.4.5.1　试验设备与方法

采用 CETR-UTM 型滑动磨损试验机测试 Cr/CrN 多层膜的滑动摩擦磨损性能，并与单层 CrN 膜及电镀 Cr 进行比较。对偶试样为 GCr15 钢球，油润滑，相同条件下至少进行 3 次试验。测试的 Cr/CrN 多层膜的调制周期为 120nm，总膜厚为 6μm。试验结束后，采用光学显微镜和扫描电镜对磨痕进行形貌观察。

### 2.4.5.2　试验结果与分析

（1）摩擦系数分析：摩擦系数 $\mu$ 随时间的变化关系曲线直接反映出多层膜的摩擦学特性。图 2-44 给出了电镀 Cr、CrN 和 Cr/CrN 多层膜在油润滑条件下的滑动摩擦系数随磨损时间的变化曲线，可以看出，在摩擦的开始阶段，$\mu$ 不稳定，有一个上升的过程。其中，Cr 电镀层的上升较快，在大约 2min 后达到最大值，然后开始下降，直至达到平衡；其次为 CrN 薄膜，Cr/CrN 多层膜的摩擦系数则上升得比较平缓，在 3min 左右达到稳定值。通过对比三种薄膜的稳定摩擦系数可以发现，Cr 电镀层的稳定摩擦系数相对较大，为 0.25 左右，且薄膜的摩擦系数随时间的变化波动较大；其次为 CrN 薄膜，为 0.15 左右，Cr/CrN 多层膜具有较低的摩擦系数，为 0.12 左右，且摩擦系数随时间的延长，呈逐渐降低趋势。

（2）磨损量分析：图 2-45 为电镀 Cr、CrN 和 Cr/CrN 多层膜的磨损体积测量结果。由图可见，在以上几种薄膜中，Cr 电镀层的磨损体积相对较大，其次为 CrN 薄膜，Cr/CrN 多层膜具有较低的磨损体积，可见薄膜的磨损体积与摩擦系数保持一致的关系。与 Cr 电镀层相比，Cr/CrN 多层膜的相对磨损率仅约为电镀 Cr 试样的 1/5，表明 Cr/CrN 多层膜具有较优的抗滑动摩擦磨损性能。多层膜的抗磨性能取决于其硬度和韧性，硬度与韧性的配合才能产生最大的磨损抗力[60]。与电镀 Cr 及单层 CrN 薄膜相比，Cr/CrN 多层膜具有较高的韧性，使得抗磨性能较好。因为在 Cr/CrN 多层膜中存在平行于基体表面的大量界面，且界面有一定宽度，裂纹在通过界面区时会被阻止或者在界面处改变方向，从而使能量在层间耗散，整个薄膜不易失效。因此，通常界面会增加韧性，阻止裂纹扩展，有利于提高薄膜的抗磨性。

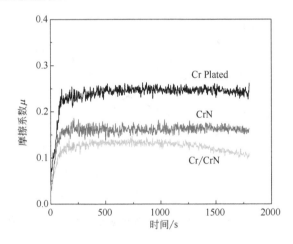

图 2-44　三种薄膜的摩擦系数与时间的关系

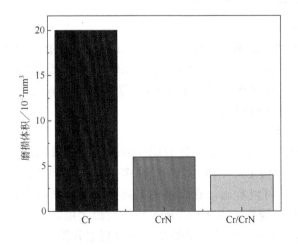

图 2-45　三种薄膜的磨损体积比较

**2.4.5.3　滑动磨损机制分析**

从三种薄膜的宏观表面磨损形貌可看出，Cr 电镀层磨痕宽度最宽，中心部位的犁沟明显，边缘堆积了大量磨屑，磨损严重；CrN 薄膜和 Cr/CrN 多层膜的磨痕面积相对较小，表面较为平整，磨痕中心部位出现一些浅犁沟。两者相比，CrN 薄膜的磨痕宽度相对较宽，磨痕深度较深。

图 2-46 为三种薄膜在相同磨损条件下磨痕的显微放大形貌。从图 2-46（a）中 *A* 点可以看出，Cr 电镀层表面发生了严重的粘着磨损，磨损部位有小面积的粘结的痕迹；同时从图中的 *B* 点可以看出薄膜表面形成裂纹并扩展，出现了疲劳磨损脱落的现象，导致 Cr 电镀层磨损失重量大。与 Cr 电镀层相比，CrN 薄膜磨痕表面相对比较光滑，磨痕表面有许多因磨粒磨损后留下的犁沟，磨痕表面在浅犁沟上还有一定的塑性变形 ［图 2-46（b）］，其磨损机制为磨粒磨损。而 Cr/CrN 多层膜的磨痕相对最浅，宽度也相对最小。磨损表面光滑平整，表面分布着非常的浅细的划痕 ［图 2-46（c）］，其磨损机制也以磨粒磨损为主。可见，在三种薄膜中，Cr/CrN 多层膜具有相对较好的抗滑动磨损性能。能谱分析结果表明，该磨损表面主要存在 $Cr_2O_3$ 和少量的 Cr 单质及 CrN 化合物，$Cr_2O_3$ 主要为单质 Cr 和 CrN 在滑动磨损过程中的氧化产物，因此，图中所示的磨损表面不是单纯的单质 Cr 层或 CrN 层，而是单质 Cr 层与 CrN 层混合磨损面，这是由于单质 Cr 层与 CrN 层之间的层厚度非常薄，在纳米范围内，很容易磨穿，呈混合磨损的状态。同时，通过比较三种薄膜的抗滑动磨损性能与磨损机理可以知道，薄膜的磨损机理直接影响薄膜的抗磨损性能，对于活塞环的服役环境，粘着磨损会使薄膜的磨损量增加，而磨粒磨损会使薄膜的磨损量降低。

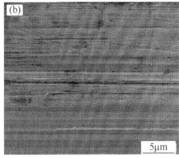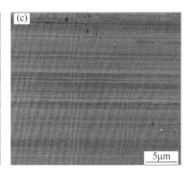

图 2-46　不同薄膜的磨损表面微观形貌分析

（a）电镀 Cr；（b）CrN；（c）Cr/CrN

图 2-47 为与三种薄膜对磨的钢球磨斑的光学显微照片，从图中可以看出，首先，与 Cr 电镀层对磨的钢球表面发生了严重磨损，磨斑尺寸相对较大。其次为与 CrN 薄膜对磨的钢球，磨斑尺寸最小的为与 Cr/CrN 多层膜对磨的钢球，几乎观察不到表面磨斑，表明不同薄膜的摩擦磨损性能直接影响对磨件的磨损。而 Cr 电镀层与其对磨的钢球产生了粘着磨损是 Cr 电镀层与对磨钢球磨损严重的原因。

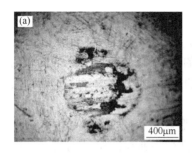  

图 2-47  与不同薄膜对磨钢球磨斑的光学显微照片

（a）Cr 电镀层；（b）CrN；（c）Cr/CrN

## 2.5  小结

（1）CrN 薄膜生长速率随着 $N_2$ 浓度的增加而增大；$N_2$ 浓度增加，薄膜中氮元素的含量逐渐增加，而 Cr 元素逐渐减少。$CrN_x$ 薄膜相结构逐渐由 $Cr+Cr_2N$ 转变为 CrN 相。SEM 分析表明，$CrN_x$ 薄膜以接近垂直于衬底的柱状晶形式生长。随着 $N_2$ 浓度的升高，熔滴的密度和直径增大，表面粗糙度值变大。CrN 薄膜硬度随着 $N_2$ 浓度的增加而增加，并在 $N_2$ 浓度为 25% 和 45% 时出现峰值。

（2）镀前负偏压轰击有助于 CrN 薄膜的生长，使得表面晶核密度提高。轰击后 CrN 薄膜的择优取向由（111）转变为（220）衍射峰。CrN 薄膜的生长速率随着负偏压值的增加先增加后减小。薄膜中氮元素的含量随负偏压的增加逐渐减少，而 Cr 元素逐渐增加。改变负偏压值，CrN 薄膜中 XRD 衍射峰发生变化，随着偏压值的升高，薄膜的择优取向由（111）向（200）转变。当负偏压值大于-150V 后，薄膜由 CrN 和 $Cr_2N$ 两相组成。CrN 薄膜表面粗糙度随着负偏压的增加先降低后变大，在负偏压为-150V 时，粗糙度值最小。CrN 薄膜的硬度和结合强度值均随负偏压的增加先增加后降低，当负偏压为-150V 时，硬度和结合强度值达到最大。

（3）CrN 薄膜的生长速度随着弧电流的增大而增大。改变弧电流值，CrN 薄膜中 XRD 衍射峰发生变化，择优取向由（111）向（220）转变。随着弧电流的增大，CrN 薄膜表面的颗粒增多增大，表面粗糙度增大。CrN 薄膜硬度随弧电流的增加先增大后减小。当弧电流为 60A 时，CrN 薄膜硬度最大。

（4）Cr/CrN 多层膜由 CrN、$Cr_2N$ 和 Cr 相组成，在 CrN（200）方向上出现择优取向，其调制结构为 Cr 层—过渡层—CrN 层的"三明治"结构，两个调制层的调制比约为 1：1。随着调制周期的减小，多层膜的硬度和残余应力增大，当调制周期为 80nm 时，多层膜的硬度值达到最高，为 21.5GPa。当调制周期为 120nm 时，$H^3/E^2$ 值达到最高，此时划痕临界载荷值最高。与电镀 Cr 和 CrN 薄膜相比，Cr/CrN 多层膜的摩擦系数与磨损体积相对较低，具有相对较好的抗滑动磨损性能，其磨损机制主要以磨粒磨损为主。

# 第 3 章 CrN 基复合膜的制备与性能研究

多元复合膜是当今高性能防护薄膜体系中的重要组成部分。通过在薄膜中添加不同元素可以获得所需要不同的性能，以改善薄膜的力学性能、抗高温氧化性能及摩擦学性能等，使之满足活塞环服役工况要求。基于此，本章系统研究了添加 Ti、Al 以及（Ti+Al）元素对 CrN 薄膜各项性能的影响，对不同 Ti、Al 和 Ti+Al 含量对薄膜成分、相结构和表面形貌等的影响规律进行了比较，并进一步研究了负偏压及基体转动速度对 CrTiAlN 复合膜性能的影响，以获得综合性能优良的 CrN 基复合膜。

## 3.1 CrTiN 复合膜的制备与性能研究

本节主要研究了不同 Ti 元素含量对 CrN 薄膜沉积速率、成分、相结构、表面形貌以及薄膜力学性能的影响。

### 3.1.1 试验方法

以 CrN 薄膜制备的优化工艺为基础，通过添加 Ti 元素来制备 CrTiN 复合膜。CrTiN 复合膜设计由三部分组成，Cr 金属层作为底层，$CrN_x$ 作为渐变过渡层，顶层为 CrTiN 复合膜。然后通过调节 Ti 靶弧电流大小，获得不同 Cr、Ti 含量的 CrTiN 复合膜，其制备工艺参数具体见表 3-1。

表 3-1 CrTiN 复合膜的制备工艺参数

| 样品号 | 温度/℃ | 负偏压/V | 基体旋转速度(r/min) | $I_{Cr}$/A | $I_{Ti}$/A |
|---|---|---|---|---|---|
| T1 | 300 | −150 | 0.6 | 60 | 40 |
| T2 | 300 | −150 | 0.6 | 60 | 45 |
| T3 | 300 | −150 | 0.6 | 60 | 50 |
| T4 | 300 | −150 | 0.6 | 60 | 55 |
| T5 | 300 | −150 | 0.6 | 60 | 60 |

### 3.1.2 CrTiN 复合膜的沉积速率

图 3-1 为 Cr 靶弧流保持 60A 不变时，CrTiN 复合膜的沉积速率随 Ti 靶弧流的变化关系。

从图中可以看出，薄膜的沉积速率随着 Ti 靶弧电流的增加而增加，当 Ti 靶弧电流为 60A 时，沉积速率达到 78nm/min 左右。

随着 Ti 靶弧电流的增大，阴极靶材蒸发出的 Ti 粒子逐渐增多，因而在基体附近有更多的 Ti 粒子电离，这些电离的 Ti 粒子与 Cr 粒子一样会与电离的 N 相互作用而生成 CrTiN 复合膜，导致沉积速率增大。

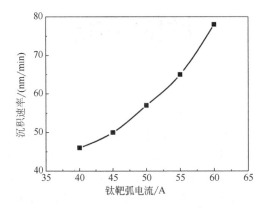

图 3-1　沉积速率随 Ti 靶弧流的变化

### 3.1.3　CrTiN 复合膜的成分分析

表 3-2 为不同 Ti 靶弧电流下 CrTiN 复合膜的元素成分。从表中可以看出，随着 Ti 靶弧电流的逐渐增加，薄膜中 Ti 的含量随之增加，而 Cr 的含量则随着而减少。Ti 的熔点为 1668℃，比 Cr 的熔点 1875℃低；因此，在相同条件下 Ti 的蒸发速率要高于 Cr。从表中可以看出，当 Cr、Ti 靶的弧流均为 60A 时，复合膜中 Cr 的含量比 Ti 少。在各种条件下沉积的 CrTiN 薄膜中的 O 元素含量几乎可以忽略不计。薄膜中 N 的成分基本保持不变，并且 N 原子数和 Cr、Ti 的原子数之和的比值大约为 1∶1。由于薄膜基本符合化学计量比，其化学式可表示 $Cr_{1-x}Ti_xN$，其中 $x$ 表示金属元素 Ti 在所有金属含量（Cr+Ti）中所占的比例，即 $x=Ti/(Cr+Ti)$。因此，可以用 $Cr_{1-x}Ti_xN$ 来表示不同条件下沉积的 CrTiN 复合膜，其中所确定的 $x$ 值列于表 3-2 中。

表 3-2　不同 Ti 靶弧流下沉积的 $Cr_{1-x}Ti_xN$ 薄膜的元素成分

| Ti 靶弧流值 | 40A | 45A | 50A | 55A | 60A |
|---|---|---|---|---|---|
| Cr（at%） | 29.7 | 26.9 | 23.1 | 19.6 | 16.6 |
| Ti（at%） | 20.7 | 23.8 | 28.1 | 31.9 | 35.2 |
| N（at%） | 49.6 | 49.3 | 48.8 | 48.5 | 48.2 |
| $x=Ti/(Cr+Ti)$ | 0.41 | 0.47 | 0.55 | 0.62 | 0.68 |

图 3-2 为不同 Ti 靶弧流下所获得的 CrTiN 复合膜的 Cr、Ti 百分含量的变化图，从中可以看出，在 Cr 靶弧流一定的情况下，随着 Ti 靶弧流的增大，薄膜中 Cr 的含量相对减小，而薄膜中 Ti 的含量明显增大，即通过调节 Ti 靶的弧流大小，可以有效地调节薄膜的元素百分含

量,使得薄膜中 Ti 的百分含量从 20.7%提高到 35.2%。从图中还可看出,当 Ti 靶弧流大于 50A 时,CrTiN 复合膜中 Ti 的百分含量大于 Cr 的百分含量,而薄膜的化学组成又会对薄膜的性能有很大的影响。

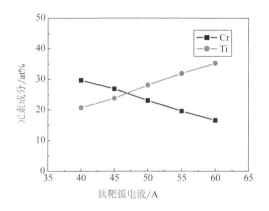

图 3-2　$Cr_{1-x}Ti_xN$ 薄膜中 Cr、Ti 含量随 Ti 靶弧流的变化

## 3.1.4　CrTiN 复合膜的相结构分析

Ti 与 Cr 在元素周期表中分别是第 22 号和第 24 号元素,分别位于第四周期过渡四族和六族,其核外电子构型为 $s^2d^2$、$s^1d^5$;原子半径为 0.1467nm、0.1267nm;电负性为 1.54、1.66。N 的电负性为 3.0。原子半径小的氮元素与过渡金属生成氮化物,由于原子半径比均小于 0.59,故它们之间只能生成具有简单密排结构的间隙相。金属原子处于点阵结点上,而尺寸较小的氮原子处于点阵的间隙位置。从电负性角度看,Ti 与 Cr 金属与氮的电负性相差都较大,化学亲和力较强,能够生成稳定的化合物。

其次,从热力学角度看,MeN 类薄膜化合物的沉积合成可描述为[108]:

$$2Me+N_2 \longrightarrow 2MeN \tag{3-1}$$

过程的热力学方程为:

$$\Delta G = \Delta H - T\Delta S \tag{3-2}$$

式中,$\Delta S$ 是熵变,粒子被沉积后,自由程度降低,$\Delta S$ 是负值;沉积化合又是自发进行的,过程的自由能必降低,$\Delta G$ 也是负值;所以自由焓 $\Delta H$ 也是负值,即过程为放热反应。说明 MeN 化合物相的化学反应在自由能(生成热)为负值时能够进行。

由于在离子镀过程中,带电粒子被施加负偏压(-150V)使之对基体产生离子轰击,这种轰击会使粒子所携带的能量传递给基体,从而产生热效应。当过程中的放热与吸热达到平衡时,基体就能保持一定的温度。对于普通离子镀,一般要求维持在 723~773 K。

在标准吉布斯热力学方程式[109]:

$$\Delta G^{\ominus}(298K) = \Delta H^{\ominus}(298K) - 298\Delta S^{\ominus}(298K) \tag{3-3}$$

的基础上,可得任一温度下的热力学方程:

$$\Delta G^{\ominus}(T) = \Delta H^{\ominus}(298K) - 298\Delta S^{\ominus}(298K) - \alpha T[\ln(T/298K) + 298K/T - 1] \tag{3-4}$$

式中,$\alpha$ 为化合物的热容值。

取基体沉积温度为 773 K,计算得到合成氮化物的热力学各参数值,如表 3-3 所示。从表中可以看出，TiN 和 CrN 的吉布斯自由能 $\Delta G_f^\ominus$ 均为负值，表明在多弧离子镀过程中，Ti 和 Cr 均能与氮结合生成氮化物，但生成何种结构，是不确定的。

表 3-3 TiN、CrN 的热力学参数值

| 热力学参数 | $\Delta H^\theta(298K)/$ $(kJ/mol)$ | $\Delta S^\theta(298K)/$ $[J/(mol \cdot k)]$ | $\alpha/$ $[J/(mol \cdot k)]$ | $\Delta G^\theta(298K)/$ $(kJ/mol)$ | $\Delta G^\theta(723K)/$ $(kJ/mol)$ |
|---|---|---|---|---|---|
| Ti+N$_2$→TiN | −336.0 | 30.3 | 49.8 | −345.1 | −368.7 |
| Cr+N$_2$→CrN | −117.9 | 33.4 | 44.1 | −127.8 | −150.9 |

图 3-3 是相同工艺下沉积的 CrN 薄膜的 X 射线衍射谱。从图中可以看出，CrN 薄膜为 NaCl 型面心立方（fcc）结构，在（111）面上出现了择优取向，同时在（200）和（220）面上均出现衍射峰。图 3-4 是同样工艺条件下沉积的 TiN 薄膜的 X 射线衍射谱。可以看出，TiN 薄膜与 CrN 薄膜的结构相同，同样在（111）面上出现了择优取向。

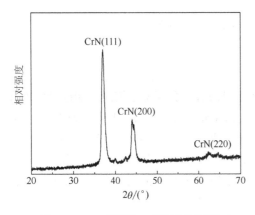

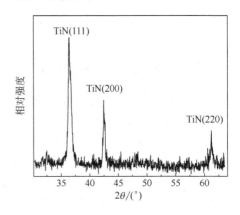

图 3-3　CrN 薄膜的 X 射线衍射图谱　　　　图 3-4　TiN 薄膜的 X 射线衍射图谱

图 3-5 为不同 Ti 含量的 Cr$_{1-x}$Ti$_x$N 薄膜的 X 射线衍射谱。从图中可以看出，与 CrN 薄膜相比，添加 Ti 后，薄膜的择优取向由（111）面转变为（220）面。当 Ti 含量较低时，CrTiN 复合膜形成了以 NaCl 型面心立方 CrN 结构为基础的(Cr,Ti)N 结构。由于 TiN 和 CrN 的晶体结构完全一致，其空间群都是 Fm3m，且二者的晶格常数比较接近（$a_{TiN}$=0.424nm，$a_{CrN}$=0.414nm）[109]，所以，TiN 相和 CrN 相中金属原子的位置可以相互取代，从而形成合金形式的(CrTi)N 薄膜。因此，添加的 Ti 原子部分替换了 CrN 晶格中的金属原子并保持原有的晶格，剩余的 Ti 原子形成 TiN。在 Cr$_{0.59}$Ti$_{0.41}$N 和 Cr$_{0.53}$Ti$_{0.47}$N 两种薄膜中，均在（111）面、（200）面和（220）面出现衍射峰，同时，薄膜在（220）方向上出现了择优取向生长。

随着 Ti 含量的继续增加，薄膜在（200）方向上出现了两个衍射峰位的叠加，根据表 3-4 中 CrN 和 TiN 薄膜的 X 射线衍射参数可知，Cr$_{0.45}$Ti$_{0.55}$N 复合膜在（200）方向上为 CrN（200）和 TiN（200）峰位的叠加，表明薄膜的相结构发生了改变，不再是 CrN 相结构为基础(Cr,Ti)N 结构，而是出现了 CrN 和 TiN 相结构混合并存的结构。进一步增加 Ti 含量，Cr$_{0.32}$Ti$_{0.68}$N 薄膜在（200）方向上的两个衍射峰位重新转变成一个峰位。此时 Cr$_{0.32}$Ti$_{0.68}$N 薄膜转变成以面心立方 TiN 结构为基础的(Cr,Ti)N 结构，部分 Cr 原子替换 TiN 晶格中的 Ti 金属原子，剩余的 Cr 原子形成 CrN，择优取向不变。

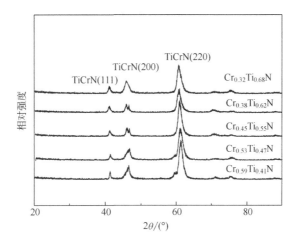

图 3-5　$Cr_{1-x}Ti_xN$ 复合膜的 X 射线衍射谱

表 3-4　TiN 和 CrN 薄膜的 X 射线衍射参数

| 薄膜 | （111） | | （200） | | （220） | | （311） | |
|---|---|---|---|---|---|---|---|---|
| | $2\theta$ | $d$ | $2\theta$ | $d$ | $2\theta$ | $d$ | $2\theta$ | $d$ |
| CrN | 37.601 | 2.3902 | 43.694 | 2.0700 | 63.507 | 1.4637 | 76.209 | 1.2482 |
| TiN | 36.803 | 2.4400 | 42.609 | 2.1200 | 61.978 | 1.4960 | 74.195 | 1.2770 |

　　通过以上分析可知，随着 Ti 含量的增加，$Cr_{1-x}Ti_xN$ 薄膜的结构由 CrN 类型结构转变为 TiN、CrN 并存的混合相结构，最后转变为 TiN 类型结构。

　　另外，随着 Ti 含量的增加，$Cr_{1-x}Ti_xN$ 薄膜的（220）衍射峰的位置逐渐向小角度偏移，表明薄膜的晶格常数逐渐增大。因为当 Ti 含量较低时，由 Ti 原子部分替换了 CrN 晶格中的金属原子并保持原有的晶格。由于 Ti 的原子半径为 0.146nm，而 Cr 的原子半径为 0.126nm；当 Ti 原子替换了 CrN 晶格中的 Cr 原子，会使晶格常数增大。而当 Ti 含量较高时，薄膜中生成了更多的 TiN，而 CrN 的含量相对降低。由于 TiN 的晶格常数为 0.424nm，大于 CrN 的晶格常数 0.414nm，因此，$Cr_{1-x}Ti_xN$ 薄膜的晶格常数增加。

　　同时，由图 3-5 的 X 射线衍射谱可看出，与单质 CrN、TiN 衍射峰相比，(Cr,Ti)N 薄膜的衍射峰半高宽变宽。其原因主要有以下几个因素：①通过后面对 $Cr_{1-x}Ti_xN$ 薄膜表面形貌分析可知，添加 Ti 元素使 CrN 薄膜的晶粒细化。②Ti、Cr 原子在 CrN 和 TiN 结构中的固溶。③Cr、Ti 原子间的互溶置换使晶格畸变加剧，导致薄膜的微观应力增加。

## 3.1.5　CrTiN 复合膜的表面形貌分析

　　图 3-6 为 CrN 薄膜及不同 Ti 含量的 CrTiN 复合膜的表面形貌。从图中可以看出，CrN 薄膜表面均匀分布着球形的颗粒和少量的空隙、缺陷，与 CrN 薄膜相比，CrTiN 复合膜的表面相对比较光滑平整，表面粗糙度较小；由此可见，在 CrN 薄膜中添加 Ti 元素有利于降低表面的粗糙度，使薄膜表面光滑平整。但随着 Ti 含量的增加，薄膜表面的颗粒呈增多增大趋势。即便如此，其表面光滑程度也比纯 CrN 薄膜好得多。

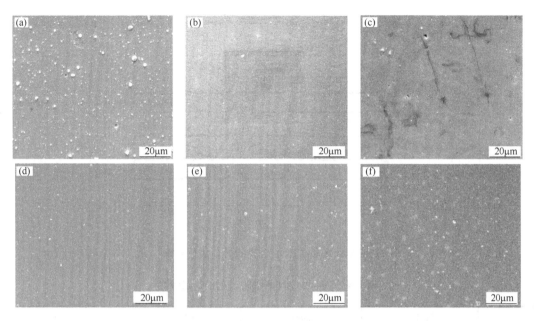

图 3-6　不同 Ti 含量的 CrTiN 复合膜的表面形貌

（a）CrN；（b）$Cr_{0.59}Ti_{0.41}N$；（c）$Cr_{0.53}Ti_{0.47}N$；（d）$Cr_{0.45}Ti_{0.55}N$；（e）$Cr_{0.38}Ti_{0.62}N$；（f）$Cr_{0.32}Ti_{0.68}N$

图 3-7 为 CrN 薄膜与 $Cr_{0.59}Ti_{0.41}N$ 复合膜的 AFM 形貌图。通过比较图 3-8（a）、（b）可知，添加 Ti 元素可使 CrN 薄膜的晶粒尺寸变小，表面粗糙度降低。$Cr_{0.59}Ti_{0.41}N$ 复合膜以岛状模式生长，薄膜的晶粒尺寸在几十纳米到几百纳米范围之内。

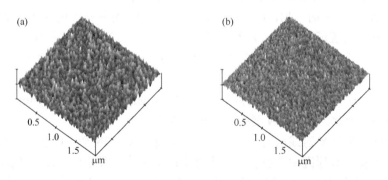

图 3-7　CrN 与 $Cr_{0.59}Ti_{0.41}N$ 复合膜的 AFM 形貌图

（a）CrN 薄膜；（b）$Cr_{0.59}Ti_{0.41}N$ 薄膜

## 3.1.6　CrTiN 复合膜的纳米硬度分析

图 3-8 为不同 Ti 含量条件下的 $Cr_{1-x}Ti_xN$ 复合膜的纳米硬度与残余应力关系。从图中可以看出，与 CrN 的纳米硬度 20 GPa 及 TiN 薄膜的纳米硬度 24 GPa 相比，在 CrN 薄膜中添加 Ti 元素，有利于薄膜硬度的提高，在不同的 Ti 含量范围内，$Cr_{1-x}Ti_xN$ 复合膜的纳米硬度均高于 CrN、TiN 单质薄膜的硬度。当 Ti 含量在 0.41～0.68 范围内时，$Cr_{1-x}Ti_xN$ 复合膜的纳米硬度值随着 Ti 含量的增加先增加后降低。当 Ti 含量为 0.62 时，$Cr_{1-x}Ti_xN$ 复合膜的纳米硬度最

高，为 35 GPa。由图可见，复合膜的内应力在 2.2～2.6 GPa 之间，均大于 CrN、TiN 单质薄膜的残余应力值。可见，在 CrN 薄膜中添加 Ti 元素，Ti、Cr 金属原子间的相互置换固溶会引起晶格的点阵畸变，使复合膜的残余应力增加。复合膜的内应力变化趋势与硬度相同。当 Ti 含量为 0.62 时，薄膜的内应力达到最大值，此时薄膜具有最高的硬度。表明 $Cr_{1-x}Ti_xN$ 复合膜硬度的增加与薄膜中的残余应力值的变化紧密相关。

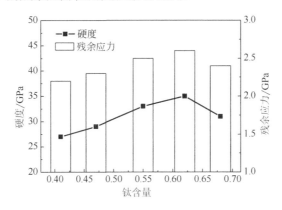

图 3-8　不同 Ti 含量的 $Cr_{1-x}Ti_xN$ 薄膜的纳米硬度与残余应力关系

关于薄膜材料的合金强化，若采用添加异类元素粒子的方法来提高性能，从机制上讲可能获得如下几种类型的强化[110]：首先，PVD 沉积工艺通常使薄膜形成细晶结构，晶粒细化提高了膜层的强度和塑性；其次，多元素化合往往形成多相混合结构，第二相的存在提高力学性能，提高 Hall-Petch 强化效应和裂纹捕陷偏转能力；再次元素的置换固溶会引起晶格畸变，使薄膜达到塑性变形所需的应力增加，自然使强度和硬度提高。

$Cr_{1-x}Ti_xN$ 复合膜的强化机制是多方面的，主要包括：①晶粒细化。添加 Ti 元素可使 CrN 薄膜的晶粒尺寸变小，晶粒尺寸在几十到几百纳米范围之内，有利于提高薄膜硬度。②固溶强化。TiN 和 CrN 是构成(Cr,Ti)N 的基础，TiN 与 CrN 具有相同的晶体结构，它们均具有面心立方点阵的 NaCl 型结构。按照 Hume-Rothery 法则[111]，半径较小的 N 负离子占据面心立方的晶格点阵，而 Ti、Cr 离子则在八面体的空隙内；加之 TiN 和 CrN 的晶格参数十分接近，因此容易形成连续的过饱和固溶体。目前已发现，在三元系中，由于薄膜沉积时迅速凝固，固溶度显著增大。固溶强化的作用，加之晶粒细化和择优取向等，使(Cr,Ti)N 的硬度较 TiN 和 CrN 有大幅度的提高。③点阵畸变。置换固溶引起晶格的点阵畸变，从而引起强化效应使硬度提高，这种强化的程度取决于原有粒子与替代粒子的原子尺寸差别。对于 Ti 与 Cr 原子，二者的原子尺寸相对差为 13.6%，这一相对差在异类粒子的相互作用中属于高数值，已接近了允许形成固溶体的极限相对差（15%），因而 Cr 的参与占据 Ti 的位置会使(Cr,Ti)N 薄膜的晶格产生强烈畸变，导致(Cr,Ti)N 薄膜具有很高的宏观残余应力。产生高残余应力的原因是 TiN 相和 CrN 相的晶格常数间存在约 2.4%的差异，所以在形成合金氮化物时，Cr、Ti 原子间的互溶置换导致晶格畸变，使薄膜的残余应力增加。同时，晶格畸变导致的残余应力一方面可以提高薄膜的硬度；另一方面可以抑制薄膜的晶粒生长，进一步提高了薄膜的硬度。

## 3.2 CrAlN 复合膜的制备与性能研究

本节主要研究了不同 Al 元素含量对 CrAlN 薄膜沉积速率、成分、相结构、晶格常数及薄膜硬度、抗高温氧化性能的影响。

### 3.2.1 试验方法

以 CrN 薄膜制备的优化工艺为基础，通过添加 Al 元素来制备 CrAlN 复合膜。CrAlN 复合膜设计由三部分组成，Cr 金属层作为底层，$CrN_x$ 作渐变过渡层，顶层为 CrAlN 复合膜。然后通过调节 Al 靶弧电流大小，获得不同 Cr、Al 含量的 CrAlN 复合膜，其制备工艺参数具体见表 3-5。

表 3-5　CrAlN 薄膜的制备工艺参数

| 样品号 | 温度/℃ | 负偏压/V | 基体旋转速度(r/min) | $I_{Cr}$/A | $I_{Al}$/A |
|---|---|---|---|---|---|
| 1 | 300 | −150 | 0.6 | 60 | 40 |
| 2 | 300 | −150 | 0.6 | 60 | 45 |
| 3 | 300 | −150 | 0.6 | 60 | 50 |
| 4 | 300 | −150 | 0.6 | 60 | 55 |
| 5 | 300 | −150 | 0.6 | 60 | 60 |

### 3.2.2 CrAlN 复合膜的沉积速率

图 3-9 CrAlN 薄膜的沉积速率随 Al 靶弧流的变化关系。从图中可以看出，薄膜的沉积速率随着 Al 靶弧电流的增加而增加。当 Al 靶弧电流为 60A 时，沉积速率达到 62nm/min 左右。与 CrTiN 薄膜相比，CrAlN 薄膜的沉积速率相对较低；因为 Al 原子的重量相对于 Ti 原子较轻，在运动过程中，在与 N 离子碰撞后，分散性相对更大，使得等离子气氛中 Al 离子密度相对较低，导致 CrAlN 薄膜的沉积速率相对较低。

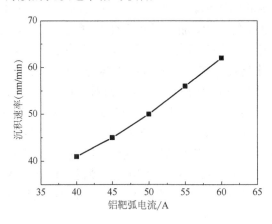

图 3-9　CrAlN 薄膜沉积速率随 Al 靶弧流的变化

### 3.2.3　CrAlN 复合膜的成分分析

表 3-6 为不同 Al 靶弧电流下沉积的 CrAlN 复合膜的元素成分列表，O 元素含量忽略不计。从表中可以看出，薄膜中 N 的成分基本保持不变，并且 N 原子数和 Cr、Al 的原子数之和的比值大约为 1∶1。由于薄膜基本符合化学计量比，其化学式可表示 $Cr_{1-x}Al_xN$，其中所确定的 $x$ 值列于表 3-6 中。

表 3-6　不同 Al 靶弧电流下沉积的 $Cr_{1-x}Al_xN$ 薄膜的元素成分

| Al 靶弧流值 | 40A | 45A | 50A | 55A | 60A |
| --- | --- | --- | --- | --- | --- |
| Cr（at%） | 40.1 | 36.9 | 33.1 | 29.8 | 27.6 |
| Al（at%） | 10.7 | 14.3 | 18.6 | 21.7 | 24.4 |
| N（at%） | 49.2 | 48.8 | 48.3 | 48.5 | 48.0 |
| $x$=Al／（Cr+Al） | 0.21 | 0.28 | 0.36 | 0.42 | 0.47 |

图 3-10 为不同 Al 靶弧电流下所获得的 CrAlN 薄膜的 Cr、Al 百分含量的变化。从图中可以看出，随着 Al 靶弧电流的增大，薄膜中 Cr 的相对含量减小，而薄膜中 Al 的相对含量明显增大，即通过调节 Al 靶的弧流大小，可以有效地调节薄膜的元素百分含量，使得薄膜中 Al 的百分含量从 10.7% 提高到 24.4%。图 3-11 为 CrAlN 薄膜的成分剖面 AES 分析图。从图中可看出，在基体和 CrAlN 薄膜之间存在一个成分渐变的 CrN 过渡层区域，厚度约 1μm，与薄膜设计相符合。该过渡层的存在有利于提高 CrAlN 薄膜与基体的结合强度。

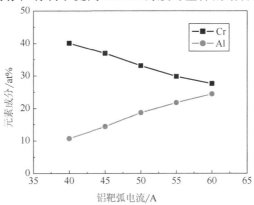

图 3-10　Cr、Al 含量随 Al 靶弧流的变化

### 3.2.4　CrAlN 复合膜的相结构分析

图 3-12 为不同 Al 含量的 $Cr_{1-x}Al_xN$ 薄膜的 XRD 谱。从图中可以明显看出，在不同 Al 含量条件下沉积的薄膜都具有 B1(NaCl) 结构，其衍射峰都可以标定为 CrN；$Cr_{1-x}Al_xN$ 薄膜取 CrN 的面心立方结构生长，且呈（200）择优取向。Makino 等[112]的研究结果表明，AlN 在 CrN 中具有很高的固溶度，直到其摩尔含量达到 77% 时，$Cr_{1-x}Al_xN$ 薄膜的结构才发生 CrN 向 AlN 的转变。而本研究中 AlN 的最大固溶度仅为 45%。和纯的 CrN 薄膜相比，$Cr_{1-x}Al_xN$ 薄膜的（200）衍射峰明显向大角度偏移，且偏移程度随着薄膜中 Al 含量的增加而增加。Uchida 等[113]发现

往 CrN 中固溶 V 也可以导致 CrN 的衍射峰向大角度偏移。同时，可以看到 $Cr_{1-x}Al_xN$ 薄膜的衍射峰半高宽值（FWMH）呈增加趋势，表明随着 Al 含量的增加，$Cr_{1-x}Al_xN$ 薄膜的结晶晶粒尺寸在呈减小趋势。

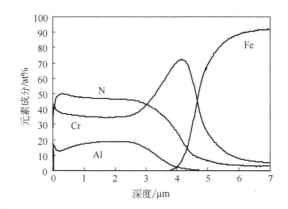

图 3-11  CrAlN 薄膜的成分剖面分析图

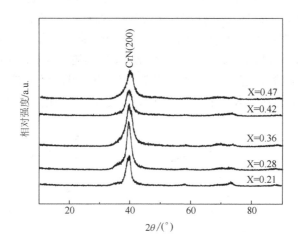

图 3-12  不同 Al 含量的 $Cr_{1-x}Al_xN$ 薄膜的 XRD 谱

根据布拉格公式 $2d\sin\theta=n\lambda$，经计算得到 $Cr_{1-x}Al_xN$ 薄膜的晶格常数随 Al 含量的变化关系，如图 3-13 所示。可以看出，随着 Al 含量的增加，$Cr_{1-x}Al_xN$ 薄膜的衍射峰逐渐向右偏移，晶格常数减小。$Cr_{1-x}Al_xN$ 薄膜的结构与 TiAlN 薄膜相似，是由 Al 原子取代 CrN 面心位置的部分 Cr 原子而形成。当 Al 原子取代 Cr 原子时，为了减小体系的能量，因而在原子力的作用下，fcc 晶胞内各原子振动的平衡位置向里偏移，晶格常数减小。随着 Al 含量增加，这种畸变逐渐增大，晶格常数逐渐减小，衍射峰向右偏移。

## 3.2.5  CrAlN 复合膜的表面形貌分析

图 3-14 为 CrN 薄膜及不同 Al 含量的 $Cr_{1-x}Al_xN$ 薄膜的表面形貌。从图中可以看出，与 CrN 薄膜相比，$Cr_{1-x}Al_xN$ 薄膜的表面粗糙度相对较大。且随着 Al 含量增加，薄膜表面的颗粒呈增多增大趋势。这是由于 Al 的熔点较低，为 660.4℃，容易产生较大的液滴，使得 $Cr_{1-x}Al_xN$

薄膜表面的颗粒尺寸增大。随着 Al 含量的增大，大液滴数量会增多，导致薄膜的表面粗糙度也呈增大趋势。

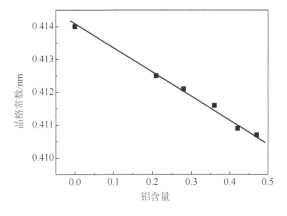

图 3-13　$Cr_{1-x}Al_xN$ 薄膜的晶格常数随 $x$ 值的变化关系

图 3-14　不同 Al 含量的 $Cr_{1-x}Al_xN$ 薄膜的表面形貌

（a）CrN；（b）$Cr_{0.79}Al_{0.21}N$；（c）$Cr_{0.72}Al_{0.28}N$；（d）$Cr_{0.64}Al_{0.36}N$；（e）$Cr_{0.58}Al_{0.42}N$；（f）$Cr_{0.53}Al_{0.47}N$

## 3.2.6　CrAlN 薄膜的纳米硬度和弹性模量分析

图 3-15 所示为不同 Al 含量的 $Cr_{1-x}Al_xN$ 薄膜的纳米硬度和弹性模量。从图中可以看出，随着 Al 含量的增加，薄膜的硬度增加。硬度增加的原因是由于 Al 原子取代 CrN 结构中的 Cr 原子，引起了晶格畸变。随着 Al 含量的增加，Al 原子在 CrN 结构中的固溶度增加，晶格畸变就会变大。晶格畸变的增加最终导致薄膜的残余应力增大，使薄膜硬度值升高。同时，$Cr_{1-x}Al_xN$ 薄膜的弹性模量也随 Al 含量的增加而增加，与纳米硬度的变化趋势相同。

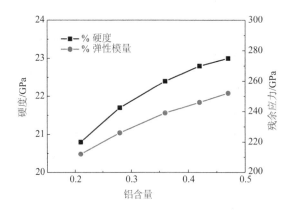

图 3-15　不同 Al 含量下薄膜的硬度与弹性模量

### 3.2.7　CrAlN 薄膜的抗高温氧化性能

图 3-16 为不同 Al 含量的 $Cr_{1-x}Al_xN$ 薄膜在 800℃下的恒温氧化动力学曲线。从图中可以看出，CrN 及不同 Al 含量的 $Cr_{1-x}Al_xN$ 薄膜的氧化增重变化规律也基本上遵循了抛物线形式的氧化热动力学曲线。与 CrN 相比，添加 Al 元素可以显著提高薄膜的抗高温氧化性能。同时，在诸种 $Cr_{1-x}Al_xN$ 薄膜中，Al 含量的增加，试样的氧化增重量减小。

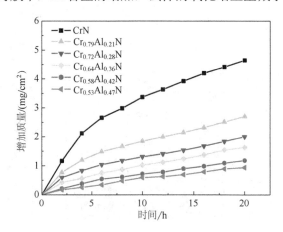

图 3-16　$Cr_{1-x}Al_xN$ 薄膜在 800℃下的氧化动力学曲线

图 3-17 为 CrN 及不同 Al 含量的 $Cr_{1-x}Al_xN$ 薄膜氧化后的形貌与成分比较。其中图 3-17（a）为 CrN 薄膜在 800℃下氧化 20 小时后的形貌与成分分析。从图中可以看出，CrN 薄膜表面形成了明显的片状氧化物，与氧化前的小液滴形状迥异，表明生成了新的氧化物。同时，还可看到较大的白色球状颗粒，出现了颗粒长大团聚现象；结合 A 点的 EDS 分析，可以确定这些氧化物主要均为 $Cr_2O_3$ 氧化物，说明 CrN 薄膜表面已经基本完全被氧化。由于没有出现 Fe 元素，表明薄膜尚未发生微裂纹和剥落。图 3-17（b）、（c）分别为 $Cr_{0.79}Al_{0.21}N$ 薄膜和 $Cr_{0.53}Al_{0.47}N$ 薄膜在 800℃下氧化 20 小时后的形貌与成分分析。从图中可以看出，$Cr_{0.79}Al_{0.21}N$ 薄膜和 $Cr_{0.53}Al_{0.47}N$ 薄膜氧化后的表面形貌只发生了颗粒长大现象，无新的氧化物形状出现。

同时，Al 含量高的 CrAlN 薄膜氧化后的表面颗粒长大尺寸相对较小。结合 B 和 C 点的 EDS 分析可以看出，$Cr_{0.79}Al_{0.21}N$ 薄膜中氮元素含量约占 10%，而 $Cr_{0.53}Al_{0.47}N$ 薄膜中氮元素含量约占 14%。

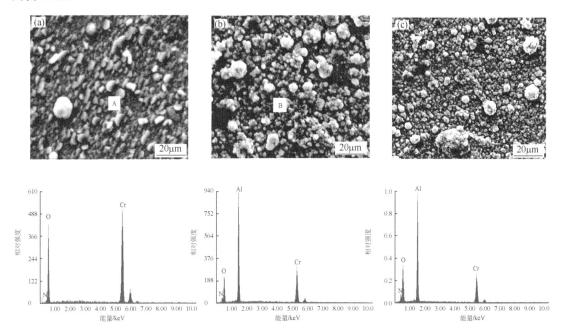

图 3-17　薄膜氧化后的形貌与成分分析

（a）CrN 薄膜；（b）$Cr_{0.79}Al_{0.21}N$ 薄膜；（c）$Cr_{0.53}Al_{0.47}N$ 薄膜

通过比较可知，$Cr_{0.53}Al_{0.47}N$ 薄膜的抗高温氧化性能优于 $Cr_{0.79}Al_{0.21}N$ 薄膜。这是因为 CrAlN 薄膜在高温氧化时将会优先形成致密的 $Al_2O_3$，且随着薄膜中 Al 含量的增加，薄膜表面所形成的 $Al_2O_3$ 会更加完整。同时在 CrAlN 薄膜中，Al 和 N 以共价键结合，其高的热稳定性能抑制薄膜中氮的减少。其次，$Al_2O_3$ 的抵抗薄膜继续氧化的能力明显优于 $Cr_2O_3$，这不仅是由于 $Al_2O_3$ 的致密度大大高于 $Cr_2O_3$，更重要的是由于氧在 $Al_2O_3$ 中的扩散温度远低于在 $Cr_2O_3$ 中的扩散温度，极大地抑制了 CrAlN 薄膜内层的氧化，从而提高了薄膜的抗氧化能力。

## 3.3　添加 Ti、Al 元素对 CrN 薄膜结构与性能的影响

本节主要研究了不同 Ti、Al 元素含量对 CrTiAlN 薄膜沉积速率、成分、相结构、晶格常数以及薄膜硬度、摩擦磨损性能的影响。

### 3.3.1　试验方法

以 CrN 薄膜制备的优化工艺为基础，通过添加 Ti、Al 元素来制备 CrTiAlN 复合膜。CrAlTiN 复合膜设计由三部分组成，Cr 金属层作为底层，$CrN_x$ 作渐变过渡层，顶层为 CrAlTiN 复合膜。然后通过调节 TiAl 靶弧电流大小，获得不同 Cr、Ti、Al 含量的 CrTiAlN 复合膜，其制备工艺参数具体见表 3-7。

表 3-7　CrTiAlN 薄膜的制备工艺参数

| 样品号 | 温度/℃ | 负偏压/V | 基体旋转速度/rpm | $I_{Cr}$/A | $I_{TiAl}$/A |
| --- | --- | --- | --- | --- | --- |
| 1 | 300 | −150 | 0.6 | 60 | 40 |
| 2 | 300 | −150 | 0.6 | 60 | 45 |
| 3 | 300 | −150 | 0.6 | 60 | 50 |
| 4 | 300 | −150 | 0.6 | 60 | 55 |
| 5 | 300 | −150 | 0.6 | 60 | 60 |

## 3.3.2　CrTiAlN 复合膜的沉积速率

图 3-18 为 Cr 靶弧流保持 60A 不变时，CrTiAlN 薄膜的沉积速率随 Ti、Al 靶弧流的变化关系。从图中可以看出，薄膜的沉积速率随着 TiAl 靶弧流的增加而增加，当 TiAl 靶弧流为 60A 时，沉积速率达到 72nm/min 左右。

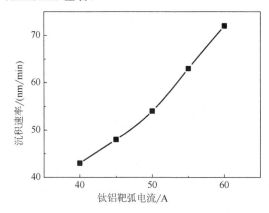

图 3-18　沉积速率随 TiAl 靶弧流的变化关系

## 3.3.3　CrTiAlN 复合膜的成分分析

图 3-19 为不同 TiAl 靶弧流下 CrTiAlN 薄膜中各元素含量的变化。从图中可以看出，随着 TiAl 靶弧流的增大，薄膜中 Cr 含量相对的减小，而 Ti、Al 的含量增大。

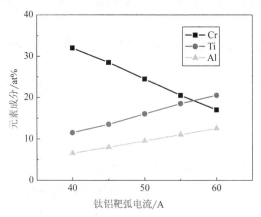

图 3-19　薄膜成分随 TiAl 靶弧流的变化

表 3-8 为不同 TiAl 靶弧流下沉积的 CrTiAlN 薄膜的元素成分及表达式列表，O 元素含量忽略不计。从表中可以看出，薄膜中 N 的成分基本保持不变，并且 N 原子数和 Cr、Ti、Al 的原子数之和的比值约为 1:1，其化学式可表示 $Cr_{1-x-y}Ti_xAl_yN$。因此，可用 $Cr_{1-x-y}Ti_xAl_yN$ 来表示不同条件下沉积的 CrTiAlN 薄膜，其中所确定的 x 值列于表 1 中。

表 3-8　不同 TiAl 靶弧流下沉积的 $Cr_{1-x-y}Ti_xAl_yN$ 薄膜的元素成分及表达式

| Cr 靶弧流 | TiAl 靶弧流 | $1-x-y$ | $x_{Ti}$ | $y_{Al}$ | 表达式 |
|---|---|---|---|---|---|
| 60A | 40A | 0.64 | 0.23 | 0.13 | $Cr_{0.64}Ti_{0.23}Al_{0.13}N$ |
| 60A | 45A | 0.57 | 0.27 | 0.16 | $Cr_{0.57}Ti_{0.27}Al_{0.16}N$ |
| 60A | 50A | 0.49 | 0.32 | 0.19 | $Cr_{0.49}Ti_{0.32}Al_{0.19}N$ |
| 60A | 55A | 0.41 | 0.37 | 0.21 | $Cr_{0.41}Ti_{0.37}Al_{0.22}N$ |
| 60A | 60A | 0.34 | 0.41 | 0.25 | $Cr_{0.34}Ti_{0.41}Al_{0.25}N$ |

### 3.3.4　CrTiAlN 复合膜的相结构分析

图 3-20 为不同 Ti、Al 含量的 $Cr_{1-x-y}Ti_xAl_yN$ 薄膜的 XRD 谱。从图中可以看出，与 CrN 薄膜相比，添加 Ti、Al 后，薄膜的择优取向由（111）转变为（200）。从图中可以看出，在 $Cr_{0.64}Ti_{0.23}Al_{0.13}N$ 复合膜中，只在（111）和（200）出现衍射峰，薄膜沿（200）择优生长。在 $Cr_{0.57}Ti_{0.27}Al_{0.16}N$ 复合膜中，（200）面的衍射峰相对强度更高，薄膜沿（200）择优取向更加明显；同时，薄膜在（220）方向上开始出现了较宽的衍射峰，而（111）面的衍射峰强度下降非常明显。可见，当 Ti、Al 含量较低时，$Cr_{1-x-y}Ti_xAl_yN$ 复合膜形成了以 NaCl 型面心立方 CrN 结构为基础的（Cr，Al，Ti）N 结构。少量的 Ti、Al 原子部分替换了 CrN 晶格中的金属原子并保持原有的晶格。Al 原子替换 CrN 晶格中的 Cr 原子，形成固溶体；部分 Ti 原子替换 CrN 晶格中的 Ti 原子，剩余的 Ti 原子形成 TiN，与 CrN 结构互溶。

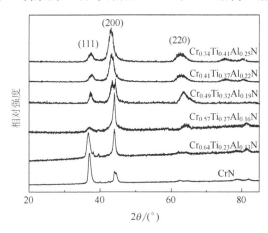

图 3-20　不同 Ti、Al 含量的 $Cr_{1-x-y}Ti_xAl_yN$ 薄膜的 XRD 谱

随着 Ti、Al 含量的继续增加，薄膜在（200）方向上出现了两个衍射峰位的叠加，根据表 3-9 中不同薄膜的 x 射线衍射参数，可知，$Cr_{0.49}Ti_{0.32}Al_{0.19}N$ 复合膜在（200）方向上为 CrN（200）和 TiN（200）峰位的叠加，表明薄膜的相结构发生了改变，不再是 CrN 相结构为基础

（Cr，Al，Ti）N 结构，而是出现了 CrN 和 TiN 相结构混合并存的结构，Al 原子依然替换 CrN 和 TiN 晶格中 Cr、Ti 金属原子，形成 AlN 固溶体，使得薄膜在（111）和（220）方向上的衍射峰宽化。进一步增加 Ti、Al 含量，（200）衍射峰位继续左移，薄膜沿（200）面择优生长。可以看出，$Cr_{0.34}Ti_{0.41}Al_{0.25}N$ 复合膜的衍射峰位与表 3-8 中（Cr，Al，Ti）N 的衍射参数基本相吻合。薄膜的相结构转变为以面心立方 TiN 结构为基础的（Cr，Al，Ti）N 结构。Al 原子替换 TiN 晶格中的 Ti 原子，形成固溶体；部分 Cr 原子替换 TiN 晶格中的 Ti 原子，剩余少量 Cr 原子形成 CrN，与 TiN 结构互溶。

表 3-9　不同薄膜的 X 射线衍射参数

| 薄膜 | （111） | | （200） | | （220） | | （311） | |
|---|---|---|---|---|---|---|---|---|
| | $2\theta$ | $d$ | $2\theta$ | $d$ | $2\theta$ | $d$ | $2\theta$ | $d$ |
| CrN | 37.601 | 2.3902 | 43.694 | 2.0700 | 63.507 | 1.4637 | 76.209 | 1.2482 |
| TiN | 36.803 | 2.4400 | 42.609 | 2.1200 | 61.978 | 1.4960 | 74.195 | 1.2770 |
| AlN | 38.563 | 2.3346 | 44.809 | 2.0226 | 65.244 | 1.4300 | 78.417 | 1.2195 |
| （Cr，Ti，Al）N | 37.121 | 2.4199 | 43.310 | 2.0874 | 63.298 | 1.4680 | 74.597 | 1.2712 |

通过以上分析，可知随着 Ti、Al 含量的增加，$Cr_{1-x-y}Ti_xAl_yN$ 薄膜的结构也由 CrN 类型结构转变为 TiN、CrN 都出现的混合相结构，最后转变为 TiN 类型结构，与 $Cr_{1-x}Ti_xN$ 薄膜的结构转变过程相似。

另外，随着 Ti、Al 含量的增加，$Cr_{1-x-y}Ti_xAl_yN$ 薄膜的（200）衍射峰的位置逐渐向小角度偏移，表明薄膜的晶格常数呈增大的趋势。同时，由图 3-20 的 X 射线衍射谱还可看出，与单质的 CrN、TiN 衍射峰相比，$Cr_{1-x-y}Ti_xAl_yN$ 薄膜的衍射峰半高宽明显变宽。其原因主要有以下几个因素：①Al、Ti、Cr 原子在 CrN 和 TiN 结构中的固溶。②Cr、Ti、Al 原子间的互溶置换使晶格畸变加剧，导致薄膜的微观应力增加。而添加 Ti、Al 元素并没有使薄膜的晶粒细化，不会引起衍射峰宽化。因此，以上两个因素是 $Cr_{1-x-y}Ti_xAl_yN$ 薄膜衍射峰变宽的主要原因。

### 3.3.5　CrTiAlN 复合膜的表面形貌分析

图 3-21 为 CrN 薄膜及不同 TiAl 含量的 $Cr_{1-x-y}Ti_xAl_yN$ 薄膜的表面形貌。从图中可以看出，与 CrN 薄膜相比，$Cr_{1-x-y}Ti_xAl_yN$ 薄膜表面的颗粒尺寸较大。且随 Ti、Al 含量增加，薄膜表面的颗粒呈增多增大趋势，粗糙度上升。通过查阅 TiAl 二元相图可以得知，$Ti_{50}Al_{50}$ 对应为 γ 相，最高熔点为 1452℃。与 Cr 靶相比，$Ti_{50}Al_{50}$ 靶的熔点相对较低，在电弧的高温烧蚀下，更容易蒸发出大颗粒，导致薄膜表面粗糙度上升。

### 3.3.6　CrTiAlN 复合膜的纳米硬度和弹性模量分析

图 3-22 为不同 TiAl 含量条件下的 $Cr_{1-x-y}Ti_xAl_yN$ 薄膜的纳米硬度值。从图中可以看出，在 CrN 薄膜中添 Ti、Al，有利于薄膜硬度的提高，薄膜硬度随 Ti、Al 添加量的不同致使硬度提高程度不同，但总体上都超过了 CrN 薄膜的硬度值。

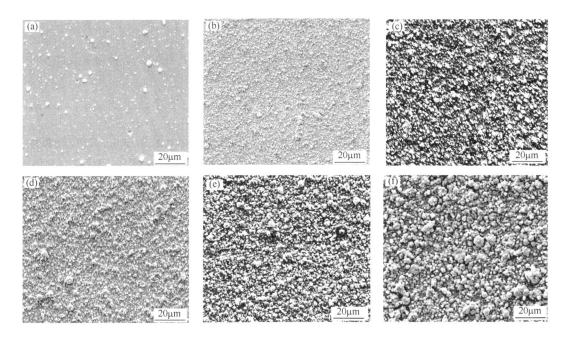

图 3-21　不同 TiAl 含量的 $Cr_{1-x-y}Ti_xAl_yN$ 薄膜的表面形貌

（a）CrN；（b）$Cr_{0.64}Ti_{0.23}Al_{0.13}N$；（c）$Cr_{0.57}Ti_{0.27}Al_{0.16}N$；（d）$Cr_{0.49}Ti_{0.32}Al_{0.19}N$；

（e）$Cr_{0.41}Ti_{0.37}Al_{0.22}N$；（f）$Cr_{0.34}Ti_{0.41}Al_{0.25}N$

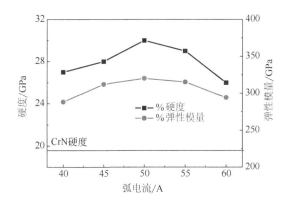

图 3-22　不同 TiAl 靶电流的 $Cr_{1-x-y}Ti_xAl_yN$ 薄膜的纳米硬度与弹性模量值

从图中还可以看出，随着 TiAl 靶电流的增加，薄膜的纳米硬度值先增加，后降低，在 TiAl 靶电流为 50A 时，$Cr_{1-x-y}Ti_xAl_yN$ 薄膜的硬度值最高，为 30GPa。结合 XRD 与 SEM 分析可知，Ti、Al 的加入，形成了 (Cr,Ti,Al)N 固溶相，使薄膜的硬度值增加，然而随着 TiAl 靶电流的增加，薄膜表面颗粒尺寸增加，粗糙度增大；使得当 TiAl 靶电流超过 50A 后，薄膜的硬度值下降。同时，从图中还可以看出，$Cr_{1-x-y}Ti_xAl_yN$ 复合膜的弹性模量值随 Ti 含量的变化与硬度值变化趋势相同。

## 3.4 负偏压对 CrTiAlN 复合膜性能的影响

本节研究了不同负偏压对 CrTiAlN 复合膜的形貌、相结构、硬度、结合强度及磨损性能的影响。

### 3.4.1 试验过程

试验选择沉积温度为 250℃，基体旋转速度为 0.6rpm，Cr 靶弧流为 60A，TiAl 靶弧流为 50A，氮气浓度为 40%；通过改变不同负偏压值来制备薄膜，包括：-50V、-100V、-150V、-200V、-250V，薄膜沉积时间为 1h。

### 3.4.2 负偏压对 CrTiAlN 复合膜沉积速率和硬度的影响

图 3-23 为其他参数不变的情况下，负偏压从 -50V 增大到 -250V，薄膜沉积速率与负偏压的关系。由图可见，随着负偏压的增大，薄膜沉积速率降低，其中在 -200～-250V 阶段降低幅度最为明显，而负偏压小于 -200V 之前，薄膜沉积速率的降低幅度相对较小。

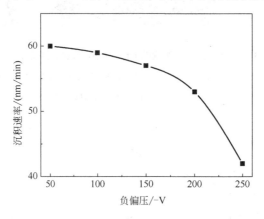

图 3-23　CrTiAlN 薄膜沉积速率与负偏压的关系

由图 3-24 中纳米硬度与负偏压的关系可知，负偏压对纳米硬度的影响很大。随着负偏压的增大，CrTiAlN 复合膜的纳米硬度也增大，当负偏压为 -200V 时，CrTiAlN 复合膜的硬度最大，为 32GPa。

### 3.4.3 负偏压对 CrTiAlN 复合膜结合强度的影响

图 3-25 为 CrTiAlN 复合膜结合强度与负偏压的关系。由图可见，负偏压对结合强度的影响很大，随着负偏压的增大，膜基结合强度增大。当负偏压为 -200V 时，结合强度相对最高，达到了 72N；此后继续增大负偏压值，CrTiAlN 复合膜层的结合强度开始下降。图 3-26 为偏压 -200V 时 CrTiAlN 复合膜的划痕仪声发射曲线。由图可得，CrTiAlN 复合膜的膜基结合强度最高达 72N，表明采用梯度 Cr-CrN-CrTiAlN 过渡的方法沉积的复合膜具有良好的结合强度。

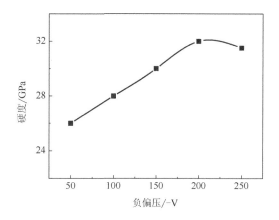

图 3-24　CrTiAlN 薄膜纳米硬度与负偏压的关系

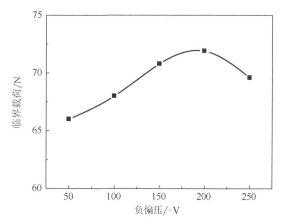

图 3-25　CrTiAlN 复合膜划痕临界载荷与负偏压的关系

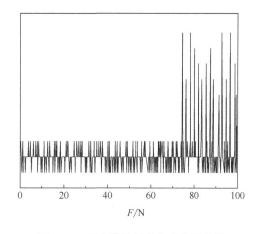

图 3-26　复合膜的划痕仪声发射曲线

## 3.4.4　CrTiAlN 复合膜层表面和截面形貌分析

图 3-27 为 CrTiAlN 复合膜表面粗糙度随负偏压的变化曲线。从图中可以看出，薄膜的表面粗糙度随着负偏压的增加，先降低后增加。在负偏压为-200V 时，粗糙度值最小。图 3-28

是负偏压为-200V 时薄膜的表面形貌。从图可看出，负偏压为-200V 时沉积的 CrTiAlN 薄膜的表面非常致密，表面颗粒尺寸普遍较为细小，平整度较好。

图 3-29 所示为偏压-200V 时 CrTiAlN 复合膜的截面形貌。由图可以看出，薄膜分为明显的两层，下部暗色区域为 Cr/CrN 过渡层区域，上部亮色区域为 CrTiAlN 复合膜区域，膜层的组织为柱状晶组织，细小的柱状晶垂直于界面生长。

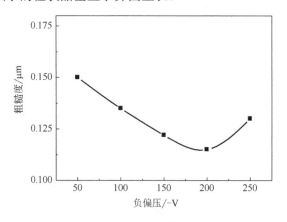

图 3-27　CrTiAlN 薄膜表面粗糙度随负偏压的变化

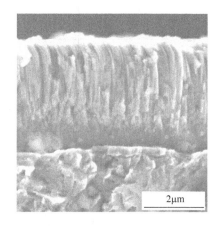

图 3-28　负偏压为-200V 时薄膜的表面形貌　　图 3-29　偏压为-200V 时 CrTiAlN 复合膜的截面形貌

### 3.4.5　CrTiAlN 复合膜的成分与相结构分析

图 3-30 为偏压-200V 时的 CrTiAlN 复合膜的能谱分析。从图中可以发现，CrTiAlN 复合膜的主要成分为 Cr、Ti、Al、N 四种元素，各元素的原子百分比含量为 Cr 20.56%，Ti 18.22%，Al 11.78%，N 49.44%。图 3-31 为不同负偏压时 CrTiAlN 复合膜的 X 射线衍射分析图。从图中可以看出，CrTiAlN 薄膜与 CrN 具有相同的面心立方晶体结构。负偏压的作用使 CrTiAlN 薄膜择优取向生长发生了改变，在负偏压为-50V 时，CrTiAlN 薄膜在（200）面上出现择优取向。当负偏压为-100V 时，择优取向发生了改变，在（220）面上出现了择优取向生长。随着负偏压继续增大，薄膜的（220）衍射峰强度进一步增加，而（111）面、（200）面上的衍射峰强度呈减弱趋势，（311）面上的衍射峰消失，表明 CrTiAlN 薄膜在（220）面上的择优取

向程度更加明显。同时，随着负偏压值的增加，（220）面上的衍射峰的位置逐渐向小角度偏移，薄膜中的压应力随着负偏压值的增加而不断上升，使薄膜的晶格常数不断增加。

### 3.4.6　负偏压对 CrTiAlN 复合膜磨损性能的影响

采用 T11 高温磨损试验机对不同负偏压下 CrTiAlN 复合膜的高温磨损性能进行比较，磨损温度为 200℃，无油润滑。图 3-32 为不同负偏压下 CrTiAlN 复合膜的摩擦系数。由图可知，当偏压不同时，复合膜的摩擦系数有所不同，其中，-50V 时的摩擦系数最高，为 0.7 左右；-200V 时最小，为 0.4 左右。

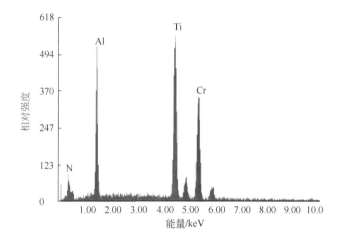

图 3-30　负偏压为-200V 时的复合膜的能谱分析

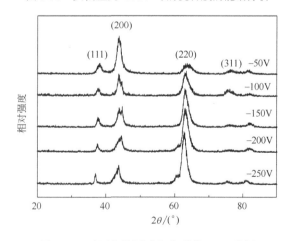

图 3-31　不同负偏压时复合膜的 XRD 分析

图 3-33 为不同负偏压下 CrTiAlN 复合膜的磨损失重。通过比较图 3-32 和图 3-33 可知，薄膜摩擦系数的变化规律与磨损失重基本相同，摩擦系数越小，磨损失重量也越小。同时，与图 3-25 比较可知，负偏压对 CrTiAlN 复合膜磨损失重的影响规律与结合强度的影响规律相反。在不同负偏压下，复合膜的结合强度越高，磨损率越小。由此也反映出负偏压主要通过影响膜基结合来影响 CrTiAlN 复合膜的磨损性能。

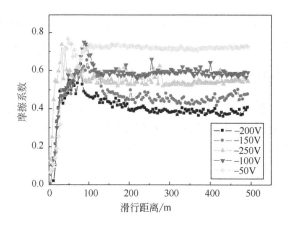

图 3-32　不同偏压下复合膜的摩擦系数

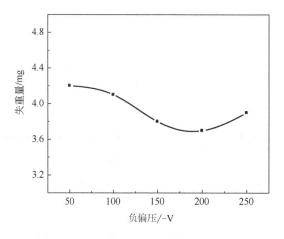

图 3-33　不同偏压下复合膜的磨损失重量

综合以上分析可知，负偏压对薄膜的形貌、相结构以及与摩擦学性能有关的摩擦系数、硬度、结合力以及磨损性能等参数都有影响；制备 CrTiAlN 复合膜时，当负偏压为-200V 时，薄膜的失重最小，薄膜的抗磨损性能也最好，其磨损性能与膜基结合强度基本成正比。结合负偏压对薄膜的表面粗糙度与相结构影响可知，薄膜表面的粗糙度变化与磨损性能变化趋势也基本相同，说明薄膜的磨损性能是结合强度与表面形貌一起作用的结果，表面晶粒细小、平整度高且结合强度高的薄膜抗磨损性能强。

## 3.5　基体旋转速度对 CrTiAlN 复合膜性能的影响

基体旋转速度直接影响 CrTiAlN 复合膜中每一层 CrN 与 TiAlN 的厚度，即决定了 CrN/TiAlN 多层复合膜的调制周期大小。本节研究了不同基体旋转速度对 CrN/TiAlN 多层复合膜的相结构、硬度、结合强度及粗糙度等性能的影响。

### 3.5.1　试验过程

试验选择沉积温度为 300℃，负偏压为-200V，Cr 靶弧流为 60A，TiAl 靶弧流为 50A，薄膜沉积时间为 2h。改变 5 种不同基体旋转速度来制备 CrTiAlN 复合膜，包括 0.3r/min、0.6r/min、0.9r/min、1.2r/min、1.5r/min。

### 3.5.2　显微组织分析

图 3-34 是基体旋转速度为 1.5r/min 时 CrN/TiAlN 多层复合膜的二次电子像和背散射电子像。由图 3-34（a）可以看出，薄膜呈柱状晶结构，截面上薄膜非常致密，没有孔洞和缺陷存在。在柱状晶生长的方向上，可以看出有很多亮暗相间的分层，层与层之间界面清晰。图 3-34（b）为该多层复合膜的背散射电子像，通过背散射电子可将 CrN 与 TiAlN 薄膜之间的差异更明显地显示出来。由于 CrN 产生更多的背散射电子，使得薄膜相对较亮；而相对较暗的层对应 TiAlN 薄膜，很好地揭示了 CrN 与 TiAlN 薄膜堆叠的结构状态。通过背散射电子像，可以看出旋转速度为 1.5r/min 时 CrN/TiAlN 多层复合膜的调制周期为 95nm。其他旋转速度下多层复合膜的调制周期测量结果列于表 3-10 中，从表中可以看出，随着旋转速度的增大，多层复合膜的调制周期呈下降趋势。

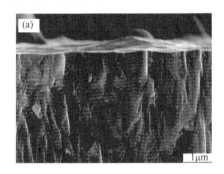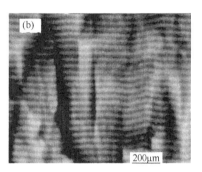

图 3-34　1.5r/min 时多层复合膜的二次电子与背散射电子像

（a）二次电子像；（b）背散射电子像

### 3.5.3　相结构分析

图 3-35 为不同基体旋转速度条件下 CrN/TiAlN 多层复合膜的 X 射线衍射分析。从图中可以看出，CrN/TiAlN 多层复合膜与 CrN 具有相同的面心立方晶体结构，分别在（111）面、（200）面、（220）面和（311）面上出现了衍射峰，呈（220）面择优取向。随着基体旋转速度的增加，（220）面衍射峰强度呈增强趋势，择优取向更加明显。而（111）面、（200）面和（311）面的衍射峰呈减弱的趋势。这意味着基体旋转速度的增加使多层膜的调制周期减小，使（111）面、（200）面和（311）面的生长受到了抑制，而（220）面的择优取向生长更加明显。

### 3.5.4　晶粒尺寸分析

采用 AFM 分析多层膜的表面晶粒尺寸大小，测试结果列于表 3-10。图 3-36 为旋转速度为 1.5r/min 时多层膜的 AFM 形貌图。从图中可看出，多层膜以岛状模式生长，晶粒尺寸细小，最小的仅几十纳米。同时在多层膜表面也存在少量尺寸相对较大的液滴。从表中可看出，随着基体旋转速度的增加，晶粒尺寸呈减小趋势。可见，随着基体旋转速度的上升，薄膜的晶粒没有充足的时间生长，使薄膜晶粒尺寸减小，同时使多层膜的柱状晶生长受到抑制。

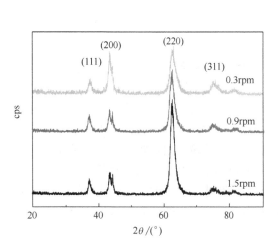

图 3-35  不同旋转速度下多层膜的 XRD 分析

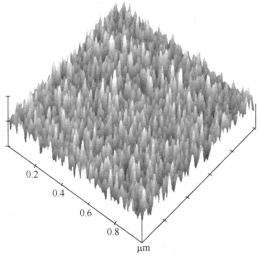

图 3-36  旋转速度为 1.5r/min 时多
层膜的 AFM 形貌图

## 3.5.5  纳米硬度和弹性模量分析

采用纳米压入仪测量多层膜的纳米硬度和弹性模量，载荷为 10mN，测试结果如表 3-10 所示。从表中可以看出，CrN/TiAlN 多层复合膜的硬度范围在 26～33 GPa 之间。随着基体旋转速度的增加，多层膜的硬度呈上升的趋势，当旋转速度为 1.2r/min 时，硬度最高。可见多层膜的硬度与调制周期符合 Hall-Petch 关系，硬度随周期减小而增大。同时，可以看出，多层膜的硬度值随旋转速度的变化趋势与 $I_{(220)}/(I_{(220)}+I_{(200)})$ 值的变化趋势相同，最高的 $I_{(220)}/(I_{(220)}+I_{(200)})$ 值对应着多层膜的最高硬度，表明多层膜的硬度与（220）面的择优取向生长程度有直接关系。通过多层膜的硬度与弹性模量值计算出 $H^3/E^2$ 值列于表 3-10 中，可以看出，CrN/TiAlN 多层复合膜的 $H^3/E^2$ 值随旋转速度的变化趋势与硬度相同，当旋转速度为 1.2r/min 时，多层膜的 $H^3/E^2$ 值最高，表明多层膜在该旋转速度条件下，具有最好的抗塑性变形能力。

表 3-10  不同基体旋转速度条件下 CrN/TiAlN 多层复合膜的各项性能

| 样品编号 | 旋转速度/（r/min） | 调制周期/nm | 硬度/GPa | $H^3/E^2$/GPa | $I_{(220)}/[I_{(220)}+I_{(200)}]$ | 残余应力/GPa | 结合强度/N | 晶粒尺寸/nm |
|---|---|---|---|---|---|---|---|---|
| V1 | 0.3 | 356 | 26.3 | 0.151 | 0.55 | −1.3 | 67 | 125.45 |
| V2 | 0.6 | 234 | 30.2 | 0.178 | 0.62 | −1.5 | 70 | 116.74 |
| V3 | 0.9 | 176 | 29.9 | 0.184 | 0.71 | −1.6 | 75 | 107.30 |
| V4 | 1.2 | 132 | 33.1 | 0.193 | 0.79 | −1.7 | 73 | 93.88 |
| V5 | 1.5 | 95 | 32.2 | 0.162 | 0.78 | −2.0 | 65 | 85.25 |

## 3.5.6  残余应力与结合强度分析

多层膜的残余应力值通过基片曲率法进行测量计算获得，其结果列于表 3-10。从表中可以看出，CrN/TiAlN 多层复合膜内的残余应力为压应力，在-1.3～-2.0GPa 范围内变化。随着基体旋转速度的增加，多层膜的残余应力值增大。这是因为在旋转速度较低时，多层膜的表面会形成疏松、粗糙的柱状晶结构，使得薄膜的残余应力值较小。而旋转速度增加，会使薄膜晶粒细化，结构致密，薄膜的硬度升高，导致残余应力升高。

多层膜的结合强度值通过划痕临界载荷的测量获得，其结果列于表 3-10。从表中可以看出，CrN/TiAlN 多层复合膜的划痕临界载荷值范围为 65～75N。随着调制周期的增加，结合强度值先增加后降低；当调制周期为 176nm 时，多层膜的临界载荷值最高。通过分析表 3-10 中数据，可知 $H^3/E^2$ 值高且残余应力适中的多层膜具有较好的结合性能。

## 3.6　CrTiAlN 复合膜与其他薄膜的性能比较分析

在工艺优化的基础上，制备 CrN 及其复合膜，与 Cr 电镀层进行性能比较分析。其中，Cr/CrN 多层膜的调制周期为 120nm。CrTiN、CrAlN 和 CrTiAlN 复合膜的制备条件相同，Cr 靶弧电流均为 60A，Ti 靶、Al 靶和 TiAl 靶的弧电流均选用 50A。并在相同的测试条件下，分别进行表面粗糙度、硬度、抗塑性变形能力、残余应力和结合强度等性能的比较分析。

### 3.6.1　薄膜表面粗糙度比较分析

图 3-37 为相同条件下制备的 CrTiAlN 复合膜与其他薄膜表面粗糙度的比较图。从图中可以看出，在六种薄膜中，表面粗糙度的大小顺序为：Cr 电镀层＞CrAlN 复合膜＞CrTiAlN 复合膜＞CrN 薄膜＞Cr/CrN 多层膜＞CrTiN 复合膜。与 Cr 电镀层相比，CrN 及其复合膜的表面粗糙度均小于 Cr 电镀层，表明采用离子镀方法沉积制备的薄膜表面粗糙度相对较小。同时，通过比较 CrN 及其复合膜的表面粗糙度可以得出，CrN 薄膜中添加 Al 元素会使复合膜的表面粗糙度值增大，而添加 Ti 元素会使复合膜的表面粗糙度值降低。

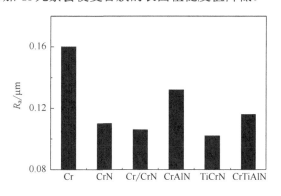

图 3-37　不同薄膜的表面粗糙度比较分析

### 3.6.2　薄膜表面硬度与抗塑性变形能力比较分析

图 3-38 为 CrTiAlN 复合膜与其他薄膜表面硬度及 $H^3/E^2$ 值的比较。从图中可以看出，在六种薄膜中，表面硬度的大小顺序为：CrTiN 复合膜＞CrTiAlN 复合膜＞CrAlN 复合膜＞CrN 薄膜＞Cr 电镀层。$H^3/E^2$ 值的大小顺序为：CrTiAlN 复合膜＞Cr/CrN 多层膜＞CrTiN 复合膜＞

CrAlN 复合膜＞CrN 薄膜＞Cr 电镀层。表明，CrTiAlN 复合膜具有最优的抗塑性变形能力，而 Cr 电镀层的硬度和抗塑性变形能力均最差。

同时，通过比较 CrN 及其复合膜的表面硬度可以得出，CrN 薄膜中添加 Ti 元素会使薄膜的硬度显著提高，而添加 Al 元素则提高不明显。同时添加 Ti、Al 元素，既能显著提高薄膜硬度，又能大幅提高薄膜的抗塑性变形能力。

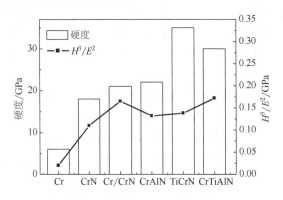

图 3-38　各薄膜硬度与 $H^3/E^2$ 值的比较

### 3.6.3　薄膜结合强度与残余应力的比较分析

图 3-39 为 CrTiAlN 复合膜与其他薄膜结合强度及残余应力值大小的比较。从图中可以看出，在六种薄膜中，薄膜划痕临界载荷的大小顺序为：CrTiAlN 复合膜＞Cr/CrN 多层膜＞CrAlN 复合膜＞CrN 薄膜＞CrTiN 复合膜＞Cr 电镀层。残余应力值的大小顺序为：CrTiN 复合膜＞CrTiAlN 复合膜＞CrAlN 复合膜＞CrN 薄膜＞Cr/CrN 多层膜＞Cr 电镀层。薄膜的结合强度与很多因素有关，残余应力是影响结合强度的因素之一。通过比较可以发现，CrTiAlN 复合膜在各薄膜中具有最优的结合强度。

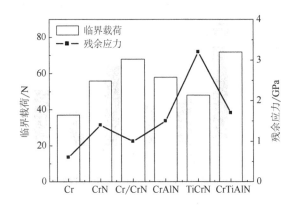

图 3-39　各薄膜结合强度与残余应力的比较

通过以上比较分析，将不同薄膜性能的各项指标比较列于表 3-11。从表中可以看出，与 Cr 电镀层相比，CrN 及其复合膜具有更加优异的综合性能。与 CrN 相比，Cr/CrN 多层膜在各性能指标上均有所改善。CrTiN 复合膜虽然具有更高的硬度和更低的表面粗糙度，但其残余应力较高，结合强度较低。CrAlN 复合膜硬度略高于 CrN 薄膜，结合强度与残余应力值与 CrN 薄膜相差不大，但粗糙度较高。通过比较可以总结出，CrTiAlN 复合膜具有较高的硬度、抗塑性变形能力和结合强度，粗糙度适中，在各薄膜中，具有相对较优的综合性能。

表 3-11　六种薄膜的性能比较分析

| 薄膜类型 | 粗糙度 | 硬度 | 抗塑性变形能力 | 结合强度 | 残余应力 |
|---|---|---|---|---|---|
| 电镀 Cr | 高 | 低 | 低 | 低 | 低 |
| CrN | 较低 | 中 | 中 | 较高 | 中 |
| Cr/CrN | 较低 | 中 | 高 | 高 | 中 |
| CrTiN | 低 | 高 | 中 | 中 | 高 |
| CrAlN | 高 | 中 | 中 | 较高 | 中 |
| CrTiAlN | 中 | 高 | 高 | 高 | 较高 |

## 3.7　小结

本章系统研究了添加 Ti、Al 以及（Ti+Al）元素对 CrN 薄膜各项性能的影响，还研究了负偏压及基体转动速度对 CrTiAlN 复合膜性能的影响。结果如下：

（1）添加 Ti 后，薄膜的择优取向由（111）面转变为（220）面。随着 Ti 含量的增加，CrTiN 薄膜的结构由 CrN 类型结构转变为 TiN、CrN 并存的混合相结构，最后转变为 TiN 类型结构。添加 Ti 元素有利于降低表面的粗糙度。CrTiN 薄膜的残余应力与硬度均随 Ti 含量的增加先增加后降低。

（2）CrN 薄膜中添加 Al 元素会使薄膜表面的粗糙度增大，硬度升高，复合膜的择优取向由（111）面转变为（200）面。添加 Al 元素可提高 CrN 薄膜的抗高温氧化性能，随着 Al 含量的增加，抗高温氧化性能上升。

（3）添加 TiAl 后，复合膜的择优取向由（111）面转变为（200）面。随着 Ti、Al 含量的增加，薄膜的结构由 CrN 类型结构转变为 TiN 类型结构，同时（200）面衍射峰位置逐渐向小角度偏移，薄膜的晶格常数逐渐增大。CrTiAlN 薄膜的表面粗糙度随 Ti、Al 含量增加而增大。薄膜的硬度和弹性模量随着 TiAl 靶电流的增加，先提高后降低。

（4）负偏压对 CrTiAlN 薄膜的形貌、相结构以及与摩擦学性能有关的摩擦系数、硬度、结合力以及磨损性能等参数都有影响；当负偏压为 -200V 时，薄膜的硬度和结合强度较高，粗糙度较小，薄膜的失重最小，抗磨损性能最好。随着基体旋转速度的增加，薄膜的调制周期值减小，晶粒尺寸减小，残余应力和硬度值增加，薄膜在（220）面方向上择优取向增强。抗塑性变形能力和结合强度随基体旋转速度的增加先增加后降低，当基体旋转速度为 1.2r/min 时，CrTiAlN 薄膜的综合性能较优。

# 第4章 CrN基复合膜的抗高温腐蚀行为研究

## 4.1 前言

活塞环在工作过程中受到高温、高压燃气的作用，瞬时温度达到2000℃左右，正常工作温度为200～300℃左右。因此，需要制备的活塞环薄膜具有较强的抗高温氧化性能，避免活塞环薄膜因高温氧化而失效。事实上，作为发动机燃烧室的核心部件，活塞环在其使用过程中还会发生热腐蚀。所谓的热腐蚀是指金属材料在高温工作时，基体金属与沉积在工件表面的盐及周围工作气体发生综合作用而产生的腐蚀现象[114]。在活塞环工作环境中，燃气直接作用在活塞环上。燃烧产物主要包括：完全燃烧产物 $CO_2$、$H_2O$、$O_2$、$N_2$ 和不完全燃烧产物 $SO_2$、$NO_x$、$CO$、$CH$ 化合物。由于燃气温度高并有一定的腐蚀性，加剧了活塞环的磨损。

目前已有的热腐蚀研究主要多集中在金属基材料及其防护薄膜上，对陶瓷薄膜的热腐蚀行为研究开展得较少[115]。到目前为止，还没有发现有关 CrTiAlN 复合膜热腐蚀行为的报道。而研究 CrTiAlN 复合膜的热腐蚀行为对于探讨作为活塞环表面薄膜这样一种高温腐蚀防护薄膜应用的可行性是十分有必要的。

本章主要研究 CrTiAlN 复合膜及其他薄膜的抗高温氧化性能和热腐蚀行为。

## 4.2 CrN基复合膜的抗高温氧化行为研究

### 4.2.1 试验方法

为比较研究电镀 Cr 与 CrN 基复合膜的抗高温氧化性能，采用优化工艺制备 CrN 及其复合膜，制备过程与前面描述的相同，基体为 65Mn 钢。试验选择电镀 Cr、CrN、CrTiN、CrAlN、$Cr_{0.57}Ti_{0.27}Al_{0.16}N$ 和 $Cr_{0.34}Ti_{0.41}Al_{0.25}N$ 六种薄膜作为高温氧化样品。在高温氧化试验中选择两种含 Al 量的 CrTiAlN 薄膜，是为了比较不同含 Al 量对 CrTiAlN 薄膜抗高温氧化性能的影响。

### 4.2.2 CrN基复合膜的氧化动力学分析

图 4-1～图 4-3 为各种薄膜在 600℃、750℃和 900℃下的恒温氧化动力学曲线。在三种不同温度条件下，通过测定各试样每次氧化增重量的大小，得到氧化后试样的单位面积增重随氧化时间的变化曲线。从图中可以看出，与电镀 Cr 相比，在表面镀覆 CrN 基复合膜可以显著降低 65Mn 钢的氧化增重。在 600℃下，Cr 电镀层氧化增重最严重，而 CrN、CrTiN、CrAlN、$Cr_{0.57}Ti_{0.27}Al_{0.16}N$ 和 $Cr_{0.34}Ti_{0.41}Al_{0.25}N$ 五种薄膜的氧化增重相对幅度较小；它们的变化规律也

基本上遵循了抛物线形式的氧化反应动力学曲线。对比来看，CrN 及其复合膜的抗高温氧化性能明显好于电镀 Cr。在 600℃下，Cr 电镀层已经氧化非常严重，CrN 及其复合膜仅发生了轻微的氧化。而在五种 CrN 及其复合膜中，CrN 与 CrTiN 复合膜的氧化增重相对较大，CrAlN、$Cr_{0.57}Ti_{0.27}Al_{0.16}N$ 和 $Cr_{0.34}Ti_{0.41}Al_{0.25}N$ 薄膜的氧化增重相对较小，其中 CrAlN 薄膜的增重最低。这表明 CrN 薄膜中添加不同元素对薄膜的抗高温氧化性能有不同的影响效果，与添加 Ti 元素相比，添加 Al 元素更有利于提高薄膜的抗高温氧化性能。通过对比 $Cr_{0.57}Ti_{0.27}Al_{0.16}N$ 和 $Cr_{0.34}Ti_{0.41}Al_{0.25}N$ 复合膜可知，提高 Al 含量有利于提高薄膜的抗高温氧化性能。

当氧化温度升高到 750℃时，CrN 及其复合膜的抗高温氧化性能明显出现了分化。CrN 和 CrTiN 薄膜氧化增重明显，而 CrAlN 和 CrTiAlN 复合膜仍然保持较好的热稳定性，氧化增重幅度较小。Cr 电镀层在后期的氧化增重出现了直线上升的趋势，其变化规律基本上是线性动力学曲线。

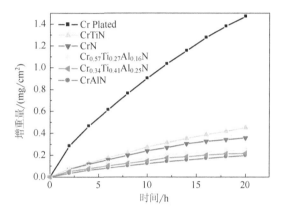

图 4-1　600℃下各种薄膜的抗高温氧化性能

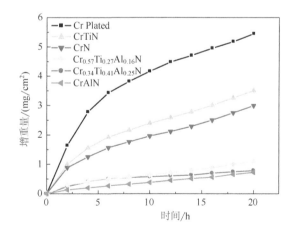

图 4-2　750℃下各种薄膜的抗高温氧化性能

到了 900℃时，Cr 电镀层的氧化增重更加剧烈，其氧化增重增加很快且呈直线上升；CrN 及其复合膜的氧化增重也明显加剧，CrTiN 薄膜在 4h 后基本呈直线上升，CrN 薄膜在 6h 后基本呈直线上升，唯独 CrAlN 和 CrTiAlN 薄膜仍然维持和前面 600℃与 750℃时基本一样的变化规律，仍然是抛物线形式的氧化反应动力学曲线。只是由于温度比较高，而保护层的氧化膜还没有形成，氧化速度又比在较低温度下的氧化速度快一些，因此氧化的增重比 600℃

与 750℃时的氧化增重高一些。此后，由于致密氧化膜的生成，保护了薄膜不被进一步剧烈氧化，其随后的氧化增重和变化规律与在 600℃与 750℃温度下的变化基本一致。

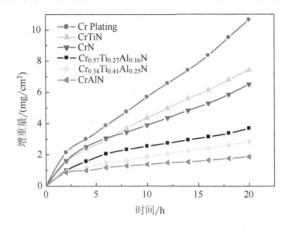

图 4-3　900℃下各种薄膜的高温氧化性能

图 4-4 为 CrTiAlN 复合膜在不同温度下的氧化反应动力学曲线。从图中可以看出，随着温度上升，氧化速率有较大增加；在 600℃下，CrTiAlN 复合膜的氧化增重随时间的延长，增加不明显。在 750℃下，CrTiAlN 复合膜的氧化增重明显较 600℃下要大，但随氧化时间的延长，薄膜增重比较稳定，增重总量较低。在 900℃下，CrTiAlN 复合膜氧化增重幅度很大，特别是氧化 4h 后，CrTiAlN 复合膜的氧化增重出现了迅速上升的趋势。说明在 600℃和 750℃温度下，CrTiAlN 复合膜保持了较好的热稳定性。在 900℃下，CrTiAlN 复合膜氧化相对较严重。

通过以上分析发现，不同薄膜样品的单位面积氧化增重的平方随氧化时间的变化曲线都很好地符合直线规律，表明在上述三个氧化温度下，各薄膜样品的氧化过程都遵循抛物线氧化规律。其抛物线速率常数可以由下面的关系式获得：

$$\Delta m^2 = k_p t \tag{4-1}$$

表 4-1 给出了由式（4-1）计算的抛物线速率常数的具体数值。在高温氧化研究领域，抛物线速率常数被认为是一个很方便的比较氧化速度的指数。

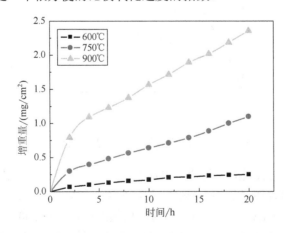

图 4-4　$Cr_{0.57}Ti_{0.27}Al_{0.16}N$ 复合膜在不同温度下的氧化性能

表 4-1　各种薄膜在 600～900℃时的抛物线速率常数

| 薄膜类型 | 抛物线速率常数/ $[mg^2/ (cm^4 \cdot s)]$ | | |
| --- | --- | --- | --- |
| | 600℃ | 750℃ | 900℃ |
| 电镀 Cr | $2.45 \times 10^{-5}$ | $4.68 \times 10^{-4}$ | $1.03 \times 10^{-3}$ |
| CrTiN | $2.22 \times 10^{-6}$ | $1.56 \times 10^{-4}$ | $5.79 \times 10^{-4}$ |
| CrN | $1.56 \times 10^{-6}$ | $1.02 \times 10^{-4}$ | $4.28 \times 10^{-4}$ |
| $Cr_{0.57}Ti_{0.27}Al_{0.16}N$ | $9.25 \times 10^{-7}$ | $1.21 \times 10^{-5}$ | $1.78 \times 10^{-4}$ |
| $Cr_{0.34}Ti_{0.41}Al_{0.25}N$ | $6.68 \times 10^{-7}$ | $8.05 \times 10^{-6}$ | $9.21 \times 10^{-5}$ |
| CrAlN | $4.53 \times 10^{-7}$ | $4.67 \times 10^{-6}$ | $5.21 \times 10^{-5}$ |

　　从表中可以看出，与电镀 Cr 相比，CrN 及其复合膜在以上三种温度下的抛物线氧化速率常数显著降低。如表面涂覆 CrN 的样品，在 900℃下比电镀 Cr 的抛物线氧化速率常数降低了 1 个数量级；而表面涂覆 CrAlN 薄膜的样品，在 900℃下比电镀 Cr 的抛物线氧化速率常数降低了 2 个数量级；随着氧化温度的升高，薄膜样品的抛物线氧化速率常数上升，薄膜样品在 900℃下的抛物线氧化速率常数要较 750℃下的高一个数量级，比 600℃下的抛物线氧化速率常数高二个数量级，可见温度的升高会加速氧化的进行。随着温度的升高，高温氧化程度变得明显。

## 4.2.3　CrN 基复合膜氧化层的形貌与成分分析

　　图 4-5 为 Cr 电镀层在 900℃下氧化 20h 后的表面形貌分析。从宏观形貌来看[图 4-5（a）]，镀层表面分布着大量交叉的裂纹，表明 Cr 镀层在 900℃下由于热应力作用产生的拉应力足够抵消 Cr 镀层氧化过程中产生的压应力，使薄膜开裂，产生了裂纹，以释放高温氧化产生的拉应力；从放大以后的形貌看 [图 4-5（b）]，薄膜表面的裂纹已经非常明显，呈交叉分布状态。

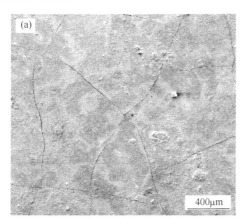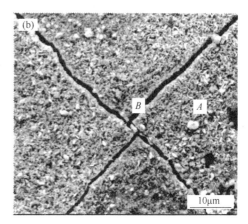

图 4-5　Cr 电镀层 900℃氧化的表面 SEM 分析

（a）宏观形貌；（b）放大形貌

　　对图 4-5 中的镀层表面 A 点以及 B 点的元素成分进行了 EDS 分析，结果见图 4-6。由

EDS 结果可知，Cr 电镀层表面 *A* 点白色颗粒为 $Cr_2O_3$ 氧化物，表面裂纹处 *B* 点的主要成分为 Cr、O、Fe 元素，Fe 元素的存在表明由于 Cr 电镀层产生的裂纹已经穿透了整个镀层厚度，使基体暴露在表面，被氧化，即说明 Cr 电镀层已经失效，失去了保护基体的作用。

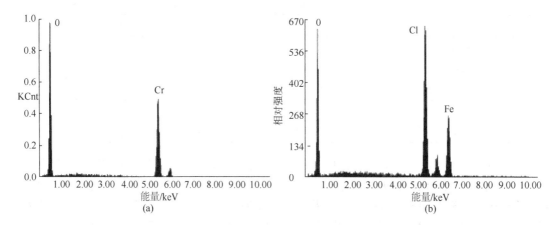

图 4-6  Cr 电镀层 900℃氧化的表面 EDS 照片

（a）*A* 点；（b）*B* 点

图 4-7 为 CrN 薄膜在 900℃下氧化 20h 后的表面形貌及 EDS 分析。从图 4-7（a）中可以看出，CrN 薄膜表面形成了明显的氧化物晶粒，其结晶形状呈菱形，与氧化前的小液滴形状完全不同，表明生成了新的氧化物；结合 EDS 分析［图 4-7（b）］，可以确定这些氧化物为 $Cr_2O_3$ 氧化物，薄膜表面没有出现氮元素，说明 CrN 薄膜已经完全被氧化，但没有出现 Fe 元素，表明薄膜没有出现微裂纹和剥落，对基体继续起着高温防护作用。

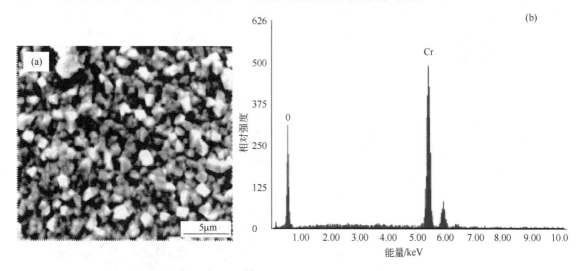

图 4-7  CrN 薄膜 900℃氧化的形貌和能谱分析

（a）表面形貌；（b）能谱分析

图 4-8 为 CrTiN 薄膜在 900℃下氧化 20h 后的表面形貌及 EDS 分析。从图中可以看出，CrTiN 薄膜表面氧化层的形貌与 CrN 薄膜相似，也形成了明显的氧化物晶粒，但是 CrTiN 薄

膜表面的氧化物晶粒不如 CrN 薄膜均匀，其表面分布着尺寸大小不一的氧化物晶粒，且分布很不均匀。结合 EDS 分析可以看出，薄膜表层的主要成分为 Cr、Ti、O 和少量的 Fe 元素。可见 CrTiN 薄膜表面的氧化物晶粒主要为 $Cr_2O_3$ 和 $TiO_2$ 混合氧化物，其中白色晶粒为 $Cr_2O_3$ 氧化物。少量 Fe 元素的出现表明在 900℃下 CrTiN 薄膜已经出现了微裂纹，使基体元素 Fe 被氧化。从其氧化后的宏观形貌来看，CrTiN 薄膜表面局部区域出现了氧化粉末脱落现象，氧化层的脱落使薄膜对基体的保护作用减弱，导致基体 Fe 元素被氧化，同时产生了 Fe 元素的剧烈扩散，致使 CrTiN 薄膜表面氧化层中出现少量的 $Fe_2O_3$。

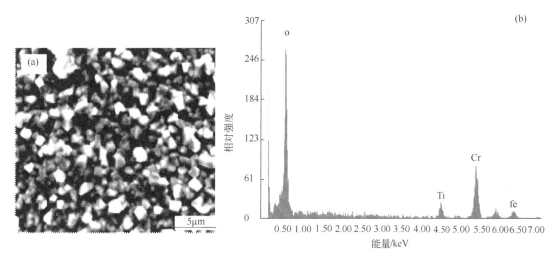

图 4-8　CrTiN 电镀层 900℃氧化的形貌和能谱分析
（a）表面形貌；（b）能谱分析

　　图 4-9 为 CrAlN 薄膜在 900℃下氧化 20h 后的表面形貌及 EDS 分析。从图中可以看出，CrAlN 薄膜表面形成了大颗粒的氧化物，颗粒与颗粒之间相互镶嵌，发生了团簇现象，局部

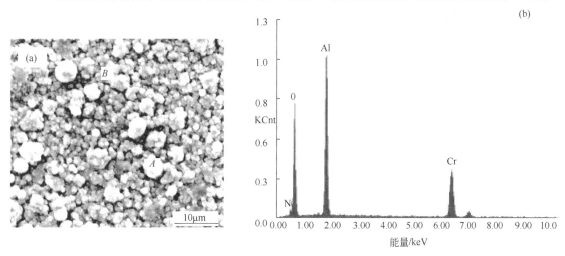

图 4-9　CrAlN 薄膜 900℃氧化的形貌和能谱分析
（a）表面形貌；（b）能谱分析

区域还出现颗粒熔化成黑色糊状。结合 EDS 分析，可以发现薄膜表面主要元素为 Cr、Al、O 和微量的 N 元素，表明薄膜已经基本上全部发生了氧化。用 EDS 分析了薄膜中 $A$、$B$ 两点的元素分布，其结果如表 4-2 所示。从表中可以看出，$B$ 点为大量小晶粒的团簇，$B$ 点 Al 元素占主要成分而 Cr 成分相对较低，表明团簇中含有较高含量的 $Al_2O_3$；与 $B$ 点相比，白色液滴 $A$ 点上的 Al 元素含量下降而 Cr 元素含量上升其 $Cr_2O_3$ 含量比较 $B$ 点高，而 $Al_2O_3$ 含量比较 $B$ 点低。

表 4-2　CrAlN 复合膜在 900℃氧化的 EDS 分析　　　　单位：at%

| 位置 | O | Al | Cr | N |
|---|---|---|---|---|
| $A$ 点 | 45.21 | 27.01 | 20.56 | 7.22 |
| $B$ 点 | 41.36 | 32.86 | 18.38 | 7.41 |

### 4.2.4　CrTiAlN 复合膜氧化产物的相组成

图 4-10 为 $Cr_{0.34}Ti_{0.41}Al_{0.25}N$ 复合膜在 600℃、750℃和 900℃下恒温氧化 20h 后表面氧化物产物的 XRD 图谱。从图中可以看出，CrTiAlN 复合膜高温氧化后主要生成了 $Al_2O_3$、$Cr_2O_3$ 和 $TiO_2$ 等金属氧化物。且随着温度的升高，Cr、Ti、Al 等金属氮化物相的含量越来越少，而对应的氧化物的含量越来越高；到 900℃时，已经大部分发生了氧化。但从 XRD 分析图谱中没有发现 Fe 的氧化物，表明薄膜在 900℃下氧化 20h，没有出现裂纹和剥落，也没有出现基体 Fe 元素的扩散。

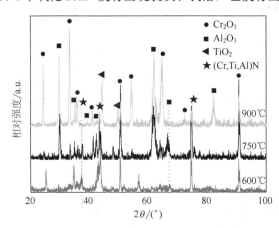

图 4-10　$Cr_{0.34}Ti_{0.41}Al_{0.25}N$ 复合膜在不同温度下氧化 20h 后的 XRD 图谱

### 4.2.5　CrTiAlN 复合膜氧化层的形貌与成分分析

图 4-11 和图 4-12 为 $Cr_{0.34}Ti_{0.41}Al_{0.25}N$ 复合膜在 600℃时的表面形貌、截面形貌与 EDS 分析。从图中可以看出，薄膜的表面形貌在 600℃时几乎没有变化，EDS 分析表明，薄膜中除了 Cr、Ti、Al、N 元素外，还有部分 O 元素存在，表明薄膜表面已经吸收了部分氧元素，结合 XRD 分析可知，表面已经生成了一定的 $Al_2O_3$、$Cr_2O_3$ 和 $TiO_2$ 氧化物。

对被氧化的薄膜截面的能谱线扫描分析表明，薄膜表面的氧元素含量较高，薄膜内部的氧元素含量相对较低，表明在 600℃下薄膜外部形成的致密氧化物有效地阻止了氧元素向薄膜内部扩散，避免了薄膜的全面氧化；与氧元素相反，氮元素在薄膜外层含量较低，薄膜内部的氮元素含量相对较高。可见，尽管薄膜外层产生了氧化，而薄膜内部尚未发生严重氧化，仍保持氮化物结构。

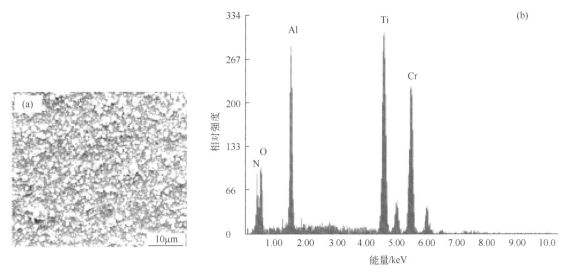

图 4-11　CrTiAlN 复合膜 600℃的表面 SEM 及 EDS 分析

（a）表面形貌；（b）能谱分析

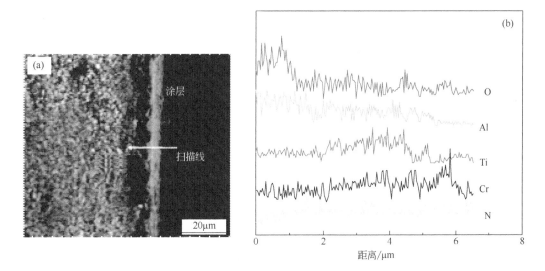

图 4-12　CrTiAlN 复合膜 600℃的截面形貌及 EDS 线扫描分析

（a）截面形貌；（b）能谱分析

表 4-3　CrTiAlN 复合膜在 600℃氧化的 EDS 分析　　　　　　单位：at%

| 位置 | O | Al | Cr | Ti | N |
|---|---|---|---|---|---|
| 薄膜外层 | 29.91 | 13.01 | 18.89 | 21.03 | 17.16 |
| 薄膜内部 | 10.39 | 11.03 | 20.81 | 22.29 | 35.48 |

从图中还可看出，Cr、Ti、Al 金属元素分布均匀，未发生明显的元素富集现象。通过对比表 4-3 中薄膜外层与内部各元素的成分，可发现 Al 元素在薄膜外层含量稍高一些，而在薄膜内层稍低一些，而 Cr、Ti 元素则刚好相反。这表明 Al 元素在氧化物层中的扩散速率比 Cr、Ti 元素相对要快，但其扩散速率与温度有关，在 600℃下，Al 元素的扩散速率比较缓慢，使得三种元素的浓度差别不明显。同时，在薄膜内部发现 CrN 过渡层中 Cr 含量仍保持较高，而 Ti、Al 含量很低，表明在 600℃下薄膜内部的元素扩散不很明显，且内层无基体 Fe 元素的扩散。因此，通过以上分析可以发现，氧化物层的外层主要为 $Al_2O_3$、$Cr_2O_3$ 和 $TiO_2$ 氧化物，这些致密的氧化物阻挡了氧元素的扩散速率，使薄膜氧化缓慢。

图 4-13 和图 4-14 为 $Cr_{0.34}Ti_{0.41}Al_{0.25}N$ 薄膜在 750℃时的表面形貌与 EDS 结果。从图中可看出，薄膜的表面形貌在 750℃时变化仍不大，但表面液滴有明显的长大趋势，颗粒尺寸变大，粗糙度增加，但薄膜表面仍然保持致密。EDS 分析表明，随着氧化温度升高，薄膜表面 N 元素含量降低，氧元素含量增加，但还未被完全氧化。对氧化层的截面线扫描分析表明，随着氧化温度的升高，氧化膜和扩散区域的厚度明显增加，这证明了 CrTiAlN 复合膜的氧化机制是空气中的氧元素通过薄膜向内部扩散氧化，氧元素的分布如同一个斜坡，沿着薄膜方向，氧元素的含量由高向低方向逐步变小。到达某一临界区域，氧元素含量下降明显。而 N 元素含量在薄膜外层很低，从外到里，N 元素含量逐步升高。

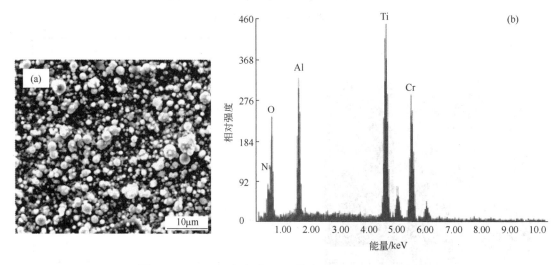

图 4-13　CrTiAlN 复合膜 750℃的表面 SEM 及 EDS 分析

（a）表面形貌；（b）能谱分析

结合表 4-4 中各元素的成分比例，从图中还可以看出，在 750℃下，在氮化物薄膜的外部存在一个 Al 金属元素富集区域。这表明在 750℃下，Al 金属元素优先扩散到薄膜外部，形成了 $Al_2O_3$，它能够阻止氧的扩散和降低氧化速度。与 Al 元素相比，Ti、Cr 元素向外扩散的速度较弱，使得薄膜氧化层的外层为富 Al 的 $Al_2O_3$，内层为富 Cr、Ti 的 $Cr_2O_3$ 和 $TiO_2$；同时，随着温度升高，薄膜中各元素的扩散速度加快，从图中已经看不出明显的 CrN 过渡层区域，表明 Ti、Al 等元素已经扩散进入该区域。这证明了各元素在高温条件下，扩散运动速度加快。

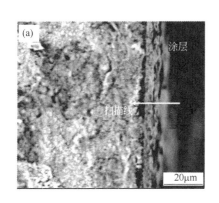

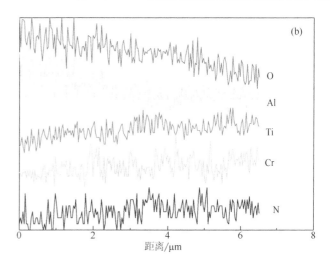

图 4-14　CrTiAlN 复合膜 750℃的截面形貌及 EDS 线扫描分析

（a）截面形貌；（b）能谱分析

表 4-4　CrTiAlN 复合膜在 750℃氧化的 EDS 分析　　　　　单位：at%

| 位置 | O | Al | Cr | Ti | N |
|---|---|---|---|---|---|
| 薄膜外层 | 38.26 | 15.09 | 18.43 | 19.11 | 9.11 |
| 薄膜内层 | 29.32 | 10.08 | 20.39 | 22.23 | 17.98 |

　　图 4-15、图 4-16 为 $Cr_{0.34}Ti_{0.41}Al_{0.25}N$ 复合膜在 900℃时的表面形貌与 EDS 结果。从图中可以看出，薄膜的表面形貌在 900℃时变化很大，与 750℃下的薄膜表面形貌相比，薄膜表面颗粒尺寸进一步变大，粗糙度增加，且出现颗粒团簇现象，表面疏松，表明在 900℃高温下，薄膜表面颗粒发生了重熔现象，但薄膜表面仍然保持致密，未出现裂纹、翘曲和孔洞现象，说明薄膜对基体仍具有保护作用。薄膜表面的 EDS 分析表明，薄膜表面 N 元素含量极少，表明薄膜已经基本被氧化，但未出现基体 Fe 元素，证明了薄膜还未出现裂纹和剥落。对被氧化

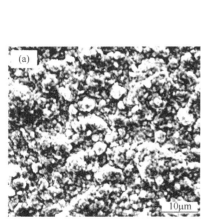

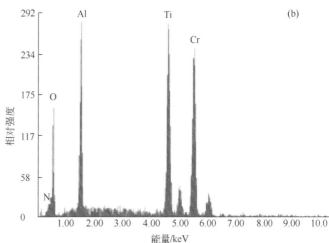

图 4-15　CrTiAlN 复合膜 900℃的表面 SEM 及 EDS 分析

（a）表面形貌；（b）能谱分析

的薄膜截面的线扫描能谱分析表明，在 900℃下，薄膜已经基本被氧化，氧化层的厚度基本与薄膜厚度等同，薄膜中只含有微量的氮化物。同时，随着温度的升高，Al 元素富集在薄膜外层的量进一步增多，形成致密的 $Al_2O_3$ 氧化物，阻止氧的扩渗。结合表 4-5 中各元素的成分比例，从图中还可以看出，在 900℃下，薄膜内部的氧元素含量也很高，薄膜内部也被氧化。同时薄膜中的 Ti、Cr、Al 等元素均发生了扩散，除了在薄膜外层存在 Al 元素富集外，其他区域的元素分布比较均匀，表明薄膜中各元素已经充分扩散。

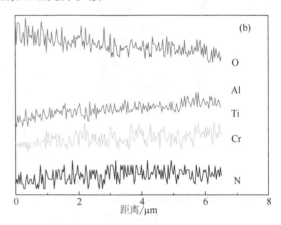

图 4-16　CrTiAlN 复合膜 900℃的截面形貌及 EDS 线扫描分析

（a）截面形貌；（b）能谱分析

表 4-5　CrTiAlN 复合膜在 900℃氧化的 EDS 分析　　　　　　单位：at%

| 位置 | O | Al | Cr | Ti | N |
|---|---|---|---|---|---|
| 薄膜外层 | 48.47 | 16.83 | 15.45 | 16.19 | 3.06 |
| 薄膜内层 | 41.32 | 9.56 | 20.31 | 22.65 | 6.16 |

通过以上分析，可以得出：①温度对薄膜的高温氧化行为有很明显的影响。温度的升高会加速氧化的进行，随着温度的升高，高温氧化程度变得明显，在试验时间内，氧化层的厚度也逐渐增大。②Al 在 CrTiAlN 复合膜中是选择性氧化，导致在 $Al_2O_3$ 氧化层以下的 Al 元素量减少，紧凑致密的 $Al_2O_3$ 氧化物在薄膜表面优先形成，然后富 Cr 和 Ti 的氧化物区域在内层形成。因此，薄膜氧化层区域的结构由外至内组成顺序为：$Al_2O_3$，$Cr_2O_3+TiO_2$，（Cr，Ti，Al）N。薄膜外层的 $Al_2O_3$ 氧化物有利于阻碍氧元素向薄膜内部扩散，能够降低薄膜的氧化速度。

## 4.2.6　讨论

综合上面的试验结果不难发现：CrTiAlN 复合膜在 900℃时仍然具有较好的高温抗氧化性能，可以显著降低 65Mn 钢的氧化速率。基体氧化速率的降低可以解释为在薄膜表面生成了稳定的 $Al_2O_3$ 层。

通过以上试验结果可总结出，CrTiAlN 复合膜的高温氧化具有以下几方面特点：

（1）在 CrTiAlN 复合膜的高温氧化过程中可能会发生下面三个反应过程：

$$6CrN+3O_2 \longrightarrow 2Cr_2O_3+2N_2\uparrow \tag{4-2}$$

$$4AlN+3O_2 \longrightarrow 2Al_2O_3+2N_2\uparrow \tag{4-3}$$

$$2TiN + 2O_2 \longrightarrow 2TiO_2 + N_2\uparrow \tag{4-4}$$

查阅上述三个反应在 900℃时的吉布斯自由能[116]，可知 $Al_2O_3$ 的吉布斯自由能$\Delta G^\ominus$为-1588.44J/mol，$Cr_2O_3$ 的吉布斯自由能$\Delta G^\ominus$为-1062.18J/mol，$TiO_2$ 的吉布斯自由能$\Delta G^\ominus$为-845.68J/mol。通过比较，可知反应式（4-3）具有更低的吉布斯自由能，说明高温下 AlN 更容易被氧化，表明 Al 在 CrTiAlN 复合膜中是选择性氧化。由于 $Al_2O_3$ 在高温环境中稳定性好，致密度高，能够降低氧元素向薄膜内部的扩散速率和减小氧在界面的活动能力，可有效降低薄膜的氧化速率。但是，XRD 与 EDS 结果表明，在氧化的过程中并没有形成连续的 $Al_2O_3$ 膜，意味着本研究所涉及的 Al 含量不是很高，在该 Al 含量条件下，薄膜内的活度还不够高，因而在氧化的过程中 CrN 和 TiN 也要同时被氧化。

（2）根据 Al2p 的 XPS 分析可知，在 CrTiAlN 复合膜中，含有少量的 Al 单质。在反应的初始阶段，Al 单质会迅速扩散到薄膜表面，与 O 反应生成更为稳定的 $Al_2O_3$，使氧化速率快速降低。这是因为 Al 原子半径小，容易扩散；周围的原子对单质态 Al 束缚小，不需要提供打破平衡的键能量；且 $Al_2O_3$ 自由能更低，更为稳定。

（3）根据本书的试验结果，CrTiAlN 薄膜的氧化过程可以描述如下：在氧化的初始阶段，CrTiAlN 薄膜与 O 反应在其表面同时生成 $Al_2O_3$、$Cr_2O_3$ 和 $TiO_2$。在薄膜完全被一层薄的氧化膜所覆盖后，O 向内扩散通过该层到达氧化膜/薄膜界面。CrTiAlN 薄膜与 O 反应会导致薄膜的分解，这样 CrTiAlN 晶格中强的共价键被打断。与 Cr、Ti 相比，Al 与 O 具有更强的化学亲合力以及更低的生成自由能，Al 会优先被氧化。但由于 Al 的活度不足以形成连续的 $Al_2O_3$ 膜，所以 Cr、Ti 也会同时被氧化成 $Cr_2O_3$ 和 $TiO_2$。Al 元素的选择性氧化导致在 $Al_2O_3$ 氧化层以下的 Al 元素含量减少，紧凑致密的 $Al_2O_3$ 氧化物在薄膜表面优先形成，然后富 Cr 和 Ti 的氧化物区域在内层形成。因此，薄膜氧化层区域的结构由外至里组成顺序为：$Al_2O_3$，$Cr_2O_3$+$TiO_2$，（Cr，Ti，Al）N。同时，作为氧化反应的产物，$N_2$ 会通过氧化膜向外扩散并释放到环境中去。$N_2$ 向外扩散的同时也给 Cr 和 Ti 离子向外扩散提供了一些快速通道，这样少量的 Cr 和 Ti 离子会扩散至氧化膜表面，在那里和 O 反应生成新的 $Cr_2O_3$ 和 $TiO_2$ 颗粒，并镶嵌在初始阶段形成的 $Al_2O_3$、$Cr_2O_3$ 和 $TiO_2$ 的混合膜中。

（4）薄膜合金元素的含量和温度对薄膜的高温氧化行为有较为明显的影响：薄膜中 Al 含量对薄膜的高温氧化行为影响较为显著。随着薄膜中 Al 含量增加，氧化产物层中铝氧化物相增加，使得薄膜中致密的 $Al_2O_3$ 层增厚，合金元素在氧化产物层中的扩散变慢，从而使薄膜氧化速率控制在较低水平。温度的升高会加速氧化的进行，随着温度的升高，高温氧化程度变得明显，在试验时间内，氧化层的厚度也逐渐增大。

## 4.3　CrN 基复合膜的热腐蚀行为研究

### 4.3.1　试验方法

试验样品的准备过程与上节所描述的相同。试验前，首先配置 $Na_2SO_4$+25wt%$K_2SO_4$ 饱和水溶液，然后刷涂到表面温度为 200℃的样品表面。由于水分快速汽化，样品表面就会形成一层均匀分布的白色盐膜，涂盐量控制在（3.0±0.2）$mg/cm^2$ 左右。热腐蚀试验在高温氧化炉内进行，温度为 800℃。具体的试验过程和上节所描述的氧化过程相同。热腐蚀后的样品在沸水中浸泡以除去可溶性盐。样品在热腐蚀试验之后，通过 SEM 观察，XRD 测试，EDS 分析等，以评定各薄膜的抗热腐蚀性能。

## 4.3.2　热腐蚀动力学

图 4-17 为表面涂覆 $Na_2SO_4+25wt\%K_2SO_4$ 盐膜的各种薄膜在 800℃下的热腐蚀动力学曲线。与 Cr 电镀层相比，表面涂覆 CrN 基复合膜样品的热腐蚀速率要低，表现为在整个热腐蚀过程中表面涂覆样品的增重较小。所有薄膜的腐蚀增重由大到小排序依次为：Cr 电镀层＞CrTiN 薄膜＞CrN 薄膜＞$Cr_{0.34}Ti_{0.41}Al_{0.25}N$ 薄膜＞$Cr_{0.57}Ti_{0.27}Al_{0.16}N$ 薄膜＞CrAlN 复合膜。在相同条件下，$Cr_{0.34}Ti_{0.41}Al_{0.25}N$ 薄膜样品的腐蚀增重要高于 $Cr_{0.57}Ti_{0.27}Al_{0.16}N$ 薄膜。这一变化趋势正好与前面给出的这两种薄膜抗高温氧化性能的变化趋势相反。比较前面在空气中的氧化数据后可以发现，在相同温度下热腐蚀引起的增重要大很多。以 $Cr_{0.34}Ti_{0.41}Al_{0.25}N$ 复合膜为例，在空气中氧化 10h 后的氧化增重为 $0.323mg/cm^2$，而在表面有 $Na_2SO_4+25wt\%K_2SO_4$ 盐膜的情况下，其增重为 $1.35\ mg/cm^2$。

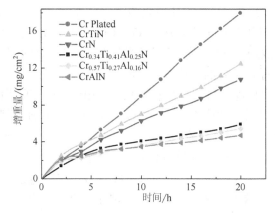

图 4-17　各种薄膜在 800℃下的热腐蚀动力学曲线

一般来说，由硫酸盐引起的高温热腐蚀可以分为三个阶段：孕育期、加速腐蚀期和稳态腐蚀期。在本试验中没有观察到明显的孕育期，这可能是由于孕育期非常短，在试验的升温阶段表面沉积的盐膜就已经开始熔融并开始和氧化膜反应。从图 4-17 可以看出，在整个热腐蚀过程中，Cr 电镀层的增重曲线基本上是以直线的形式上升，而表面涂覆 CrN 基复合膜样品的增重曲线可以分为快速增重阶段和稳态腐蚀阶段。虽然 $Cr_{0.57}Ti_{0.27}Al_{0.16}N$ 薄膜样品在整个腐蚀过程中的腐蚀增重要小于 $Cr_{0.34}Ti_{0.41}Al_{0.25}N$ 薄膜样品，但其在加速腐蚀增重阶段的腐蚀速率要明显高于后者。进入稳态腐蚀阶段后，$Cr_{0.57}Ti_{0.27}Al_{0.16}$ 薄膜的腐蚀速率上升相对较为平缓一些。

## 4.3.3　热腐蚀后表面产物的显微组织分析

### 4.3.3.1　Cr 电镀层热腐蚀后表面产物的分析

图 4-18 为 Cr 电镀层在 800℃热腐蚀 20h 后表面产物的 XRD 谱。从图中可以看出，Cr 电镀层样品表面产物主要为单一的 $Cr_2O_3$ 氧化物，生成的 $Cr_2O_3$ 氧化物在各个晶面取向上均出现了衍射峰，最强的衍射峰在（104）晶面方向上。通过 XRD 分析证实了热腐蚀 Cr 电镀层表面生成了 $Cr_2O_3$ 氧化物。

图 4-19 为 Cr 电镀层热腐蚀后的表面形貌。从图中可以看出，Cr 电镀层已经完全被氧化，表面凹凸不平，镀层出现裂纹且已经扩展撕裂，其表面出现贯穿整个视野的划痕状深凹坑，正是镀层剥落后所留下的。而且凹坑底部存在明显裂纹，将会继续扩展，使镀层剥落。分别对图中不同的位置 $A$ 点和 $B$ 点进行能谱分析，结果如图 4-20 所示。从图 4-20（a）可以看出，Cr 电镀层热腐蚀后表面产物的主要成分有 Cr、O 和微量的 S 元素，表明镀层表面已经完全被氧化，其中 S 元素是 $Na_2SO_4$+25wt%$K_2SO_4$ 盐中的 S 离子在镀层中的残留物。从图 4-20（b）可以看出，凹坑底部裂纹处元素比较复杂，主要有 Cr、O、Fe 和 S 等元素，同时还含有微量的 C、Na 和 K 元素。表明 Cr 电镀层在剥落坑中的裂纹已经扩展到基体了，使 Fe 元素向外扩散。同时，与 Cr 电镀层表面 $A$ 点相比，可以发现在凹坑底部裂纹 $B$ 点处的 S 元素含量明显升高，表明 S 离子在高温状态下向镀层内部扩散，使 Cr 电镀层产生裂纹而剥落，并在镀层剥落坑底部局部积聚。

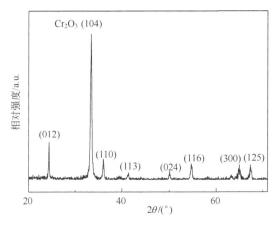

图 4-18　Cr 电镀层热腐蚀产物的 XRD 谱

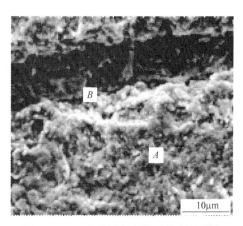

图 4-19　Cr 电镀层热腐蚀后的表面形貌

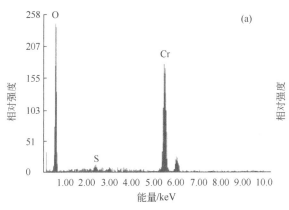

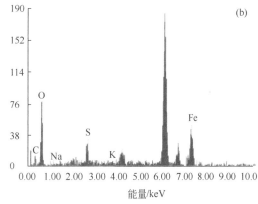

图 4-20　Cr 电镀层热腐蚀后表面产物不同位置的 EDS 分析

（a）$A$ 点；（b）$B$ 点

### 4.3.3.2　CrN 及其复合膜热腐蚀后表面产物的分析

图 4-21 为 CrN 薄膜热腐蚀后的表面形貌和成分分析。从图中可以看出，CrN 薄膜没有出

现剥落现象，但是表面出现了很多孔洞。对薄膜表面进行 EDS 面分析，可发现薄膜表面主要为 Cr、O 和少量 Fe 元素。通过对这些腐蚀的孔洞进行点分析发现 Fe 元素含量上升，表明在面分析中的 Fe 元素主要来自这些孔洞。同时还可发现微量的 Na、K、S 等元素，表明 CrN 薄膜表面孔洞的形成主要是由于 $Na_2SO_4$ 和 $K_2SO_4$ 酸性盐引起了薄膜热腐蚀，使薄膜出现了腐蚀坑。图 4-22 为 CrN 薄膜热腐蚀后的 XRD 谱。从图中可以看出，热腐蚀后，CrN 薄膜中主要含有 $Cr_2O_3$ 和 CrN 相。由于 X 射线衍射分析的深度较能谱分析要深，可见，CrN 薄膜在热腐蚀后表面已经完全被氧化，而薄膜内部还存在 CrN 相结构，表明薄膜内部 CrN 未被完全氧化。但经过热腐蚀后，CrN 择优取向发生了改变，在（311）面上出现了择优取向。

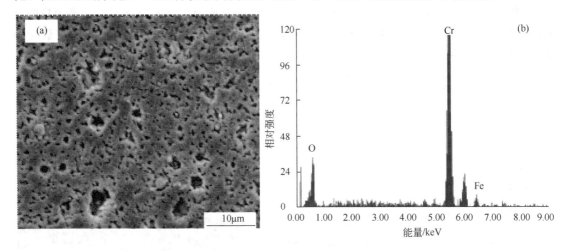

图 4-21　CrN 薄膜热腐蚀后的表面形貌及 EDS 分析

（a）表面形貌；（b）能谱分析

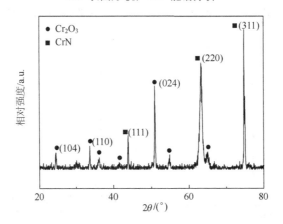

图 4-22　CrN 薄膜热腐蚀后表面产物的 XRD 谱

　　图 4-23 为 CrTiN 薄膜热腐蚀后的 XRD 谱。从图中可以看出，热腐蚀后，CrTiN 薄膜中主要含有 $Cr_2O_3$、$TiO_2$ 和 CrN 相，表明薄膜内部 CrN 未被完全氧化。同样，CrN 相在（311）面上出现了择优取向。图 4-24 为 CrTiN 薄膜热腐蚀后的表面形貌和成分分析。从图中可以看出，CrTiN 薄膜表面的氧化膜疏松且分布不连续，出现层状剥落现象，剥落层与底层之间存在裂纹，随着裂纹的扩展将会进一步剥落；成分分析可发现薄膜表面主要为 Cr、Ti、O 和 Fe

元素，表明 CrTiN 薄膜表面已经完全被氧化。同时，Fe 元素则是来自基体元素的扩散。

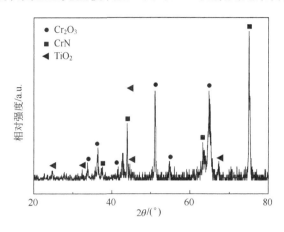

图 4-23　CrTiN 薄膜热腐蚀后表面产物的 XRD 谱

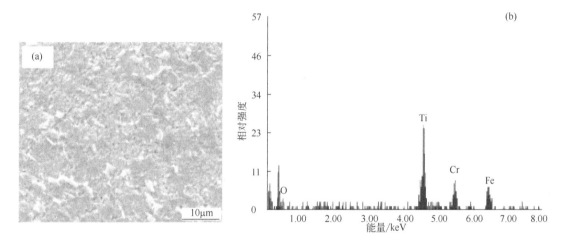

图 4-24　CrTiN 薄膜热腐蚀后的表面形貌及 EDS 分析

（a）表面形貌；（b）能谱分析

　　图 4-25 为 CrAlN 薄膜热腐蚀后的表面形貌和成分分析。从图中可以看出，CrAlN 薄膜表面未出现裂纹、翘曲和剥落等现象，仅发现薄膜颗粒出现长大现象，但仍呈团状，薄膜表面致密，有利于阻止 $O^{2-}$ 和 $S^{2-}$ 的扩渗，说明薄膜对基体仍具有较好的保护作用。EDS 分析发现薄膜表面主要为 Cr、Al 和 O 元素，没有出现 Fe 元素，证实了 CrAlN 薄膜热腐蚀后薄膜未出现裂纹。图 4-26 为 CrAlN 薄膜热腐蚀后的 XRD 谱。从图中可以看出，热腐蚀后，CrAlN 薄膜中的相结构主要有 $Cr_2O_3$、$Al_2O_3$ 和 CrN，说明薄膜表面已经完全被氧化，但薄膜内部还仍然保持着 CrN 结构。

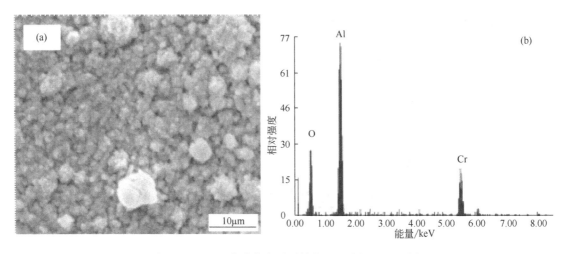

图 4-25 CrAlN 薄膜热腐蚀后的表面形貌与 EDS 分析

（a）表面形貌；（b）能谱分析

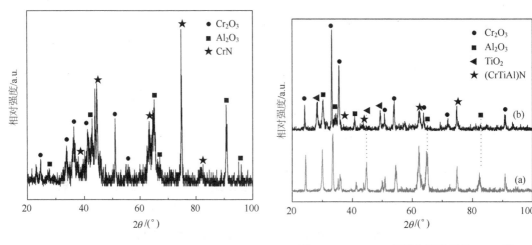

图 4-26 CrAlN 热腐蚀后的 XRD 谱

图 4-27 CrTiAlN 薄膜热腐蚀后的 XRD 谱

（a）10h；（b）20h

### 4.3.3.3 $Cr_{0.57}Ti_{0.27}Al_{0.16}N$ 薄膜热腐蚀后表面产物的分析

图 4-27 为 $Cr_{0.57}Ti_{0.27}Al_{0.16}N$ 薄膜热腐蚀后的 XRD 谱。从图中可以看出，热腐蚀后，CrTiAlN 薄膜中主要为 $Al_2O_3$、$Cr_2O_3$、$TiO_2$ 和（Cr，Ti，Al）N 相，表明薄膜内部（Cr，Ti，Al）N 未被完全氧化。通过比较图 4-27（a）和图 4-27（b）可以发现，随着 CrTiAlN 复合膜高温热腐蚀时间的增加，热腐蚀层中（Cr，Ti，Al）N 相含量降低，$Al_2O_3$、$Cr_2O_3$、$TiO_2$ 等氧化物含量增加，其中 $Cr_2O_3$ 的含量增加最多。

图 4-28 为 $Cr_{0.57}Ti_{0.27}Al_{0.16}N$ 薄膜热腐蚀 5h 后的表面形貌和成分分析。从图 4-28（a）中可看出，CrTiAlN 复合膜表面新生成的氧化物分布比较均匀，主要呈须状、条状和块状形式，杂乱地混合在一起。结合 EDS 分析可知［图 4-28（b）］，薄膜表面主要为 Cr、Ti、Al 的混合氧化物，表明热腐蚀后在薄膜表面形成了 $Cr_2O_3$、$TiO_2$ 和 $Al_2O_3$ 等氧化物。

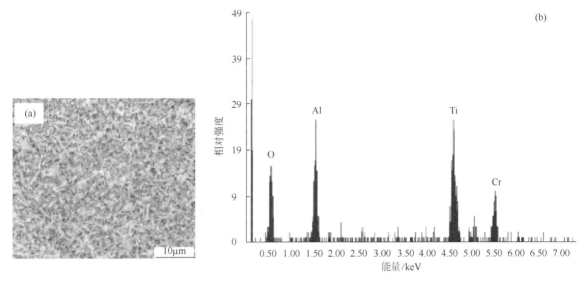

图 4-28　CrTiAlN 复合膜热腐蚀 5h 后的表面形貌与 EDS 分析

（a）表面形貌；（b）能谱分析

　　图 4-29 为 CrTiAlN 薄膜在 800℃热腐蚀 10h 后的表面形貌和成分分析。从图中可以看出，CrTiAlN 复合膜表面新生成的氧化物开始长大，变粗。EDS 分析表明薄膜表面主要还是形成了 $Cr_2O_3$、$TiO_2$ 和 $Al_2O_3$ 等氧化物。

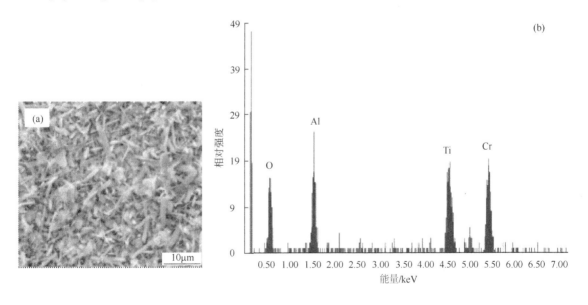

图 4-29　CrTiAlN 复合膜热腐蚀 10h 后的表面形貌与 EDS 分析

　　图 4-30 为 CrTiAlN 薄膜在 800℃热腐蚀 20h 后的表面形貌和成分分析。从图中可以看出，CrTiAlN 复合膜表面新生成的氧化物主要有两种形式：一种是针状长条氧化物，另一种是黑色扁圆的氧化物。从薄膜的表面形貌可看出，针状长条氧化物在表层呈连续分布，黑色扁圆的氧化物分布在针状长条氧化物的上部，呈不连续分布状态。从放大以后的形貌来看［图 4-30（b）］，

针状长条氧化物的形状有多种形式，有呈细长针状，有短粗棒状，大小尺寸各不一样。针状长条氧化物的成分分析如图 4-31 和表 4-6 所示，主要为 Cr、Ti、Al 的混合氧化物。其中 Ti 元素含量较低，为 7.13%，其次为 Al 元素含量，为 8.46%，而 Cr 元素含量最高，为 35.74%，表明该混合氧化物的主要成分为 $Cr_2O_3$。对黑色扁圆的氧化物 EDS 分析结果发现，该氧化物中只含有 Cr、O 两种元素，表明该氧化物为单一的 $Cr_2O_3$ 氧化物。因此，可以判断黑色扁圆的 $Cr_2O_3$ 氧化物是在高温腐蚀过程中，选择性地析出氧化并长大而生成的。

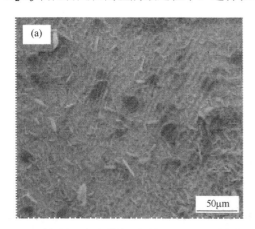
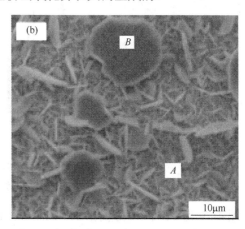

图 4-30　CrTiAlN 薄膜热腐蚀 20h 后的表面形貌分析

（a）宏观形貌；（b）微观形貌

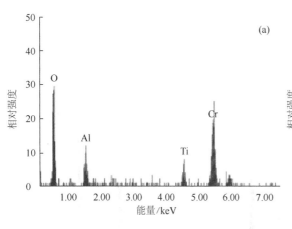
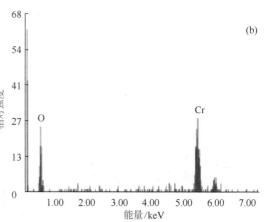

图 4-31　CrTiAlN 薄膜热腐蚀 20h 后的表面 EDS 分析

（a）A 点；（b）B 点

表 4-6　CrTiAlN 复合膜热腐蚀 20 小时后的 EDS 分析　　　　　单位：at%

| 位置 | O | Al | Cr | Ti |
|---|---|---|---|---|
| A 点 | 48.67 | 8.46 | 35.74 | 7.13 |
| B 点 | 32.96 | — | 67.04 | — |

图 4-32 为 CrTiAlN 复合膜热腐蚀后的截面形貌和 EDS 分析。观察发现，CrTiAlN 复合膜热腐蚀后的氧化膜没有明显的开裂和剥落现象。此外，还可以观察到，CrTiAlN 复合膜样品表面形成的氧化膜可以明显的分为两层，外层产物为疏松的氧化物，内层产物为致密的氧化物。薄膜截面的线扫描能谱分析表明，外层主要为 $Cr_2O_3$，内层为 $Cr_2O_3$、$Al_2O_3$ 和 $TiO_2$ 的混合层，表 4-7 列出了薄膜外层和内层的 EDS 结果，结合薄膜表面氧化层中黑色扁圆的氧化物的形成过程分析，可以知道，在高温腐蚀过程中，$Cr_2O_3$ 氧化物发生了类似于 $Al_2O_3$ 氧化物一样的选择性氧化。这也是含 Cr 量高的 $Cr_{0.57}Ti_{0.27}Al_{0.16}N$ 薄膜的抗热腐蚀能力要优于 $Cr_{0.34}Ti_{0.41}Al_{0.25}N$ 薄膜的原因。

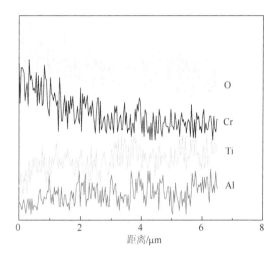

图 4-32　CrTiAlN 复合膜热腐蚀后的截面形貌和 EDS 分析

表 4-7　热腐蚀后 CrTiAlN 复合膜截面的 EDS 分析　　　　单位：at%

| 位置 | O | Al | Cr | Ti | N |
|---|---|---|---|---|---|
| 薄膜外层 | 46.36 | 8.61 | 37.34 | 7.69 | — |
| 薄膜内层 | 39.31 | 12.03 | 28.09 | 14.27 | 6.2 |

## 4.3.4　讨论

在讨论薄膜的热腐蚀机理之前有必要了解在其表面沉积的 $Na_2SO_4$+25wt% $K_2SO_4$ 混合盐的性质，在其熔点以上混合盐中存在如下热力学平衡：

$$Na_2SO_4 \longrightarrow Na_2O + SO_3 \tag{4-5}$$

$$K_2SO_4 \longrightarrow K_2O + SO_3 \tag{4-6}$$

$$SO_3 \longrightarrow 1/2S_2 + 3/2O_2 \tag{4-7}$$

任何有利于上述反应向右进行的条件都会导致熔融混合盐的分解。

在薄膜表面沉积的熔盐膜是离子导体。因此，热腐蚀与水溶液薄膜下材料的大气腐蚀相似，本质上是电化学过程，具体过程包括阳极氧化、阴极还原以及相应的离子扩散过程。发生热腐蚀时，不论薄膜直接与熔盐接触还是有一层氧化物存在其表面，材料均会发生氧化反应，失去电子，并以离子形态溶于熔盐中[117]。在本研究中，阳极过程主要是 Cr、Al、Ti 的阳极溶解：

$$Cr \longrightarrow Cr^{3+}+3e \tag{4-8}$$

$$Al \longrightarrow Al^{3+}+3e \tag{4-9}$$

$$Ti \longrightarrow Ti^{4+}+4e \tag{4-10}$$

由前面的腐蚀动力学结果可以知道，在整个热腐蚀过程中，表面涂覆样品都保持增重。样品的腐蚀增重来源于空气中的氧，而氧可以以分子态的形式溶解于熔盐中，在盐膜中溶解的分子氧会参与阴极还原过程：

$$1/2O_2+2e \longrightarrow O^{2-} \tag{4-11}$$

另外，分子态的氧还可以以下面的方式溶解于熔融盐中：

$$O_2+O^{2-} \longrightarrow 2O_2^{2-} \tag{4-12}$$

由于分子态的氧在熔盐中溶解度极低，分子氧的还原反应对腐蚀反应的贡献是有限的。因此，腐蚀过程中的阴极过程主要是由 $O_2^{2-}$ 完成的。$O_2^{2-}$ 迁移至氧化层表面发生还原反应：

$$O_2^{2-}+2e \longrightarrow 2O^{2-} \tag{4-13}$$

阳极反应生成的阳离子向氧化物表层扩散和反应生成的 $O^{2-}$ 不断生成新的氧化物，使致密的氧化物层不断生长。由于熔盐为强电解质，离子在里面的扩散速率很快，故此过程足以导致腐蚀过程中的增重。

反应式（4-13）还会导致熔盐/薄膜界面处的碱度上升，会使在薄膜表面生成的部分保护性氧化物发生碱性溶解：

$$2Cr_2O_3+4Na_2O+3O_2 \longrightarrow 4Na_2CrO_4 \tag{4-14}$$
$$\Delta G^{\ominus}=-540.4kJ/mol（800℃）$$

$$Al_2O_3+2Na_2O \longrightarrow 2NaAlO_2 \tag{4-15}$$
$$\Delta G^{\ominus}=-194.99kJ/mol（800℃）$$

反应式（4-14）在 800℃的反应自由能较反应式（4-15）更低，说明前者更容易进行。这样，$Cr_2O_3$ 发生碱性溶解后的 $CrO_4^{2-}$ 不断向碱度较低的地方迁移，在碱度比较低的熔盐/气相界面，$Cr_2O_3$ 又重新析出。由于重新析出的 $Cr_2O_3$ 浸有熔盐，因此是疏松且缺乏保护性的。这就可以解释为什么热腐蚀之后的表面产物可以明显地分为疏松的外层和致密的内层以及 $Cr_2O_3$ 在氧化物膜外层的富集。然而，由反应式（4-14）可以知道，$Cr_2O_3$ 在熔融盐中的溶解度不仅与熔盐碱度有关，而且还和熔盐/氧化膜界面的氧分压有关，氧分压越大，$Cr_2O_3$ 的溶解度越高。但分子态氧在熔盐中的溶解度很小，当熔盐中分子态氧的溶解度小到不足以使方程式（4-14）向右进行时，$Cr_2O_3$ 的溶解就达到饱和，溶解停止，最终 $Cr_2O_3$ 可以稳定存在。这也正是 $Cr_2O_3$ 形成合金具有优良的耐热腐蚀的原因之一。由于 $Cr_2O_3$ 在熔盐中的溶解会局部降低熔盐碱度，于是可以降低 $Al_2O_3$ 的碱性溶解，起到保护 $Al_2O_3$ 的作用。所以，当薄膜中含有较高 Cr 时，薄膜的耐热腐蚀性能要优于 Cr 含量低的薄膜。

另外，在热腐蚀过程中，由反应式（4-7）得到的产物会扩散到氧化膜内部以及合金/氧化膜界面处和它们反应生成含硫的化合物，这一点可在电镀 Cr 剥落坑底部发现存在 S 元素的富集得到证实。之所以 XRD 分析没有检测到含 S 化合物的存在，有可能是其在腐蚀产物中含量较低的缘故。

## 4.4　小结

本章主要研究了 CrN 基复合膜的抗高温氧化性能和热腐蚀行为，结果如下：

（1）与电镀 Cr 相比，表面沉积 CrN 及其复合膜能够提高基体的抗高温氧化性能。各薄膜氧化增重随时间的变化都遵循了抛物线形式的氧化热动力学曲线，其抗高温氧化性能的大小顺序为：$CrAlN > Cr_{0.34}Ti_{0.41}Al_{0.25}N > Cr_{0.57}Ti_{0.27}Al_{0.16}N > CrN > CrTiN >$ 电镀 Cr，其氧化机理是 O 向薄膜内部扩散氧化。温度对薄膜的高温氧化行为有很明显的影响。温度的升高会加速氧化的进行，随着温度的升高，高温氧化程度变得明显，在试验时间内，氧化层的厚度也逐渐增大。随着薄膜中 Al 含量增加，$Al_2O_3$ 量增加，有利于降低薄膜的氧化速率。Al 在 CrTiAlN 复合膜中是选择性氧化，导致在 $Al_2O_3$ 氧化层以下的 Al 元素量减少，紧凑致密的 $Al_2O_3$ 氧化物在薄膜表面优先形成，然后富 Cr 和 Ti 的氧化物区域在内层形成。CrTiAlN 薄膜氧化层区域的结构由外至里组成顺序为：$Al_2O_3$，$Cr_2O_3 + TiO_2$，（Cr，Ti，Al）N。薄膜外层的 $Al_2O_3$ 有利于阻碍氧元素向薄膜内部扩散，能够降低薄膜的氧化速率。

（2）各类薄膜的抗热腐蚀能力排序依次为：CrAlN 复合膜 $> Cr_{0.57}Ti_{0.27}Al_{0.16}N$ 薄膜 $> Cr_{0.34}Ti_{0.41}Al_{0.25}N$ 薄膜 $> CrN$ 薄膜 $> CrTiN$ 薄膜 $> Cr$ 电镀层。在高温腐蚀过程中，$Cr_2O_3$ 发生了类似于 $Al_2O_3$ 一样的选择性氧化，因此含 Cr 量高的 $Cr_{0.57}Ti_{0.27}Al_{0.16}N$ 薄膜的抗热腐蚀能力要优于 $Cr_{0.34}Ti_{0.41}Al_{0.25}N$ 薄膜。

# 第5章 CrN 基复合膜的摩擦磨损性能研究

本章采用 CETR 滑动磨损试验机和 T11 高温磨损试验机，对 Cr 电镀层与 CrN 基复合膜的摩擦磨损性能进行了比较研究。并采用 M200 摩擦磨损试验机对活塞环/缸套摩擦副进行了摩擦学匹配优化试验研究，为 CrN 基复合膜在活塞环上的实际应用提供研究数据基础。

## 5.1 CrN 基复合膜的滑动磨损性能研究

### 5.1.1 润滑条件对 CrN 基复合膜滑动磨损性能的影响

图 5-1 为电镀 Cr、CrN、CrTiN、CrAlN 和 CrTiAlN 复合膜在无油润滑和油润滑条件下的滑动摩擦系数曲线，图 5-2 和图 5-3 为以上五种薄膜对应的稳定摩擦系数及磨损体积比较。

由图 5-1～图 5-3 可见：①在无油润滑条件下，各种薄膜的摩擦系数随距离的变化波动较为剧烈。五种薄膜中，Cr 电镀层的摩擦系数相对较大，且波动最为剧烈；CrAlN 复合膜的摩擦系数随滑动时间的延长，摩擦系数呈上升趋势；CrTiN 复合膜的摩擦系数相对较小，且随时间的延长，摩擦系数变化比较平稳；可见，在 CrN 薄膜中添加 Ti 元素有利于降低薄膜的摩擦系数。同时发现 CrAlN 薄膜的摩擦系数要高于 CrN 薄膜，可见添加 Al 元素会提高 CrN 薄膜的摩擦系数。与无油润滑情况相比，在有油润滑条件下，薄膜的摩擦系数明显降低，随距离的变化波动相对比较平稳，且各试样摩擦系数的相对排序没有变化。②在无油润滑和油润滑条件下，五种薄膜的磨损体积值大小顺序均为：电镀 Cr＞CrAlN＞CrN＞CrTiN＞CrTiAlN，表明 CrTiAlN 复合膜具有较高的抗滑动磨损性能。与无油润滑情况相比，在油润滑条件下，薄膜的磨损体积明显降低，磨损体积值比无油润滑条件下低一个数量级。在油润滑条件下，CrN 及其复合膜的磨损体积值差距缩小，表明摩擦系数的降低能够有效降低薄膜的磨损量，使薄膜的磨损量差距缩小。③对无油润滑和油润滑条件下的电镀 Cr 及 CrTiAlN 复合膜试样的磨损体积进一步进行比较分析，可得出，在无油润滑条件下，CrTiAlN 复合膜的磨损体积约为电镀 Cr 试样的 1/7；在油润滑条件下，CrTiAlN 复合膜的磨损体积约为电镀 Cr 试样的 1/5；表明 Cr 电镀层在无油润滑的情况下，磨损会恶化加剧，使磨损量加大；而 CrTiAlN 复合膜抗干摩擦性能相对较好。可以预期 CrTiAlN 复合膜在活塞环上止点处的磨损量会比电镀 Cr 层好得多。

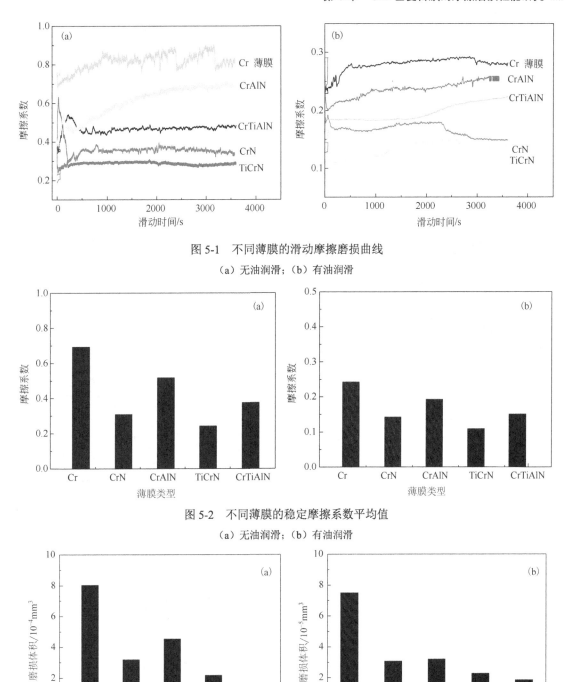

图 5-1　不同薄膜的滑动摩擦磨损曲线

（a）无油润滑；（b）有油润滑

图 5-2　不同薄膜的稳定摩擦系数平均值

（a）无油润滑；（b）有油润滑

图 5-3　不同薄膜的磨损体积比较

（a）无油润滑；（b）有油润滑

　　图 5-4 示出了五种薄膜在无油润滑和油润滑条件下磨损后的磨痕形貌。可以看出：①不同薄膜在无油润滑环境下的磨损情况较油润滑环境下严重，油润滑能够显著降低各类薄膜的表面磨

损。②与磨损性能相对应，在以上五种图层中，耐磨性能最差的 Cr 电镀层，在无油润滑情况下，表面不仅发生了严重的粘着磨损脱落，还出现了撕裂，导致磨损失重非常大，表明 Cr 电镀层在无油润滑情况下，将会产生非常严重的粘着磨损。对于 CrN 及其复合膜，从图中可以看出，在无油润滑情况下，几种薄膜表面都分布着平行于滑动方向的犁沟，主要产生了磨粒磨损。与磨损性能相对应，耐磨性能较好的 CrTiAlN 复合膜磨损表面的犁沟平浅，磨痕宽度较小；而耐磨性能相对差一些的 CrN 和 CrAlN 复合膜的表面犁沟较深且非常密集，CrTiN 复合膜则同时存在磨粒磨损和粘着磨损痕迹。③在油润滑条件下，Cr 电镀层由严重的粘着磨损剥落磨痕形貌转变为犁削式磨痕形貌，表明镀层的磨损机制发生了改变，由粘着磨损为主转变为以犁削式磨粒磨损为主，同时存在轻微的粘着磨损。在 CrN 及其复合膜中，油润滑条件下，各薄膜表面的磨痕明显变浅，磨痕宽度变小，表明磨损大大减轻。其中，CrTiN 和 CrTiAlN 复合膜的磨损表面光滑，磨痕较浅。

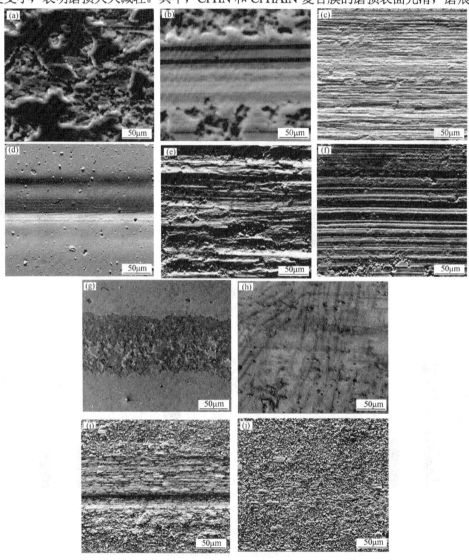

图 5-4　不同在薄膜无油润滑和油润滑条件下磨损后的磨痕形貌

（a）电镀 Cr 无油；（b）电镀 Cr 油润滑；（c）CrN 无油；（d）CrN 油润滑；（e）CrAlN 无油；
（f）CrAlN 油润滑；（g）CrTiN 无油；（h）CrTiN 油润滑；（i）CrTiAlN 无油；（j）CrTiAlN 油润滑

## 5.1.2　滑动频率对 CrN 基复合膜滑动磨损性能的影响

在磨损过程中，除了润滑条件因素外，滑动速率和载荷等外部条件不仅影响磨损量的大小，而且可能影响磨损失效机理，使控制磨损过程的主要机制发生变化。

图 5-5 为各薄膜在不同滑动频率时的摩擦磨损性能曲线。由图可以看出：①随着滑动频率增加，各薄膜的摩擦系数都减小。在低速范围条件下，摩擦系数降低幅度比较明显，而在高速范围条件下，降低幅度很小，表明当速率达到一定程度后，薄膜的摩擦系数将会保持稳定。②各种薄膜的磨损体积随滑动频率的增加，先减小后增加。滑动频率为 12Hz 时，各种薄膜的耐磨性能分别达到各自的最佳值。在各薄膜中，Cr 电镀层随滑动频率的变化，磨损体积变化幅度比较明显，而 CrN 及其复合膜的磨损体积对滑动频率的敏感性较弱，随滑动频率的变化，磨损体积变化幅度不大。可见，随着滑动频率增加，润滑油膜变厚，减少了摩擦副间的直接接触，因此摩擦系数减小。但是随着磨损时间延长，当滑动频率高到一定程度后，摩擦热将会引起润滑油温升增加，使润滑油的黏度下降，油膜厚度变薄，接触面积增加，进而导致磨损量增加。由于 CrN 基复合膜具有较好的抗干摩擦能力，因此，在油膜厚度变薄的情况下，磨损体积增加不明显。

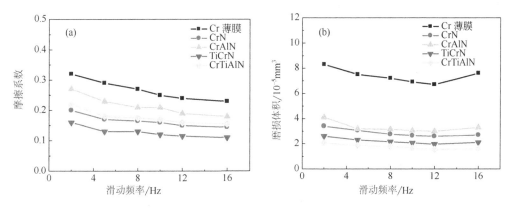

图 5-5　不同滑动频率时各薄膜的摩擦磨损性能

（a）摩擦系数；（b）磨损体积

图 5-6 为 Cr 电镀层和 CrTiAlN 复合膜在滑动频率分别为 2Hz 和 16Hz 时的磨损表面形貌。对于 Cr 电镀层，在较低的滑动速率下，镀层表面犁沟均匀分布［图 5-6（a）］，镀层的失效以磨粒磨损为主。随速度增加，油膜厚度增加，可以允许更多的磨粒直接通过而不对镀层表面产生犁削作用，因此镀层磨损体积减少。随着滑动速度的进一步增加，摩擦产生的热量增大，摩擦面温度显著升高。当油温高于润滑油的极限温度时，边界膜将分解破裂而失去保护作用，磨粒或摩擦副与镀层表面直接接触，产生瞬时高温的热点，引起镀层软化甚至进入熔融状态，并与磨粒或摩擦副焊合在一起，分离的瞬间接点被撕裂，镀层磨损。实质上这时镀层的主要磨损机制已由磨粒磨损转化为高温粘着磨损［图 5-6（c）］。对于 CrTiAlN 复合膜，在低的滑动速率下，磨痕表面平整，犁沟较浅，主要以轻微的磨粒磨损为主［图 5-6（b）］。在较大滑动速率下，磨损表面为光滑的黑色氧化物痕迹，磨损轻微，仅表层发生了氧化磨损，而底层仍保持氮化物形貌。这是因为在高速条件下摩擦产生的热量增大，摩擦面温度升高，CrTiAlN

复合膜表面由磨粒磨损转化为氧化磨损［图 5-6（d）］。然而，由于 CrTiAlN 复合膜中各陶瓷硬质相弥散分布，而且复合膜在瞬间高温磨损条件下会形成抗高温氧化能力强的 $Al_2O_3$，能够有效阻碍薄膜晶粒在高温下的长大，具有较高的高温硬度和稳定性，可有效地阻止磨损引起的"热软化"，所以 CrTiAlN 复合膜发生粘着磨损倾向较小，而以氧化磨损为主，使得薄膜磨损轻微。

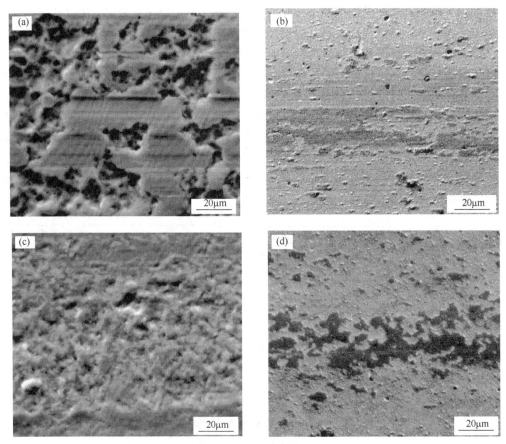

图 5-6　不同滑动频率时的薄膜磨损表面形貌

（a）Cr 电镀层，2Hz；（b）CrTiAlN 复合膜，2Hz；（c）Cr 电镀层，16 Hz；（d）CrTiAlN 复合膜，16 Hz

### 5.1.3　载荷对 CrN 基复合膜滑动摩擦磨损性能的影响

图 5-7 是电镀 Cr、CrN 和 CrTiAlN 复合膜在不同载荷下的摩擦学性能曲线。由图可见：①三种薄膜的摩擦系数随载荷的变化规律性都不太强，大体上有下降的趋势。其中，CrN 薄膜的摩擦系数最小，其次是 CrTiAlN 复合膜，Cr 电镀层的摩擦系数最大。②三种薄膜的磨损体积随载荷变化的规律基本相同。在小载荷下，随载荷增加，薄膜的磨损体积增加较为平缓；当载荷超过某一临界值后，随载荷增加，薄膜的磨损体积增加明显。CrN 薄膜和 CrTiAlN 复合膜的临界载荷为 20 N，高于 Cr 电镀层的临界载荷 10 N。摩擦系数主要由润滑油膜厚度决定，由于载荷对油膜厚度影响不大，因此摩擦系数随载荷的变化规律不强。Cr 电镀层磨损体积最大，与其硬度较低、摩擦系数较大、在磨损过程中易被对偶件和磨粒剪切有关。

　　图 5-8 为电镀 Cr 和 CrTiAlN 复合膜在载荷分别为 5N 和 30N 时的磨损表面。在小载荷下，由于固体颗粒犁削的作用，材料表面形成微观犁沟，此时的磨损机理以磨粒磨损为主［图 5-8（a）和（b）］。随着载荷进一步加大，作用在接触面间的压力增加，薄膜的磨损体积增加。此时薄膜磨损表面的犁削痕迹微弱，呈现相当程度的塑性变形迹象，其磨损特征主要表现为源于塑性流变的材料流失［图 5-8（c）和（d）］，磨损机理的转变导致镀层磨损体积急剧增加。CrTiAlN 薄膜由于具有较高的抵抗塑性变形的能力，表面主要呈犁削式磨粒磨损形貌，大载荷下薄膜磨损体积的增加低于 Cr 电镀层和 CrN 薄膜。

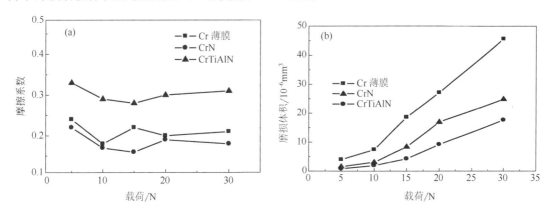

图 5-7　不同载荷时薄膜的摩擦磨损性能

（a）摩擦系数；（b）磨损体积

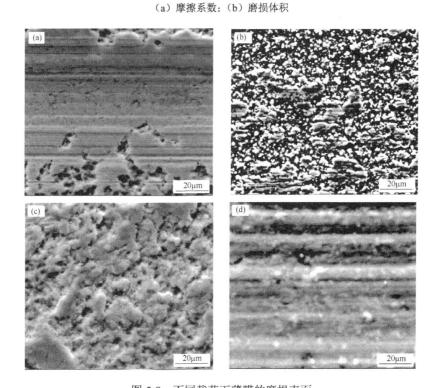

图 5-8　不同载荷下薄膜的磨损表面

（a）电镀 Cr，5N；（b）CrTiAlN 复合膜，5N；（c）电镀 Cr，30N；（d）CrTiAlN 复合膜，30N

### 5.1.4 讨论

材料的润滑状态是决定其润滑条件下磨损的关键因素，判断一个摩擦副润滑状态的主要标准是油膜最小厚度 $h_{\min}$，对于球-盘式接触方式，根据 Hamrock-Dowson 公式[118]：

$$\frac{h_{\min}}{R} = 1.79v^{0.68}G^{0.49}W^{-0.073} \tag{6-1}$$

其中，$v = \dfrac{\eta_0 V}{E'R}$ 为速度参数，$G = \alpha E'$ 为材料参数，$W = \dfrac{F}{E'R^2}$ 为载荷参数。式中，$\eta_0$ 为润滑油的动力黏度，试验所采用的润滑油的动力黏度为 $\eta_0 = 0.143\,\mathrm{Pa \cdot s}$。根据式（6-1），可以得到油膜最小厚度 $h_{\min}$ 与速度和载荷的关系曲线如图 5-9 所示。

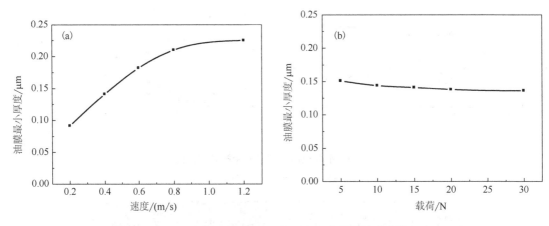

图 5-9　油膜最小厚度 $h_{\min}$ 与速率和载荷的关系曲线

（a）速度；（b）载荷

从图 5-9（a）和（b）可以看出，油膜最小厚度 $h_{\min}$ 随速率的增加而明显上升，但随着载荷的增加，油膜厚度呈下降趋势，但变化幅度不明显。通过比较两组试验数据可以发现，滑动速率变化对摩擦系数的影响比载荷变化对摩擦系数的影响大，而载荷变化对磨损体积的影响比速率变化对镀层磨损体积的影响大得多。结合试验数据和图 5-9 中油膜厚度与速率和载荷的关系，可以得出，滑动速率和载荷主要通过改变油膜厚度和作用在摩擦副上的压力来影响薄膜的摩擦系数和磨损体积。滑动速率减小，油膜厚度变薄，会引起更多的金属接触作用，从而摩擦系数增加很快，但此时只是接触的金属增多了，接触点上的压力增加不大，因此磨损体积变化较小。随着载荷的增加，油膜厚度变化不是很大，因此摩擦系数变化不大，但是当载荷增加时，虽然接触的金属增加不多，但是作用在已接触的点上的压力增加较大，因此磨损体积增加较多。与 Cr 电镀层相比，CrTiAlN 复合膜在高速、重载条件下具有较好的工作寿命。

## 5.2　CrN 基复合膜的高温摩擦磨损性能研究

图 5-10 为电镀 Cr、CrN、CrTiN、CrAlN 和 CrTiAlN 复合膜在高温 200℃油润滑条件下的摩擦磨损性能曲线。

由图 5-10（a）可见，几种薄膜的摩擦系数随滑动距离的变化趋势基本相同。开始阶段薄膜的摩擦系数较低，很快摩擦系数迅速上升，并逐渐趋于稳定。这是由于薄膜表面总有一些吸附边界膜，磨损开始时一定程度上阻碍了摩擦副的直接接触，摩擦系数较小。随着时间延长，这些吸附边界膜逐渐被破坏，摩擦副间的接触面积逐渐增加，摩擦系数上升。随着磨损的进一步进行，润滑油膜形成，摩擦系数趋于稳定。通过图 5-10（b）、（c）几种薄膜的摩擦系数和磨损体积的对比，可以发现：①Cr 电镀层的摩擦系数相对较高，CrN 及其复合膜的摩擦系数均小于 Cr 电镀层；CrN 及其复合膜之间的摩擦系数值之间差别不明显，其中 CrTiN 复合膜的摩擦系数相对最低。②在五种薄膜中，Cr 电镀层的磨损体积最高，CrTiAlN 复合膜的磨损体积最小，与 Cr 电镀层相比，CrTiAlN 复合膜的相对耐磨性提高了 2.75 倍。磨损体积的大小顺序依次为：Cr 电镀层＞CrN＞CrTiN＞CrAlN＞CrTiAlN。表明在以上各种薄膜中，CrTiAlN 复合膜具有最好的抗高温耐磨性能。

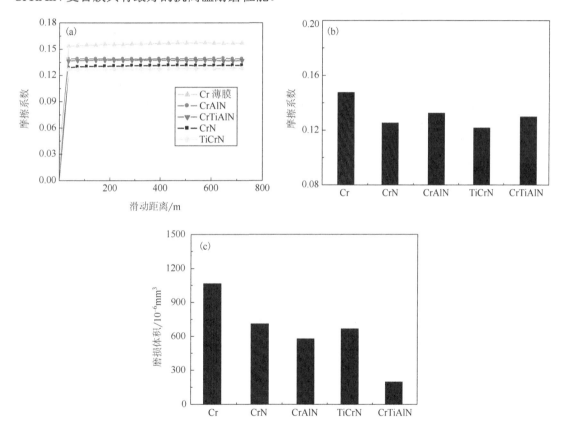

图 5-10　不同薄膜的高温摩擦磨损性能比较

（a）摩擦系数随滑动距离的变化；（b）平均稳定摩擦系数值；（c）磨损体积

图 5-11 为各薄膜在 200℃油润滑条件下磨损后的磨痕形貌。由图可见，几种薄膜表面都分布着平行于滑动方向的犁沟，这是与对磨的 GCr15 球相互摩擦的结果，与磨损性能相对应，耐磨性能较好的 CrTiAlN 复合膜磨损表面的犁沟稀疏且平浅 [图 5-11（e）]；而耐磨性能最差的 Cr 电镀层不仅表面犁沟较深，且发生了严重的塑性变形，表面出现了撕裂 [图 5-11（a）]。

表明在高温条件下，Cr 电镀层表面在摩擦过程中发生了氧化磨损，并且发生氧化膜的形成、磨掉、氧化膜再生与再磨掉的循环过程，使 Cr 电镀层表层不断剥落。CrAlN 复合膜表面出现黑白相间的区域，其中黑色区域为最上层与对磨的 GCr15 球接触磨损后产生的氧化物，白色区域为 Cr、Al 的金属氮化物颗粒。由于 CrAlN 复合膜在高温磨损过程中产生的 $Al_2O_3$ 具有较好的抗高温氧化及磨损性能，使薄膜的抗高温耐磨性提高。

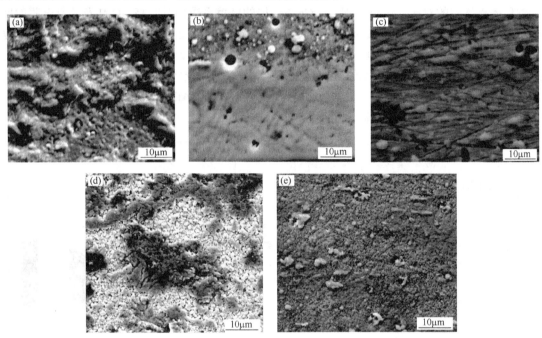

图 5-11　不同薄膜的磨损表面

（a）电镀 Cr；（b）CrN；（c）CrTiN；（d）CrAlN；（e）CrTiAlN

薄膜的摩擦磨损性能是与其硬度、韧性、粗糙度和结合强度等紧密相关的综合性能指标，结合表 5-11 给出的各种薄膜的硬度、粗糙度、抗塑性变形能力、残余应力和结合强度等性能比较。可以发现：①粗糙度较低、硬度较高的薄膜的摩擦系数一般较低，如 CrTiN 复合膜。相反，粗糙度较高、硬度较低的 Cr 电镀层则具有较高的摩擦系数。②薄膜的磨损量是薄膜各项性能的综合结果，CrTiAlN 复合膜由于具有较高的硬度、韧性和结合强度，薄膜具有较好的摩擦学性能。同时，薄膜高温摩擦磨损性能与其抗高温氧化能力还有相关性，CrTiAlN 与 CrAlN 复合膜添加了 Al 元素后，抗高温氧化能力显著增强，其抗高温摩擦磨损能力也相对较强。通过以上比较分析可以得出，在高温摩擦磨损条件下，CrTiAlN 复合膜具有最优的抗高温磨损性能。

## 5.3　活塞环/缸套摩擦副摩擦学匹配优化试验研究

活塞环与缸套构成一对摩擦副，通过二者材料和表面状态的合理匹配，可以降低二者的摩擦和磨损，反之则可能造成异常磨损。已有研究表明[119]，不同材料和表面处理的缸套和活塞环配套组成不同的摩擦副，在相同条件下进行试验，其耐磨性竟相差 19.4 倍之多；可见，摩擦副之间的匹配状况直接影响零部件的摩擦磨损。然而，欲提高活塞环/缸套摩擦副的摩擦磨损性能，仅仅依靠单纯的提高活塞环或缸套单一零部件的抗磨损性能是无法达到目的的，必须从摩擦副整体考虑出发，通过采用各种表面改性技术优化摩擦副表层性能，改善摩擦副表面间接触状态，使摩擦副的表面性能匹配达到最佳，才能切实有效地降低摩擦副的总体磨损量，提高活塞环/缸套摩擦副的抗摩擦磨损性能。

### 5.3.1　坦克发动机活塞环/缸套摩擦副的磨损失效分析研究

坦克发动机活塞环材料为 65Mn 弹簧钢，表面采用镀 Cr 处理。缸套材料为 42MnCr52 钢，缸套内壁中频淬火处理。图 5-12 是坦克发动机活塞环/缸套摩擦副使用 500h 后的磨损形貌。从图 5-12（a）中可以看出：活塞环工作表面布有较深的点蚀坑及块状剥落坑，剥落坑最大宽度约为 30μm，深度为微米量级。较深的纵向塑性犁沟说明存在磨粒磨损；点蚀坑是在交变应力作用下，材料疲劳形成的；块状剥落坑是由于活塞环与其摩擦副缸套表面相互摩擦时，由于表面润滑不良，造成活塞环表面发生胶合现象，发生了粘着磨损而造成的。同时，润滑油中的金属屑会随着润滑油进入活塞和缸套之间，形成三体磨料磨损。因此，活塞环的失效形式为综合的磨粒磨损、疲劳磨损和高温粘着磨损。从图 5-12（b）中可以看出：缸套表面磨损非常严重，表面发生了很明显的高温粘着磨损现象及疲劳磨损脱落的特征，缸套表面粗糙度很大，存在明显的剥落坑。对应的活塞环表面磨损也出现高温粘着磨损剥落层；这表明此对摩擦副的主要的磨损机制是产生了高温粘着磨损，同时存在一些磨粒磨损和疲劳磨损。这也是电镀 Cr 活塞环与中频淬火缸套磨损严重的原因。

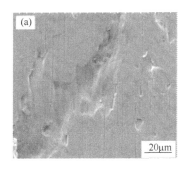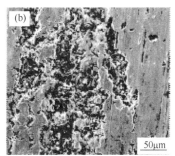

图 5-12　活塞环/缸套摩擦副的表面磨损形貌

（a）镀 Cr 活塞环；（b）中频淬火缸套

图 5-13 为电镀 Cr 活塞环磨损表面能谱分析。从图中可以看出，镀 Cr 活塞环磨损表面的主要成分为 Fe 和 O 元素，没有 Cr 元素，在活塞环工作 500h 后表面已经不存在 Cr 电镀层了，工作表面为 65Mn 钢基体，表面磨损产物为 $Fe_2O_3$。图 5-14 为中频淬火缸套磨损表面能谱分析。从图中可以看出，中频淬火缸套磨损表面的主要成分为 Fe、Cr、Mn、O 元素，其中 Fe 和少量的 Mn 元素为基体成分，O 元素来自磨损过程中产生的氧化物。Cr 元素则来自活塞环电镀层，即活塞环 Cr 电镀层在工作过程中产生了物质转移，在发生高温粘着磨损后，粘附在缸套表面的剥落凹坑中。这进一步证明了电镀 Cr 活塞环与中频淬火缸套之间产生了高温粘着磨损。

### 5.3.2 发动机缸套内壁表面改性工艺研究

由于缸套表面强化技术近几年发展迅速，溶入了许多新的科研成果，因此其工艺种类非常丰富，大体可分为四类[120-123]。

（1）改变表面成分的强化技术，如发动机缸套 38CrMoAl 钢渗氮可提高零件的耐磨性和抗疲劳强度；渗硼主要增加耐磨性，同时还具有良好的抗蚀性。

（2）改变表面组织的强化技术；主要包括表面形变强化和表面热处理强化两种形式。表面形变强化一般是利用机械方法使金属表面层发生塑性变形，从而形成高硬度、高强度的硬化层的强化方式，如喷丸；表面热处理强化是利用固态相变，通过快速加热的方法，对工件表面进行淬火，所以也称为表面淬火，如火焰、激光、感应（中频和高频）、电子束加热淬火等。

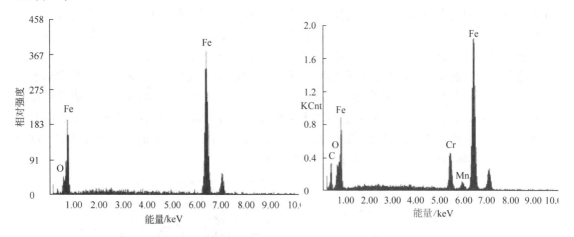

图 5-13　镀 Cr 活塞环表面成分分析　　　　图 5-14　中频淬火缸套磨损表面成分分析

（3）表面沉积强化技术。主要包括表面冶金强化和表面薄膜强化，表面冶金强化是利用表面层金属的重新熔化和凝固，以得到预期成分或组织的表面强化技术，如激光熔覆技术；表面薄膜强化是通过物理的或化学的方法，在金属表面覆上与基体材料不同的膜层，形成耐磨膜或抗蚀膜等，如电镀和化学镀等。

（4）表面减摩处理技术。是指将固体润滑物质涂（镀）于摩擦表面，以降低摩擦、减少磨损的技术。以固体润滑剂的基本原料来分，可以分为软金属、金属化合物、无机物和有机物等。其中，最具有代表性的润滑材料有石墨、FeS、$MoS_2$ 等层状结构物质，铅、银等软金属，以及聚四氟乙烯、尼龙等高分子材料。

然而，单一的表面强化技术由于其固有的局限性，往往不能满足日益苛刻的工况条件的要求，而综合运用两种或多种表面强化技术的复合表面工程技术，通过最佳协同效应往往获得了"1+1＞2"的效果[124]。为提高缸套内壁抗高温粘着磨损性能，在大量摩擦副优化匹配试验的基础上（见 6.3.4 小节内容），筛选出激光表面改性与低温离子渗硫复合技术来处理缸套，下面先分别介绍这两项表面处理技术的工艺特点。

#### 5.3.2.1 激光表面改性技术

激光表面改性技术又称激光淬火，它是通过激光将金属材料加热到相变点以上，在冷却中产生马氏体相变，从而硬化表面并提高其耐磨性与疲劳强度。对发动机气缸套表面改性的要求是：通过对某些工件进行局部改性处理来提高气缸套的可靠耐久性，在提高硬度以提高耐磨性的同时，加强润滑以改善耐磨条件，此外还要求处理后变形最小。这些要求恰好与激光表面处理所具有的特性吻合，因而激光热处理技术一开始就在发动机零部件上得到应用。

激光表面改性有如下特点[125]：

（1）加热和冷却速率高。加热速率可达 $10^5 \sim 10^9 ℃/s$。扫描速率越快，冷却速率也越快。

（2）高硬度。激光淬火层的硬度比常规淬火层提高 15%～20%。淬火硬度与加热温度和冷却速率有关，与保温时间无关。

（3）变形小。激光淬火表面有很大的残余压应力（可达 4000MPa），有利于提高疲劳强度。由于加热层薄，加热速率快，即使很复杂的零件，变形也非常小。

（4）表层显微组织。由于激光加热速率极快，相变在很大的过热度下进行，形核率很大。又因加热时间很短，碳原子的扩散及晶粒的长大受到限制，所以得到的奥氏体晶粒小而不均匀。冷却速率也比使用任何淬火剂都快，因而易得到隐针或细针马氏体组织。另外，经激光辐射加热进行淬火的硬化层，从表面沿厚度方向，温度呈递减分布，金属中第二相随着温度的递减，其溶解过程的特征在淬火组织中均能表现出来。

### 5.3.2.2　低温离子渗硫技术

低温离子渗硫技术是一种真空表面处理技术。它采用辉光放电的手段，用电场加速硫离子，使其高速轰击零件表面，在表面下有效地形成一层硫化亚铁（FeS）。FeS 是密排六方晶格，具有鳞片状结构，是一种很好的固体润滑剂，在切应力作用下，软质的硫化层易发生塑性流变，显示出良好的磨合性，能够有效降低摩擦副间的摩擦系数，还可以防止粘着和胶合，降低磨损，对零件的接触疲劳性能也有大幅度的提高。

在油润滑情况下，由于渗硫层表面呈微孔状，吸附润滑油的能力强，易形成稳定的油膜，并使油膜的耐压能力提高 2～3 倍，使对磨零件在高比压下不发生直接接触，对零件有良好的润滑作用，从而降低摩擦系数，减少磨耗，显著延长了磨损过程的第二阶段。

在干摩擦状态下工作，渗硫层更能显示出其优越性。一般金属对偶件是通过磨平金属表面的硬微凸体进入稳定磨损阶段的。而接触面经渗硫处理后，硬微凸体被软化。在载荷作用下，软质渗硫层的凸部产生塑性流变，通过削峰填谷作用，使接触面积增加，从而降低了接触比压，改善了初期磨合条件，避免了对磨金属的直接接触，能有效地减少摩擦热的产生，大大缩短了磨损过程第一阶段，使对磨零件很快进入稳定磨损阶段。

### 5.3.2.3　缸套内壁激光表面改性工艺研究

试样材料选用坦克发动机气缸套 42MnCr52 钢，激光热处理设备使用国产的 YJJ-IV 型数控 YAG 激光加工机。激光波长为 1.06μm，最大功率 500W，输出功率不稳定度<3%，最大发散角<1.5mrad，工作台最大回转直径 1600mm。

（1）离焦量对淬硬层硬度、宽度及深度的影响。离焦量即激光加工时焦点至工件表面的距离。表 5-1 是在其他参数不变的情况下，改变离焦量对淬硬层的硬度、宽度及深度的影响情况。从表中可以看出，当离焦量较小时，由于激光作用于缸套表面的光斑小，所以激光功率密度较大，淬硬深度较深，但硬度较小，宽度较窄；而当离焦量较大时，光点较大，因此淬硬宽度较大，但激光功率密度较小，所以淬硬深度较浅，硬度较小；当离焦量等于 2mm 时，硬度最大，且满足淬硬深度大于 0.1mm、淬硬宽度大于 1.2mm 的要求。

表 5-1　离焦量的影响

| 离焦量/mm | 硬度/（HRC/HV$_{0.2}$） | 深度/mm | 宽度/mm |
| --- | --- | --- | --- |
| 1 | 59.8/671.6 | 0.13 | 1.1 |
| 2 | 63.1/766.4 | 0.125 | 1.25 |
| 3 | 61.6/732.4 | 0.115 | 1.45 |
| 4 | 57.5/644 | 0.1 | 1.55 |

（2）功率对淬硬层硬度、宽度及深度的影响。当离焦量为 2mm、扫描速度为 40mm/s 不变时，分别改变激光的输出功率，得到功率与硬度、宽度及深度间的曲线，见图 5-15。由图可看出，激光功率愈大，所得淬硬层的硬度、深度、宽度愈大。这是由于在激光功率增大时，光点的功率密度增加了，使得缸套表面的温度升高，所以淬硬层的硬度、宽度及深度亦都在变大。

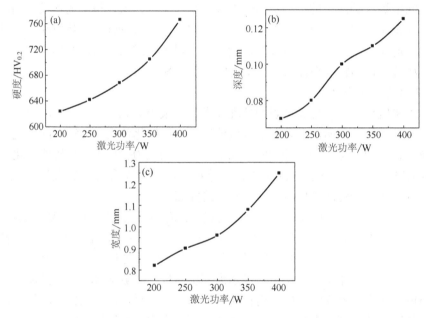

图 5-15　激光功率与淬硬层硬度、深度及宽度的关系
（a）硬度；（b）深度；（c）宽度

（3）扫描速度对淬硬层硬度、宽度及深度的影响。保持离焦量为 2mm、激光功率为 400W 不变，分别改变激光的扫描速率，得到扫描速率与硬度、宽度及深度间的曲线，见图 5-16。由图可看出，当扫描速率不断提高时，淬硬层的硬度、宽度及深度都在减小。这是因为扫描速率提高后，加热时间减小，缸套表面吸收的热量减少。

（4）气缸套表面处理对激光热处理的影响。图 5-17 是离焦量为 2mm，扫描速率为 40mm/s 时，气缸套表面不经处理、刷常温快速磷化液两种情况时，在不同激光功率下，淬硬层硬度的变化曲线图。从图中可看到气缸套表面处理对淬硬层硬度有很大的影响，尤其在功率较小时更加突出。因此，对气缸套表面进行激光网格化处理前，其表面需要刷镀一层常温快速磷化液。

（5）网状硬化带的选择。在网格硬化淬火工艺中，网状硬化带交叉角度的选择对缸套的硬化效果影响很大，需要选择一个合适的硬化带交叉角度。试样采用 YAG 固体激光器进行淬火处理，激光波长 $\lambda=1.06\mu m$，功率 $P=400W$，激光束移动速率为 40mm/s，淬火带宽度为 1.25mm。数控系统控制激光螺旋线形淬火轨迹，可得到交叉网纹形、等螺距、变螺距的激光淬火轨迹，通过改变硬化带交叉角度，获得不同的硬化试样，图 5-18 给出了三种不同交叉角度的激光硬化试样模型。试验分别选择 22. 50°、67.5°和 45°三种交叉角度，然后采用 T11 摩擦磨损试验机对三种不同交叉角度的激光硬化试样进行摩擦磨损性能比较。

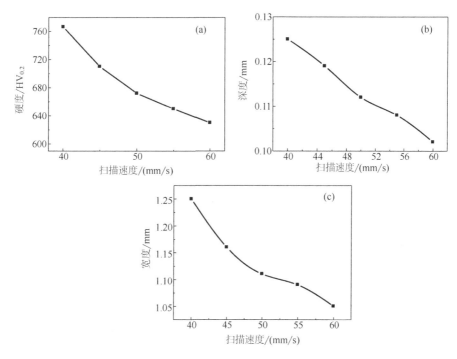

图 5-16　扫描速度与淬硬层硬度、深度及宽度的关系
（a）硬度；（b）深度；（c）宽度

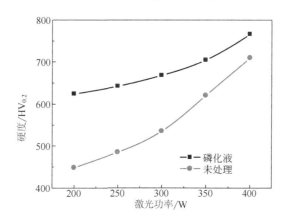

图 5-17　表面预处理对硬度的影响

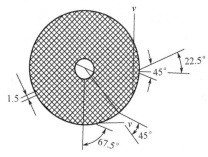
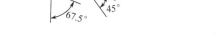
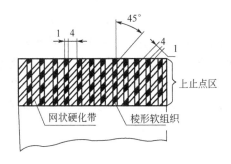

图 5-18　三种不同交叉角度的激光硬化试样模型　　　图 5-19　网格状硬化模型

用 Talysurf-sp 表面轮廓仪测量圆盘试样磨痕横截面的形貌。试验结果发现，三种不同交叉角度的激光硬化试样在基体组织与淬硬区磨痕深度均值各不相同，基体组织区的磨痕深度比为 22.50°：45°：67.5°=8：5：9，在淬硬区的磨痕深度比为 22.50°：45°：67.5°=5：3：5。可见，在交叉角度为 22.50°和 67.50°附近区域的磨痕较深，而在 45°附近区域的磨损量较小。故在缸套上进行激光淬火时，采用如图 5-19 所示的网格状硬化模型，选择硬化带交叉角度为 45°。

通过以上研究，获得激光热处理的最佳工艺参数：激光器功率选为 400W，离焦量为 2mm、扫描速率为 40mm/s，预处理采用常温快速磷化液，硬化带交叉角度为 45°。

在优化工艺的基础上，对缸套内壁进行激光网格化淬火，使缸套内壁表面分割为网状硬化带和菱形块软组织区。工作时，该网状硬化带不仅能抵御大部分外载荷，抑制活塞环对缸套软组织的进一步磨损，而且还保证了软组织磨损后不致于漏气使发动机输出功率趋于稳定。而菱形软组织在摩擦表面形成均匀分布的鱼鳞状浅凹空间，相当于油池，它在摩擦副相对运动中起到了动压润滑的作用；这就大大改善了缸套与活塞环的润滑条件，有利于减小磨损。鱼鳞状浅凹空间还能阻断在重载条件下可能产生的拉缸，从而抑制胶合磨损。

### 5.3.3　缸套内壁激光渗硫复合层的组织结构与性能研究

采用优化的激光网格化热处理工艺参数对缸套内壁进行处理，然后采用优化的低温离子渗硫工艺（高温 260℃ 下保温处理 2h），在激光淬火层表面形成一层超润滑的 FeS 相，来降低缸套内壁的摩擦系数，使缸套/活塞环摩擦副更好地匹配，以降低缸套内壁的磨损。本节对缸套内壁激光渗硫复合层的组织结构与性能进行了研究。

#### 5.3.3.1　缸套激光渗硫复合层的组织结构分析

图 5-20 为激光渗硫复合处理后的缸套内壁能谱分析图，从图中可以发现，激光渗硫复合层中主要元素有 Fe、Mn、S、O，表明经过渗硫处理后，缸套内壁表面已经含有一定量的硫元素。

图 5-21 为激光渗硫复合层中硫元素的 XPS 分谱分析图，XPS 通过测定样品中各元素的结合能值，然后与标准数据对比，可确定样品中的化合键，其中 FeS 的标准结合能为 161.6 eV。从图中可以看出，S 元素的结合能值为 161.65eV，与 FeS 的标准结合能为 161.6eV，吻合得很好，表明 S 元素在激光渗硫复合层中主要以超润滑固体 FeS 相存在。

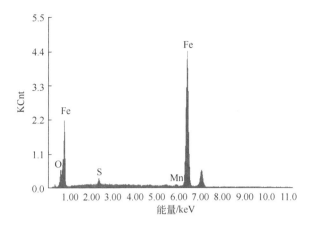

图 5-20　缸套内壁激光渗硫复合层的成分分析图

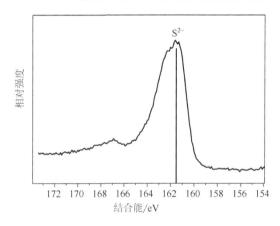

图 5-21　复合层中硫元素的 XPS 分谱分析

图 5-22 为缸套内壁激光渗硫复合层的微观形貌图，从图中可以看出，缸套内壁激光渗硫复合层光滑平整，表面覆盖一层超润滑固体 FeS 相，表面疏松多孔磷片状，可储存润滑机油，有利于减小发动机刚启动时，由于机油润滑不良而导致的异常磨损，也有利于减小缸套上止点位置因机油润滑不良而导致的缸套/活塞环的异常磨损，从而延长缸套/活塞环的使用寿命。

### 5.3.3.2　缸套激光渗硫复合层的力学性能测试

图 5-23 为缸套未处理、缸套激光淬火、缸套激光渗硫复合处理样品的宏观硬度分析比较图。从图中可以看出，未处理缸套的硬度为 62HRA，激光淬火层的硬度为 76HRA，激光渗硫复合层的硬度为 73HRA。表明激光淬火层经过渗硫处理后，缸套表面的宏观硬度略有下降。

用纳米压痕仪测定了复合层截面从表层到基体的硬度梯度。图 5-24 示出了 42MnCr52 钢激光渗硫复合层截面从表层到基体的硬度分布，由图可见，复合层使试样表面成为理想的磨擦表面，即其离子渗硫表层硬度较软，在摩擦时使剪切发生在表层中，并易于向对磨件表面转移，在摩擦表面削峰填谷，增大接触面积，起到良好的减磨作用；激光淬火次表层的硬度较高，并且形成了与基体的良好过渡，可以给表层有效的支撑，不易发生塑性变形，从而可以避免表层发生层状剥落，延长其减磨作用时间，并且其高硬度可以起到支撑、耐磨及抗划伤的作用，形成了理想的摩擦表面。

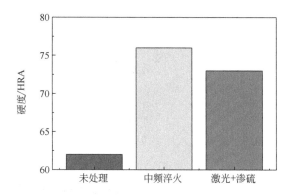

图 5-22　缸套内壁激光渗硫复合层的微观形貌图　　图 5-23　激光渗硫复合处理与其他样品的硬度

　　图 5-25 为离子渗硫表层划痕测试的声发射信号分析图。由图可见，当施加的载荷值为 55N 时，渗硫层划痕测试的声发射信号发生突变，此时的临界载荷 55N，即激光渗硫复合层的结合强度值。

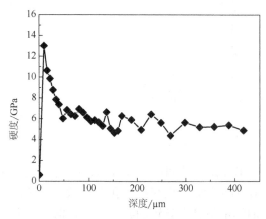

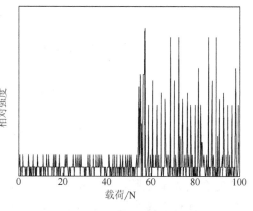

图 5-24　复合层截面硬度梯度　　　　　　　　图 5-25　复合层划痕测试的声发射信号分析

### 5.3.3.3　激光渗硫复合层的抗高温磨损性能研究

　　采用 T-11 摩擦磨损试验机测试激光渗硫复合层的高温磨损性能，试验温度为 200℃，无油润滑，采用测量失重的方法来评价镀层的耐磨性。图 5-26 为缸套中频淬火、激光渗硫复合处理样品的摩擦系数比较图。从图中可以看出，中频淬火层的平均摩擦系数约为 0.75，而激光渗硫复合层的平均摩擦系数约为 0.12，约为中频淬火层的平均摩擦系数的 1/6。

　　图 5-27 为缸套中频淬火、缸套激光渗硫复合处理样品的磨损失重量。通过比较图 5-26 和图 5-27 可知，缸套内壁表面强化层的摩擦系数的变化规律与磨损失重基本相同，摩擦系数越小，磨损失重也越小。缸套中频淬火样品的磨损失重为 15.5mg，而激光渗硫复合处理样品的磨损失重为 4.5mg，表明缸套内壁激光渗硫复合处理后，抗高温粘着磨损性能大大增强，与对偶件之间润滑效果良好，匹配性能优良。

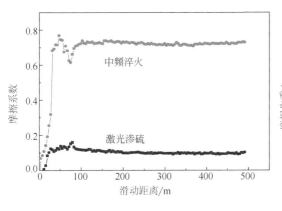

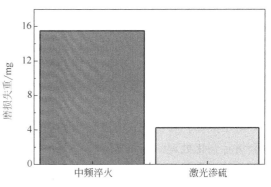

图 5-26　缸套激光渗硫复合处理样品的摩擦系数　　图 5-27　缸套激光渗硫复合处理样品的磨损失重

图 5-28 为不同表面处理缸套表面磨损形貌比较分析。从图 5-28（a）可看出，缸套样品的磨损表面具有很明显的高温粘着磨损及疲劳磨损脱落的特征。表面粗糙度很大，存在明显的剥落坑，表明缸套中频淬火强化层主要的磨损机制是产生了高温粘着磨损和疲劳磨损。从图 5-28（b）可看出，缸套表面光滑平整，磨损表面只有一些细微的磨痕，没有发生高温粘着磨损，主要以磨粒磨损为主，磨损轻微。表明缸套渗硫处理后，大大改善了摩擦副的减摩耐磨性能，缸套表面没有发生剥落现象，也没有发生高温粘着磨损。

### 5.3.4　活塞环/缸套摩擦副优化匹配试验

#### 5.3.4.1　试验过程

要彻底解决活塞、活塞环及缸套配合副间的磨损问题，需要整体考虑它们工作时的相互匹配，只有对整体摩擦副进行匹配概念设计和匹配关系选择，使摩擦副的表面性能匹配达到最佳，才能切实有效地提高活塞环/缸套摩擦副的抗摩擦磨损性能。

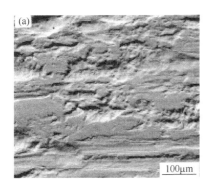

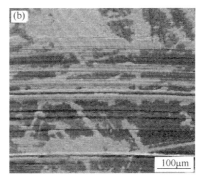

图 5-28　不同表面处理缸套样品表面的磨损形貌图

（a）中频淬火；（b）激光渗硫复合处理

摩擦副优化匹配试验过程是一个系统工程，也是一项基础工程；在优选出一种合适的活塞环和缸套工艺之前，需要对活塞环和缸套的表面处理工艺进行大量的研究。对于活塞环，在优选获得 CrN 薄膜之前，为获得优异性能的活塞环表面薄膜，研究开发了多种活塞环表面薄膜和表面改性工艺，其中包括：①研究了离子注入 B、N 表面改性工艺，获得了最佳 B、N

注入剂量；②在前期实验室 TiN 薄膜工艺的基础上研究了 Ti-Si-N 薄膜工艺，获得了 Ti-Si-N 薄膜最优性能时的最佳 Si 元素添加量；③在基体离子注入 B、N 的基础上研究制备了 c-BN 薄膜，获得了注入缓冲层对 c-BN 薄膜结合强度和立方相含量的影响规律；④研究了 CrN 薄膜的制备工艺，获得了工艺参数对 CrN 薄膜性能的影响。同时选取了实验室前期已研究成熟的 TiAlN 薄膜、ZrN 薄膜和 DLC 薄膜，以上各种薄膜构成了活塞环表面薄膜系统，与缸套进行表面匹配。

对于缸套，在优选获得激光渗硫复合处理工艺之前，选取了多种成熟的表面处理工艺对缸套进行强化处理，如激光淬火、离子氮碳共渗、渗氮、等离子硼-硅多元共渗、渗钨、电子束加热淬火和等离子淬火、渗硫等工艺；同时综合运用两种或多种表面强化技术的复合表面工程技术，对缸套进行强化处理，以通过最佳协同效应获得"1+1>2"的效果，包括：中频淬火+渗硫复合处理、等离子淬火+渗硫复合处理、激光淬火+渗硫复合处理、渗氮+渗硫复合处理和离子氮碳共渗+渗硫复合处理等复合处理工艺。以上各种表面处理工艺构成了缸套表面处理工艺系统，与活塞环进行表面匹配。

以坦克缸套/活塞环摩擦副的原始表面处理工艺（缸套中频淬火和活塞环镀 Cr，编号 A）为比较对象，分别从活塞环和缸套表面处理工艺系统中，选取多种表面处理工艺，对活塞环与缸套样品进行处理，然后相互交叉进行摩擦副优化匹配试验，由于摩擦副配对后数量非常多，本节仅选取典型工艺说明摩擦副匹配过程，其处理工艺及对应的摩擦副样品编号见表 5-2，通过大量的活塞环和缸套摩擦副匹配试验，最终获得了最优摩擦副匹配的处理工艺。

表 5-2　缸套/活塞环处理工艺及对应的摩擦副样品编号

| 编号 | 活塞环处理工艺 | 缸套处理工艺 | 摩擦系数 $\mu$ | 总失重/mg |
|---|---|---|---|---|
| A | 电镀 Cr | 中频淬火 | 0.305 | 19.2 |
| B | TiN 薄膜 | 激光淬火 | 0.254 | 12.5 |
| C | TiAlN 薄膜 | 离子氮碳共渗 | 0.179 | 9.2 |
| D | Ti-Si-N 薄膜 | 中频淬火+渗硫 | 0.151 | 5.9 |
| E | 离子注入 N 强化 | 渗氮 | 0.261 | 14.5 |
| F | 离子注入 B、N 强化 | 等离子硼、硅多元共渗 | 0.239 | 11.2 |
| G | c-BN 薄膜 | 等离子淬火+渗硫 | 0.131 | 8.4 |
| H | CrN 薄膜 | 激光淬火+渗硫 | 0.087 | 3.2 |
| I | ZrN 薄膜 | 渗钨 | 0.275 | 16.5 |
| J | DLC 薄膜 | 电子束加热淬火 | 0.241 | 11.8 |

5.3.4.2　不同摩擦副的摩擦磨损性能比较分析

图 5-29 是不同缸套/活塞环摩擦副的时间-摩擦系数关系图，从图 5-29（a）上可以看出，缸套中频淬火与活塞环镀 Cr 的摩擦副在工作前期摩擦系数较高，然后摩擦系数随摩擦时间的延长，摩擦系数下降。当工作时间超过 3000s 后，同时出现了剧烈波动，摩擦系数出现上升现象。随着摩擦时间的延长，摩擦系数呈缓慢逐渐上升趋势。

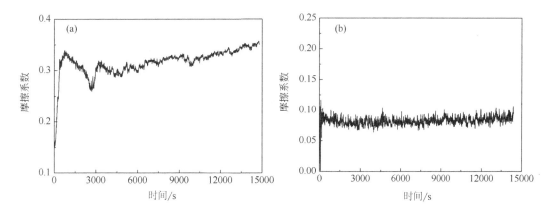

图 5-29　不同缸套/活塞环摩擦副的时间-摩擦系数关系图

（a）原始摩擦副；（b）H 摩擦副

图 5-29（b）是缸套激光渗硫复合处理与活塞环镀 CrN 膜摩擦副的时间-摩擦系数关系图，从图上可以看出，摩擦副的摩擦系数平均值 0.087。在整个摩擦过程中，摩擦系数一直保持稳定，这表明缸套激光渗硫复合处理与活塞环镀 CrN 膜摩擦副很快进入了正常稳定磨损期，摩擦副的摩擦系数一直保持稳定。

图 5-30 和图 5-31 分别为不同摩擦副的摩擦系数和总失重比较图，其中摩擦副的匹配见表 5-2。从图中可以看出，①不同摩擦副的摩擦系数各不相同，在试验研究的不同摩擦副中，原始摩擦副缸套中频淬火与活塞环镀 Cr 的摩擦系数值最高，为 0.305；缸套激光渗硫复合处理与活塞环镀 CrN 薄膜的摩擦副的摩擦系数平均值最小，为 0.087，为原始摩擦副摩擦系数的四分之一。②不同摩擦副的总失重各不相同。在以上 10 种摩擦副中，原始摩擦副的总失重最高，为 19.2mg，表明此摩擦副的摩擦匹配性能较差。缸套激光渗硫复合处理与活塞环镀 CrN 膜的摩擦副的总失重最小，为 3.2mg，为原始摩擦副总失重的 1/6，表明在以上摩擦副匹配中，H 摩擦副样品的摩擦匹配效果相对最佳。

因此，通过以上大量的活塞环和缸套摩擦副匹配试验结果分析，得出最优摩擦副匹配的处理工艺为：活塞环镀 CrN 薄膜工艺，缸套激光淬火+渗硫复合处理工艺。

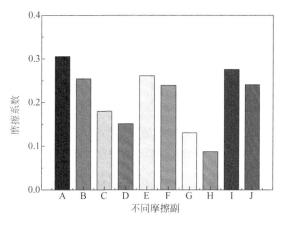

图 5-30　不同摩擦副的摩擦系数比较图

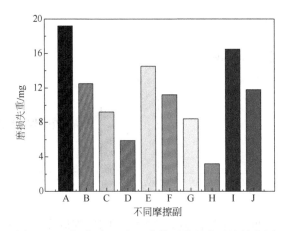

图 5-31　不同缸套/活塞环摩擦副的总失重比较分析

　　图 5-32 为原始缸套/活塞环摩擦副试样的磨痕形貌，图 5-33 为对应缸套/活塞环磨损表面的能谱分析。从图 5-32 和图 5-33 可以看出，缸套表面出现了疲劳磨损和粘着磨损产生的撕裂剥落形貌，缸套试样表面磨损非常严重。对偶的电镀 Cr 活塞环试样在磨损后，其表面发生了很明显的粘着磨损现象，Cr 电镀层在磨损带中成片状剥落分布状态，导致总失重较大。通过成分分析可以发现，缸套试样表面主要为 Fe 与 O 元素，还有微量的 Mn 元素，其中 Fe 和 Mn 元素为钢基体元素，O 元素为磨损过程中产生的氧化物，表明缸套试样表面产生了氧化磨损。活塞环试样表面主要存在 Cr、O、Na 和 P 元素，O 元素为磨损过程中产生的氧化物，微量的 Na 和 P 来自机油的功能元素，通过对活塞环试样磨损表面进行元素分布分析（图 5-34），可以看出 Na 和 P 元素仅在磨痕宽度范围内出现。这说明在摩擦过程中，产生了摩擦化学反应，在活塞环试样表面形成了摩擦反应膜。通过以上对原始缸套/活塞环摩擦副试样的磨痕形貌和成分分析可得知，原始摩擦副的主要磨损机制为疲劳磨损、粘着磨损和氧化磨损，以粘着磨损为主。

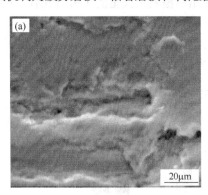 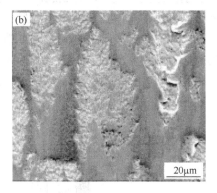

图 5-32　原始摩擦副试样的磨痕形貌
（a）中频淬火缸套；（b）电镀 Cr 活塞环

　　图 5-35 为缸套激光渗硫复合处理与活塞环镀 CrN 薄膜摩擦副试样（编号为 H）的磨痕形貌图，图 5-36 为该摩擦副磨损表面的成分分析图。从图 5-35 和图 5-36 可以看出，缸套试样表面主要以磨粒磨损为主，磨痕表面分布着由于磨粒磨损造成的浅犁沟，与其对磨的活塞环试样则比较平整，表面分布着少量由于磨粒磨损留下的磨痕，同时表面还出现由于 CrN 膜表

面的大液滴在摩擦磨损过程中被磨掉后残留的小坑。成分分析表明，缸套表面除 Fe、O 与 C 元素外，还存在微量的 S 元素。可见，缸套渗硫后生成的 FeS 润滑相一直在缸套表面发挥润滑作用，改善了摩擦副之间的摩擦磨损性能，减轻了缸套的磨损。对磨的活塞环试样表面成分包括：Cr、N、O 和 少量的 Fe 元素，表明在磨损之后活塞环表面还覆盖着一层 CrN 薄膜，可以看出 CrN 薄膜活塞环试样磨损相对较轻，其中少量的 Fe 元素为大液滴磨掉后露出的基体成分。同时，在磨损过程中，也产生了少量的氧化物。

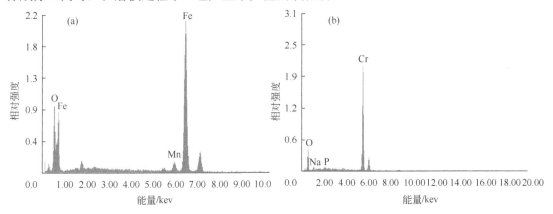

图 5-33　原始缸套/活塞环摩擦副试样磨损表面的能谱分析

（a）缸套；（b）活塞环

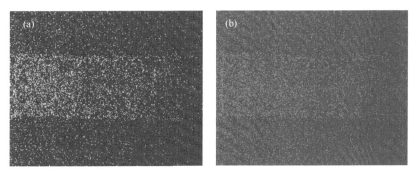

图 5-34　电镀 Cr 活塞环试样磨损表面的 Na、P 元素分布

（a）Na；（b）P

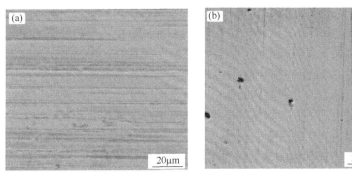

图 5-35　H 摩擦副样品的磨痕形貌图

（a）激光渗硫缸套；（b）CrN 薄膜活塞环

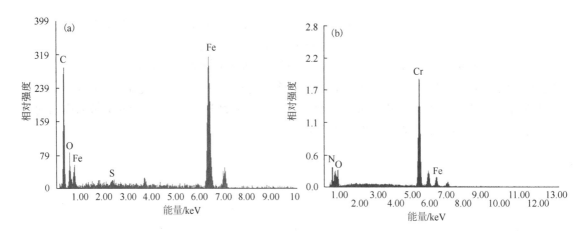

图 5-36　H 摩擦副样品磨损表面成分分析图

（a）激光渗硫缸套；（b）CrN 薄膜活塞环

通过对原始摩擦副和 H 摩擦副的磨痕形貌和成分分析，可以得出，摩擦副之间的相互匹配非常重要，直接影响摩擦副之间的磨损机制，进而导致不同摩擦副之间抗摩擦磨损性能的差异；原始缸套/活塞环摩擦副间不匹配性直接导致摩擦副间磨损的严重加剧，成为制约高功率密度坦克发动机使用寿命的瓶颈技术。只有通过优化摩擦副表层性能，改善摩擦副表面的接触状态，使摩擦副的表面性能匹配达到一个更好的水平，才能切实有效地降低摩擦副的磨损量。

### 5.3.4.3　活塞环薄膜的摩擦副匹配优化

对于 CrN 薄膜系列，除 CrN 单质薄膜外，还有 CrTiN、CrAlN 和 CrTiAlN 薄膜。为进一步研究不同 CrN 薄膜系列活塞环表面薄膜对摩擦副匹配性能的影响，以缸套表面处理优化工艺（激光渗硫复合处理）为不变的摩擦对象，采用 MM-200 型摩擦磨损试验机对不同活塞环薄膜进一步进行优化选择，并对摩擦副的匹配性能作出评价。

图 5-37 为不同缸套/活塞环摩擦副试样的 M200 摩擦磨损试验结果。由图 5-37（a）可以看出，与电镀 Cr 匹配的摩擦副的摩擦系数平均值约为 0.131，其摩擦系数变化过程为：磨损刚开始时，摩擦副的摩擦系数不稳定，摩擦系数较高，随着磨损的进一步延长，摩擦系数曲线变的平稳，当磨损时间超过 10000s 以后，摩擦系数又开始波动剧烈，并随磨损时间延长，摩擦系数明显上升。这表明，此时 Cr 电镀层表面润滑油膜遭到破坏，摩擦副之间产生了粘着磨损，导致摩擦系数上升。缸套试样与 CrN 及 CrAlN 复合膜匹配的摩擦副的摩擦系数相对较低，随磨损时间的延长一直保持平稳，表明摩擦副匹配良好，摩擦副之间的界面状态润滑效果良好。缸套试样与 CrTiAlN 复合膜匹配的摩擦副的摩擦系数随着磨损时间的延长，摩擦系数呈逐渐下降趋势。这表明当摩擦副的两个对磨表面通过一定的磨损达到良好适配后，它们的微观接触表面在沿滑动方向上将变得平整。该摩擦副的摩擦系数在试验阶段后半部分的下降就是其与缸套试样达到良好适配的表现，表明该摩擦副能够满足长期的摩擦磨损工作环境。缸套试样与 CrTiN 复合膜匹配的摩擦副的摩擦系数较低，随磨损时间延长在 8000s 之前一直保持稳定，在磨损的后半部分，随磨损时间的延长，摩擦系数呈上升趋势，这可能与 CrTiN 复合膜的内应力较大、结合强度相对较低有关系。在磨损后期，薄膜表面硬质颗粒的脱落会导致摩擦副之间的磨粒磨损加剧，导致磨损系数增加。至试验结束时，与缸套试样匹配的五

种活塞环的摩擦系数按大小排序为：电镀 Cr 环＞CrAlN 环>CrTiN 环>CrTiAlN 环>CrN 环。

由图 5-37（b）可见，在五种摩擦副中，缸套试样与电镀 Cr 匹配的摩擦副的摩擦系数平均值相对较高，为 0.131；CrAlN 环的摩擦系数平均值次之，为 0.115；CrN 环的摩擦系数最低，为 0.087 ；CrTiN 与 CrTiAlN 环的摩擦系数平均值居中，分别为 0.094 和 0.091。但 CrTiAlN 环的摩擦系数在试验阶段后期有明显降低。由图 5-37（c）可见，在不同摩擦副匹配情况下，缸套/活塞环试样的总失重各不相同，电镀 Cr 摩擦副的总失重相对较高，约为 8.4mg，与 CrTiAlN 薄膜匹配的摩擦副总失重最低，约为 2.8mg，不同摩擦副的总失重按大小排序为：电镀 Cr 环>CrTiN 环> CrAlN 环> CrN 环> CrTiAlN 环。

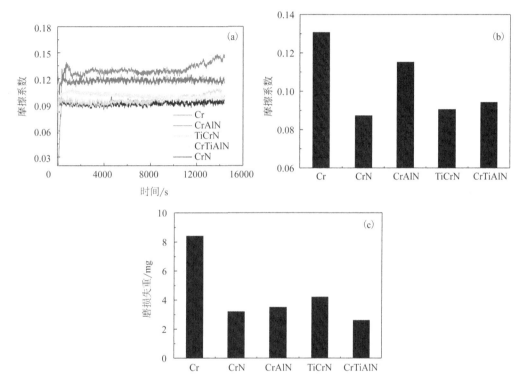

图 5-37　不同缸套/活塞环摩擦副试样的 M200 摩擦磨损试验结果分析图

（a）摩擦系数随磨损时间的变化；（b）平均稳定摩擦系数值；（c）磨损失重量

图 5-38 为不同摩擦副磨损形貌的比较。图 5-38（a）、（b）为电镀 Cr 薄膜与对磨缸套的磨损形貌图，在图中可以看到，镀 Cr 层主要产生了磨粒磨损和粘着磨损，表面分布着磨粒磨损留下的犁沟，以及粘着磨损留下的剥落坑。对偶的缸套表面出现了粘着磨损产生的撕裂剥落形貌，缸套表面磨损相对较严重。图 5-38（c）、（d）为 CrN 薄膜与对磨缸套的磨损形貌，活塞环试样则比较平整，表面分布着少量由于磨粒磨损留下的磨痕，同时表面还有由于 CrN 膜表面的大液滴在摩擦磨损过程中被磨掉后残留的小坑。与其对磨的缸套表面主要以磨粒磨损为主，磨痕表面分布着由于磨粒磨损造成的浅犁沟，摩擦副表面光滑平整，匹配性能较好。图 5-38（e）、（f）为 CrAlN 复合膜与对磨缸套的磨损形貌图，活塞环与缸套表面均分布着磨粒磨损留下的犁沟，这是由于 CrAlN 复合膜颗粒尺寸较大，粗糙度较大，磨损过程中脱落的硬质颗粒作为磨粒，使磨粒磨损相对较严重。图 5-38（g）、（h）为 CrTiN 复合膜与对磨缸套

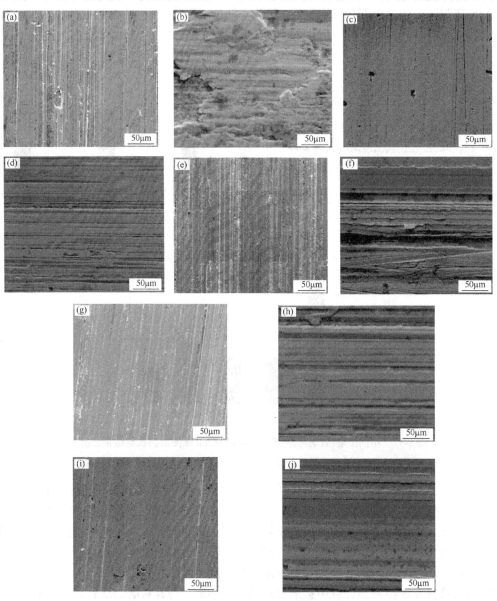 

的磨损形貌图，其活塞环与缸套表面也主要是以磨粒磨损为主，表面分布着磨粒磨损留下的犁沟。这是由于 CrTiN 复合膜结合强度相对较差，在磨损后期，存在硬质颗粒脱落现象，作为磨粒，使表面磨损相对较严重。图 5-38（i）、（j）为 CrTiAlN 复合膜与对磨缸套的磨损形貌图，薄膜表面只有非常轻微的磨痕，表面平整光滑；对偶的缸套表面磨痕也比较轻微，相对其他缸套更为平整光滑；这表明 CrTiAlN 复合膜与激光渗硫缸套在磨合之后，摩擦副之间适配良好，匹配性能优异，使磨损量减轻。这也是随磨损时间延长，摩擦系数降低的原因。

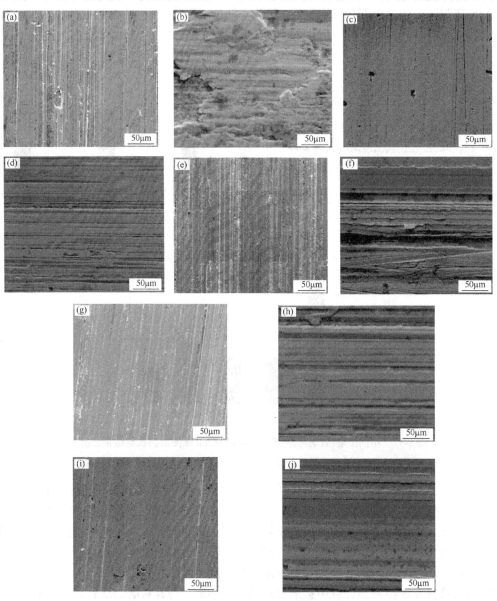

图 5-38　不同摩擦副磨痕磨损形貌比较分析图

（a）电镀 Cr；（b）与 Cr 对磨缸套；（c）CrN 薄膜；（d）与 CrN 薄膜对磨缸套；（e）CrAlN 复合膜；

（f）与 CrAlN 复合膜对磨缸套；（g）CrTiN 复合膜；（h）与 CrTiN 复合膜对磨缸套；

（i）CrTiAlN 复合膜；（j）与 CrTiAlN 复合膜对磨缸套

## 5.4　讨论

不同的活塞环薄膜由于其自身属性的不同，在相同的油润滑条件下，表现出明显不同的摩擦学性能。这说明作为活塞环/缸套摩擦学系统的主要组成部分，活塞环材料对整个系统的摩擦学性能都有直接的影响。在活塞环材料的自身属性会直接决定活塞环/缸套的接触情况，从而影响其摩擦学性能。活塞环薄膜的自身属性中与其摩擦学性能有直接联系主要有：活塞环薄膜的化学组分，薄膜的硬度、表面粗糙度以及薄膜与基体的结合力。其中化学组分属于化学属性，其余几种属于物理属性。表 5-3 给出五种活塞环薄膜的上述属性的描述。下面分别讨论分析活塞环薄膜化学属性和物理属性对活塞环/缸套系统摩擦学性能的影响。

表 5-3　五种活塞环材料与摩擦学性能相关的属性

| 活塞环薄膜 | 主要化学成分 | 硬度 | 粗糙度 | 结合强度 |
|---|---|---|---|---|
| 电镀 Cr | Cr | 低 | 高 | 中 |
| CrN 薄膜 | Cr、N | 中 | 低 | 较好 |
| CrTiN 薄膜 | Ti、Cr、N | 高 | 低 | 中 |
| CrAlN 薄膜 | Cr、Al、N | 中 | 较高 | 较好 |
| CrTiAlN 薄膜 | Cr、Ti、Al、N | 较高 | 中 | 好 |

### 5.4.1　活塞环薄膜化学属性的影响

五种活塞环中只有电镀 Cr 活塞环的化学组分为单质 Cr 元素，其余为 Cr 的二元、三元和四元化合物。在以上五种活塞环薄膜中，电镀 Cr 环的摩擦学性能为五种活塞环中较差的，从磨损量角度看，在油润滑条件下，其自身的磨损量及与之对磨的缸套试样的磨损量均明显高于其余四种活塞环（图 5-37）。从摩擦系数角度看，其摩擦系数在五种薄膜中最高（图 5-37）。从原始摩擦副的磨痕形貌可以看出［图 5-38（a）、（b）］，缸套与活塞环表面均发生了严重的粘着磨损和撕裂剥落现象；由于单质 Cr 和 Fe 都属于单质金属类，因此可以推断电镀 Cr 活塞环与中频淬火缸套对磨时摩擦学性能较差的直接原因是：活塞环的表面功能层与对磨的缸套试样的主要化学组分相近，化学组分匹配性较差，容易产生高温粘着磨损。而其他四种薄膜均属于陶瓷类化合物，与单质金属缸套之间的匹配性相对较好。如图 5-39 所示，当两个表面接触并相互摩擦时，其表面的微凸体相互碰撞会产生相当高温度的摩擦闪温。如果两个摩擦副的化学组分相接近，就容易发生微观焊合。微观焊合导致物质转移，从而造成磨损量加大；同时也会造成剪切力加大，导致较高的摩擦系数[126]。所以，电镀 Cr 环在与中频淬火缸套对磨时摩擦学性能较差。

### 5.4.2　活塞环薄膜物理属性的影响

如前所述，与摩擦学性能相关的活塞环薄膜物理属性主要包括薄膜硬度、表面粗糙度以及薄膜与基体的结合力。它们对活塞环/缸套系统的摩擦学性能均有明显的影响。下面将从摩擦系数和磨损量两个角度详细分析它们对摩擦学性能的影响。

### 5.4.2.1 活塞环薄膜物理属性对摩擦系数的影响

如图 5-37 所示，五种不同活塞环薄膜具有不同的摩擦系数。图 5-40 给出了五种活塞环的摩擦系数平均值与它们的表面功能层硬度的关系。从图中可以看出，对于缸套/活塞环摩擦副来说，表面功能层硬度较高的活塞环（CrN 及其复合膜活塞环）的摩擦系数平均值明显低于表面功能层硬度较低的活塞环（电镀 Cr 环）。当活塞环表面功能层的硬度较高时，能使对磨的缸套试样与之更快、更好地适配，有利于摩擦反应膜的生成和扩展，从而能够具有更低的摩擦系数。

另外，对于具有较高硬度的 CrN、CrTiN、CrAlN、CrTiAlN 复合膜四种环，尽管它们的平均摩擦系数均较低，但仍有差别，表现为 CrN 环的平均摩擦系数相对较低，CrAlN 复合膜的平均摩擦系数相对较高，CrTiAlN 与 CrTiN 复合膜环居中。这是因为这四种活塞环表面的粗糙度以及薄膜与基体的结合力不尽相同。CrN 环的表面粗糙度较低，因此能与缸套试样更快、更好地适配，从而具有更低的摩擦系数平均值。CrAlN 复合膜由于表面粗糙度相对较高，使得摩擦系数平均值相对较高。CrTiN 环虽然粗糙度值较小，但由于与基体结合强度相对其他薄膜较差，在磨损后期，薄膜的摩擦系数呈增大趋势，导致摩擦系数平均值增大。而 CrTiAlN 复合膜环在摩擦试验过程阶段后半部分还出现了下降，使摩擦系数平均值降低，这也表明 CrTiAlN 复合膜环与缸套试样达到了良好适配。

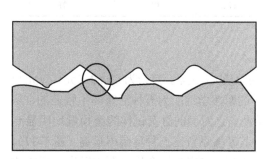 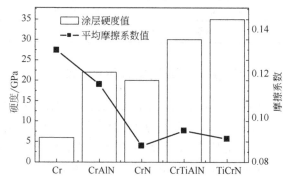

图 5-39　摩擦表面微凸体碰撞的示意图　　图 5-40　活塞环摩擦系数平均值与表面功能层硬度的关系

活塞环薄膜的物理属性除了对摩擦系数平均值有直接影响外，属于物理属性的表面粗糙度还将直接决定摩擦系数的初始值。表 5-4 给出采用五种活塞环薄膜的摩擦系数初始值和它们的表面粗糙度，可以看出，活塞环的表面粗糙度越高，刚进入试验阶段时其摩擦系数初始值也就越高。考虑到刚进入试验阶段时，活塞环和缸套试样的表面还未进入良好适配状态，摩擦反应膜也未良好形成，此时，活塞环薄膜的自身属性直接决定了摩擦表面的微观接触情况，从而决定了摩擦系数的初始值。但随着试验的进行，会产生磨损，同时摩擦反应膜也将逐渐形成并扩展，此时的摩擦表面的微观接触情况就由活塞环材料自身属性来决定了。

表 5-4　摩擦系数初始值与活塞环表面粗糙度之间的关系

| 活塞环薄膜 | 表面粗糙度/μm | 摩擦系数初始值 |
| --- | --- | --- |
| 电镀 Cr | 0.16 | 0.0126 |
| CrN 薄膜 | 0.11 | 0.0935 |

| 活塞环薄膜 | 表面粗糙度/μm | 摩擦系数初始值 |
|---|---|---|
| CrTiN 薄膜 | 0.095 | 0.0916 |
| CrAlN 薄膜 | 0.14 | 0.1228 |
| CrTiAlN 薄膜 | 0.125 | 0.1109 |

#### 5.4.2.2　活塞环薄膜物理属性对磨损量的影响

电镀 Cr 环及其对磨缸套试样的总磨损量为最高的原因前面已经讨论过，是因为其表面功能层的主要化学组分与缸套试样相近，都属于纯金属类。其余四种环及其对磨缸套试样的总磨损量则受到活塞环的物理属性，包括硬度、粗糙度以及薄膜与基体结合力的综合影响。通过对比图 5-36 和表 5-3 中总失重与活塞环物理属性的关系，可以得出以下结论。

CrTiN 环的表面功能层硬度很高，粗糙度很低，使摩擦系数较低。但是由于它的内应力较大，与基体结合力较差，使得摩擦副在磨损过程后期出现硬质颗粒脱落现象，导致摩擦系数上升；同时，薄膜硬度过高，会造成对偶的缸套磨损比较严重，对摩擦副的总失重产生负面影响，以上两点原因造成该摩擦副的总磨损量相对较大。

CrAlN 环的表面功能层的硬度较高、粗糙度高、薄膜与基体结合力居中。由于薄膜的粗糙度高，使摩擦系数相对较高。同时薄膜颗粒尺寸大，在磨损过程中，大颗粒会被磨掉，作为硬质颗粒起到了磨粒磨损的作用，造成摩擦副的总失重较大。

CrN 环的表面功能层硬度较高、粗糙度低、薄膜与基体结合力好，在磨损过程中，摩擦系数一直保持非常平稳，与对偶缸套匹配良好，同时硬度值也比较合适，使得其自身及其对磨缸套试样的磨损量均较小，总磨损量较低。

CrTiAlN 环的表面功能层硬度高、薄膜与基体结合力好，粗糙度适中，并且与缸套试样适配状态良好，摩擦系数随磨损时间延长呈下降趋势，故摩擦副的总磨损失重最低。

## 5.5　小结

本章比较研究了 Cr 电镀层与 CrN 基复合膜的滑动磨损性能和高温磨损性能，并对活塞环/缸套摩擦副进行了摩擦学匹配优化试验。结果如下：

（1）与无油润滑情况相比，在油润滑条件下，薄膜的摩擦系数明显降低，随距离的变化波动相对比较平稳，磨损体积值比无油润滑条件下少一个数量级。五种薄膜的磨损体积值大小顺序均为：电镀 Cr＞CrAlN＞CrN＞CrTiN＞CrTiAlN。

（2）滑动速度和载荷主要通过改变油膜厚度和作用在摩擦副上的压力来影响薄膜的摩擦系数和磨损体积。滑动速度减小，油膜厚度变薄，会引起摩擦系数增加。随载荷的增加，油膜厚度变化不是很大，但磨损体积增加较多。低速低载时，镀层的磨损机理主要是磨粒磨损；高速高载时，镀层的磨损机理以薄膜表面的塑性变形和粘着磨损为主。与 Cr 电镀层相比，CrTiAlN 薄膜在高速、重载条件下具有较好的耐磨性。

（3）在 200℃ 高温磨损环境下，Cr 电镀层的摩擦系数相对较高，CrN 及其复合膜的摩擦系数均小于 Cr 电镀层；各薄膜磨损体积的大小顺序依次为：Cr 电镀层＞CrN＞CrTiN＞CrAlN＞

CrTiAlN。表明 CrTiAlN 复合膜具有较好的抗高温磨损性能。

（4）不同摩擦副之间的相互匹配性直接影响了摩擦副之间的磨损机制，进而导致不同摩擦副之间抗摩擦磨损性能的差异。在各摩擦副中，激光渗硫缸套与 CrTiAlN 薄膜活塞环具有最优异的匹配性能，总失重最小，为 2.8mg，为原始摩擦副总失重的 1/7。其磨损机制主要以磨粒磨损为主，原始电镀 Cr 活塞环/中频淬火缸套摩擦副的磨损机制为综合的疲劳磨损、粘着磨损、磨粒磨损和氧化磨损，以粘着磨损为主。

# 第6章 CrMoN/MoS₂微纳米固体润滑复合膜显微组织与成膜机理

近年来，CrN 基多层/复合薄膜的研究发展为进一步提高 CrN 薄膜的性能开辟了广阔的空间。在降低 CrN 薄膜的摩擦系数方面，CrN 基复合膜的研究主要集中在 Cr-Mo-N 复合膜的研究[54-56]。基于此，本章系统研究了添加 Mo 元素对 CrN 薄膜微观组织结构性能及力学性能的影响，对不同 Mo 含量对 CrN 薄膜成分、相结构和表面形貌等影响规律进行了比较，以获得综合性能优良的 CrMoN 复合膜。同时为进一步提高薄膜的润滑性能，采用磁控溅射技术与低温离子渗硫技术相结合，原位制备了 CrMoN/MoS₂薄膜，使其联合发挥"硬膜"及"软膜"的优势，同时研究了该薄膜的制备工艺、显微组织结构及力学性能。

## 6.1 CrMoN 固体润滑复合膜的制备与性能

### 6.1.1 试验方法

图 6-1 所示为 CrMoN 复合膜的设计思想。薄膜与 65Mn 钢基体之间的结合层采用金属元素中与钢基体附着性好的 Cr 元素，保证薄膜与基体之间的结合强度；中间为 CrN 过渡层，使薄膜获得适当的韧性和硬度，避免裂纹的产生和扩展；功能顶层通过固定 Cr、Mo 两种元素的含量比例，形成均匀致密的 CrMoN 复合膜，满足活塞环耐磨性和耐热性等要求。

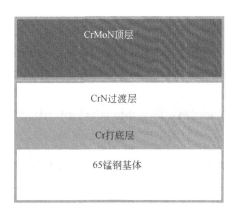

图 6-1　CrMoN 复合膜设计

在沉积过程中，固定 Cr 靶电流值，通过调节 Mo 靶弧电流大小，获得不同 Mo 含量的 CrMoN 复合膜，其溅射程序设定如表 6-1 所示。

表 6-1　溅射参数

| 步骤 | 过程 | 参　数 |
|------|------|--------|
| 1 | 清洗基底 | 炉底气压: $1.5 \times 10^{-5}$Pa |
|  |  | 工作气压: $4 \times 10^{-3}$Pa |
|  |  | 偏压电压: −600V |
|  |  | 偏压电流: 0.8A |
|  |  | 持续时间: 300s |
|  |  | 温度: 100℃ |
|  |  | 转速: 4r/min |
|  |  | 工作气压: $4 \times 10^{-3}$Pa |
| 2 | 过渡层 | 偏压: −600V |
|  |  | 靶电流: ①Cr: 3A; ②Mo: 0.2A |
|  |  | 持续时间: 300s |
|  |  | 转速: 4r/min |
|  |  | 工作气压: $4 \times 10^{-3}$Pa |
| 3 | 沉积薄膜 | 偏压: −600V |
|  |  | 靶电流: ①Cr: 3A; ②Mo: 1A, 2A, 3A, 4A, 5A |
|  |  | OEM: 58% |
|  |  | 持续时间: 2h |
|  |  | 转速: 4r/min |
| 4 | 冷却及放气 | 持续时间: 60min |

## 6.1.2　CrMoN 复合膜的显微组织结构

### 6.1.2.1　薄膜的成分及相结构分析

使用能谱仪测试氮化物薄膜中各元素的原子百分比，薄膜的表面成分分析结果如表 6-2 所示。从表中可以看出，随着 Mo 靶电流值增加，薄膜中 Mo 元素百分含量逐渐增加，而 Cr 元素百分含量随之减少。各种条件下沉积的 CrMoN 复合膜中的氧元素含量几乎可以忽略不计。薄膜中 N 元素的原子百分含量和 Cr、Mo 元素的原子百分含量之和的比值大约为 1:1。由于薄膜基本符合化学计量比，其化学式可表示为 $Cr_{1-x}Mo_xN$，其中 $x$ 表示金属元素 Mo 在所有金属含量（Cr+Mo）中所占的比例，即 $x = Mo/(Cr+Mo)$。因此可用 $Cr_{1-x}Mo_xN$ 来表示不同条件下沉积的 CrMoN 复合膜，其中所确定的 $x$ 值列于表 6-2 中。

表 6-2　不同 Mo 靶电流值下沉积的 $Cr_{1-x}Mo_xN$ 薄膜的元素成分

| Mo 靶电流 | 1A | 2A | 3A | 4A | 5A |
|-----------|------|------|------|------|------|
| Cr（at%） | 38.63 | 31.75 | 25 | 20.72 | 17.07 |
| Mo（at%） | 11.42 | 18.87 | 26.48 | 30.69 | 33.27 |
| N（at%） | 49.95 | 49.38 | 48.52 | 48.59 | 48.66 |
| $x$=Mo/（Cr+Mo） | 0.23 | 0.37 | 0.51 | 0.60 | 0.65 |

图 6-2 为不同 Mo 靶电流下沉积的 CrMoN 复合膜的 Cr、Mo 元素百分含量变化图。从图中可以看出，在 Cr 靶电流值固定的情况下，随着 Mo 靶电流值的增大，薄膜中 Cr 元素的含量逐渐减小，而 Mo 元素含量逐渐增大，即通过调节 Mo 靶电流值大小，可有效调节复合膜中金属元素的百分含量，使得薄膜中 Mo 元素的百分含量从 11.42% 提高到 33.27%。当 Mo 靶电流值高于 3A 时，CrMoN 复合膜中 Mo 元素的百分含量大于 Cr 元素的百分含量，CrMoN 复合膜中 Cr、Mo 元素的化学组成会对复合膜的性能产生很大的影响。

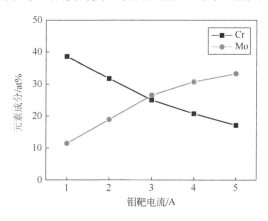

图 6-2　CrMoN 复合膜中 Cr、Mo 含量随 Mo 靶电流值的变化

图 6-3 是相同工艺下沉积的 Cr-N 薄膜的 X 射线衍射谱。从图中可以看出，Cr-N 薄膜中存在 CrN 和 Cr₂N 两种相，其中 CrN 相居多，CrN 一般为面心立方结构，在（111）、（200）、（220）和（311）面上均出现衍射峰，并在（220）面择优取向。Cr₂N 相为密排六方结构，在（111）、（112）和（113）面出现衍射峰，但衍射峰较不明显，峰值较低。图 6-4 是同样工艺条件下沉积的合成的 Mo-N 薄膜的 X 射线衍射图谱。可以看出，Mo-N 薄膜中存在 γ-Mo₂N 相和单质 Mo，其中以 γ-Mo₂N 相居多，γ-Mo₂N 相同样具有面心立方结构，在（111）、（200）、（220）和（311）面上出现衍射峰，并在（111）面出现择优取向。单质 Mo 为体立方结构，在（110）、（200）和（220）面出现衍射峰，但衍射峰值较低。

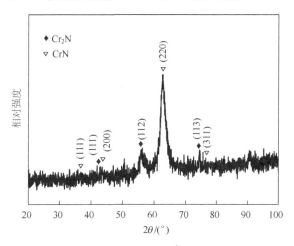

图 6-3　Cr-N 薄膜的 XRD 图谱

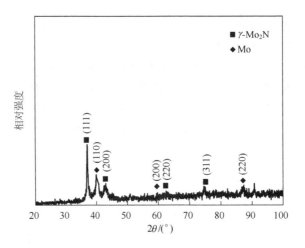

图 6-4　Mo-N 薄膜的 XRD 图谱

表 6-3　CrN 相和 MO₂N 相的 X 射线衍射参数

| 薄膜 | （111） | | （200） | | （220） | | （311） | |
|---|---|---|---|---|---|---|---|---|
| | $2\theta$/（°） | $d$/nm | $2\theta$/（°） | $d$/nm | $2\theta$/（°） | $d$/nm | $2\theta$/（°） | $d$/nm |
| CrN | 37.520 | 2.3951 | 43.487 | 2.0793 | 63.080 | 1.4725 | 74.751 | 1.2689 |
| Mo₂N | 36.963 | 2.4299 | 43.283 | 2.0886 | 62.685 | 1.4809 | 74.640 | 1.2705 |

图 6-5 为 Cr-N 薄膜及不同 Mo 含量 CrMoN 复合膜的 XRD 衍射图谱。从图中可以看出，未添加 Mo 元素的 CrN 薄膜具有面心立方结构，且呈（220）面择优取向。添加 Mo 元素后，CrMoN 复合膜择优取向生长，优先沿（200）面生长，其次为（111）面，其他为（311）、（220）面。

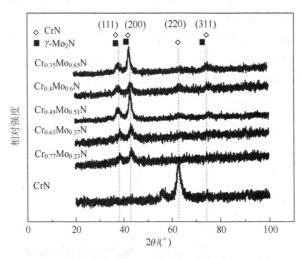

图 6-5　CrN 与 CrMoN 复合膜的 XRD 谱

当 Mo 含量较低时，CrMoN 复合膜形成了以 NaCl 型面心立方 CrN 结构为基础的（Cr，Mo）N 结构。由于 CrN 和 γ-Mo₂N 都是面心立方结构，且由表 6-3 可知，二者的晶格常数比较接近，所以，γ-Mo₂N 相和 CrN 相中金属原子的位置可相互取代，因此，添加的 Mo 元素部分替换了 CrN 晶格中的金属原子并保持原有的晶格，形成置换固溶体[57, 58]，剩余的 Mo 原子形成 $MoN_x$。随着 Mo 含量的增多，CrMoN 复合膜在（200）晶面的衍射峰逐渐向小角度偏移，晶格常数增大。

表 6-4 为 CrMoN 复合膜的晶体分析结果。晶面间距由布拉格公式求得：

$$2d\sin\theta=\lambda \tag{6-1}$$

晶粒尺寸由 Scherrer 公式[59]求得：

$$\beta=\frac{0.89\lambda}{D\cos\theta} \tag{6-2}$$

式中，$\lambda$ 为 X 射线波长，$\lambda= 0.15406\times10^{-9}$ m；$D$ 为垂直于样品表面的晶粒大小；$\theta$ 为衍射峰所对应的衍射角；而 $\beta$ 表示单纯因晶粒度效应引起的衍射线的半高宽。

从表中可以看出，CrMoN 复合膜（200）面的晶粒尺寸在 10～15nm 左右，明显小于 CrN 薄膜的晶粒，且随着 Mo 含量的增加，CrMoN 复合膜（200）面的晶粒尺寸减小。

表 6-4　CrN 及 CrMoN 复合膜（200）面的晶体分析

| 薄膜 | 角度 2θ/（°） | 晶面间距 d/nm | 半高宽 FWHM/（°） | 晶粒大小/nm |
| --- | --- | --- | --- | --- |
| CrN | 43.487 | 0.20793 | 0.357 | 23.70 |
| $Cr_{0.77}Mo_{0.23}N$ | 43.756 | 0.20671 | 0.56 | 15.12 |
| $Cr_{0.63}Mo_{0.37}N$ | 43.502 | 0.20786 | 0.62 | 13.64 |
| $Cr_{0.49}Mo_{0.51}N$ | 43.185 | 0.20931 | 0.66 | 12.81 |
| $Cr_{0.4}Mo_{0.6}N$ | 43.071 | 0.20984 | 0.69 | 12.24 |
| $Cr_{0.35}Mo_{0.65}N$ | 43.005 | 0.21015 | 0.73 | 11.58 |

一般来说，材料内部的残余应力能够导致 X 射线衍射峰发生位移和宽化。材料中的第一类残余压应力会使衍射峰向小角度偏移；反之，拉应力使峰向大角度偏移。文献[60]也发现溅射沉积膜存在压应力的现象。分析认为，压应力的产生与溅射气体 Ar 有关。在成膜过程中，高能 Ar 离子冲击到薄膜表面，当它们所带的能量比薄膜表面原子间的势能大时，会钉扎在薄膜中，导致晶格畸变，产生内应力。因此，推出 XRD 结果中衍射峰宽化可能是晶粒细化、固溶和残余应力所致的晶格畸变等诸多因素造成的。

### 6.1.2.2　薄膜的化学态分析

首先对薄膜表面进行全扫描，确定薄膜中存在的元素，如图 6-6 所示，XPS 图谱表明薄膜表面含有 Cr、Mo、N、O 等元素。当 Mo 靶电流值为 3A 时，Cr 元素和 Mo 元素的峰强差不多，O 元素可能来源于磁控溅射过程中氧气的混入。

应用 XPS 分峰处理软件 XPS-peak 软件对 CrMoN 复合膜表面元素 XPS 窄扫描波普进行解析。图 6-7 为 CrMoN 复合膜表面刻蚀前后氧元素的 XPS 分析。从图中可以看出，在 O1s 谱中，CrMoN 复合膜的表面有 MO₃［（530.4±0.4）eV，包括 $Cr_2O_3$ 和 $MoO_3$］、MO₂［（529.4±0.4）eV，包含 $CrO_2$ 和 $MoO_2$］以及溶解的点阵氧（Cr-O）和氢氧化物［（531.4±0.4）eV］。说明室温条件下 CrMoN 薄膜的表面存在污染氧化层。而在刻蚀 5min 后，O1s 谱仅有 Cr-O 或氢氧化物存在，如图 6-7（b）所示，这是因为 Cr-O 的晶格结构同样为面心立方结构，沉积过程中氧原子溶解入 CrN 晶格中，形成 Cr-O 结构。

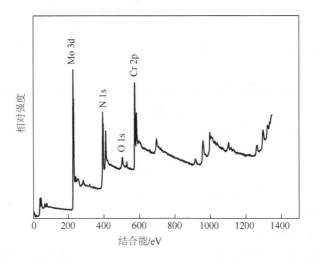

图 6-6　$Cr_{0.49}Mo_{0.51}N$ 复合膜表面 XPS 全谱分析

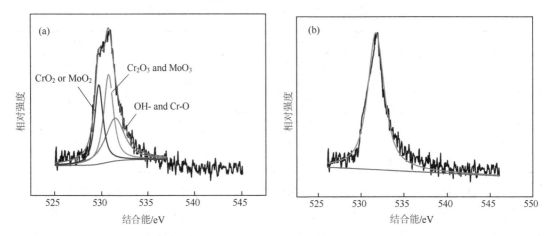

图 6-7　CrMoN 复合膜表面 O 元素的 XPS 分析

（a）刻蚀前；（b）刻蚀后

　　图 6-8 为 $Cr_{0.49}Mo_{0.51}N$ 薄膜的 Cr2p3、Mo3d 和 N1s 的 XPS 分谱图。从图 6-8（a）中可以看出，经过去卷积计算的 Cr2p 谱中有四种峰存在，涉及的化学态为 Cr（2p1 为 573.73eV）、$Cr_2N$（2p1 为 574.22eV）、CrN（2p1 为 575.34eV）和 $Cr_2O_3$（2p1 为 577.17eV）。其中 CrN 的含量要大于 $Cr_2N$。拟合的 Mo3d 谱由三种物质组成，Mo（$3d_{5/2}$ 为 228eV）、$MoN_x$ 和 $MoO_3$（$3d_{5/2}$ 为 232.2eV），由于目前对 $MoN_x$ 的 XPS 研究较少，XPS 手册中并未给出 $MoN_x$ 的结合能数据，根据物相分析可以推断 $3d_{5/2}$ 为 231.2eV 为 $MoN_x$。图 6-8c 的 N1s 峰与 Mo3p 峰重叠，组成复合峰。该复合峰可以解谱为 4 个峰。考虑到 N1s 峰结合能一般都大于 396eV[61]，因此结合能为 394~395eV 的峰应属于 Mo3p。而结合能大约为 397eV 的峰位通常对应于氮化物，因此该峰属于 N1s，为 CrN、$Cr_2N$ 及 $MoN_x$ 的混合峰。

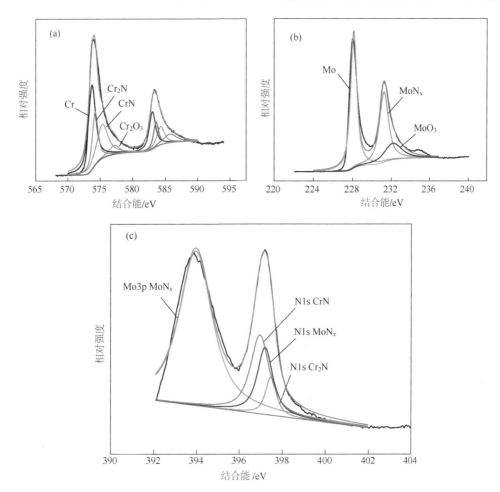

图 6-8　Cr₀.₄₉Mo₀.₅₁N 复合膜的 XPS 分析

（a）Cr2p；（b）Mo3d；（c）N1s

表 6-5　不同 Mo 含量 CrMoN 复合膜的 MoN$_x$ 与 Mo 单质含量变化　　　　单位：wt%

| 复合膜 | MoN$_x$ | Mo |
|---|---|---|
| Cr₀.₇₇Mo₀.₂₃N | 59.95% | 40.05% |
| Cr₀.₆₃Mo₀.₃₇N | 58.11% | 41.89% |
| Cr₀.₄₉Mo₀.₅₁N | 56.27% | 43.73% |
| Cr₀.₄Mo₀.₆N | 55.95% | 44.07% |
| Cr₀.₃₅Mo₀.₆₅N | 56.1% | 43.91% |

通过 XPS 分析可知，Mo 元素在 CrMoN 复合膜中的存在形式主要为 MoN$_x$ 及 Mo 单质，表 6-5 为利用 XPS 分析软件计算 Cr$_{1-x}$Mo$_x$N 复合膜中两种物质的百分含量。从表中可以看出，CrMoN 复合膜中的含量占主要部分，说明薄膜在沉积过程中，Mo 元素优先与 N₂ 结合生成 MoN$_x$，另一部分则以单质的形式存在。

#### 6.1.2.3 薄膜的形貌分析

采用场发射扫描电镜对 CrN 基复合膜表面形貌进行观察，结果如图 6-9 所示。从图中可以看出，CrN 薄膜表面孔隙较多，晶粒尺寸较大，添加 Mo 元素后，CrMoN 复合膜表面变得较为致密，孔隙大大减少，晶粒细化。随着 Mo 含量的增多，薄膜的致密度增加，晶界增多，晶粒变小，$Cr_{0.35}Mo_{0.65}N$ 复合膜表面最致密。

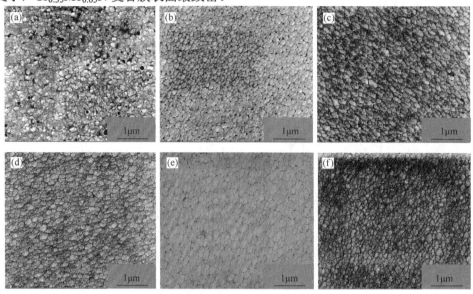

图 6-9　CrN 基复合膜表面形貌

（a）CrN；（b）$Cr_{0.77}Mo_{0.23}N$；（c）$Cr_{0.63}Mo_{0.37}N$；（d）$Cr_{0.49}Mo_{0.51}N$；
（e）$Cr_{0.4}Mo_{0.6}N$；（f）$Cr_{0.35}Mo_{0.65}N$

#### 6.1.2.4 薄膜的透射电镜分析

采用 F30 场发射透射电子显微镜对 Cr-Mo-N 复合膜进行显微组织分析。图 6-10 和图 6-11 分别为 CrMoN 复合膜横截面的形貌及元素变化。从图中可以看出，CrMoN 复合膜出现了分层的现象，基底部分较薄，靠近表层部分较厚，大约为 4μm。对比复合膜三部分的 Cr、Mo、N 三元素的能谱分析可知，靠近基底层部分主要为 Cr，中间层以 CrN 为主，顶层为 CrMoN 复合膜，这是由和 CrMoN 复合膜的制备工艺所决定的。中间层和顶层交界 520nm 处，Mo 含量突然增多，Cr 含量减少。薄膜的组织为柱状晶组织，细小的柱状晶垂直于界面生长。

图 6-12 为 CrMoN 复合膜的 TEM 明场像及选取电子衍射图像。基底层的电子衍射花样如图 6-12（a）所示，打底 Cr 层的电子衍射花样为晶粒的单晶结构，中间 CrN 层则是同种晶粒的多晶结构，如图 6-12（b），电子受到多晶衍射，呈现很多衍射圆锥，随机排列的细晶衍射环通常由不同半径的衍射环组成，衍射环越粗，说明微纳米晶粒越细小。顶层 CrMoN 的明场像如图 6-12（c）所示，薄膜较为平整、致密，均匀性较好，存在大量的位错，薄膜中 CrN 和 $Mo_2N$ 形成置换固溶体，产生大量畸变，从而形成位错。

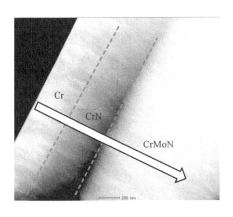

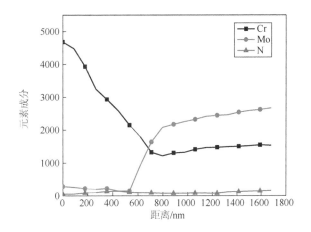

图 6-10　CrMoN 复合膜横截面的形貌　　　　图 6-11　CrMoN 复合膜截面成分变化

经过对顶层 CrMoN 电子衍射花样进行标定发现，如图 6-12（d）所示，衍射花样为亮斑点组成的衍射环，说明薄膜是由纳米晶组成的。这些衍射环由不连续的衍射斑点组成，最内环较粗，强度也较高，是由于 fcc 结构的 CrN 晶粒和 $Mo_2N$ 晶粒重叠，此外，还标定到 bcc 结构的单质 Cr 和单质 Mo 的存在，证明 CrMoN 复合膜中 Mo 原子取代了 CrN 中的 Cr 原子形成 MoN 结构，形成了 CrN 和 MoN 的结构互溶，这与 XRD 结构一致，但由于单质 Cr 及 Mo 含量较少，XRD 分析结果中未能测出。

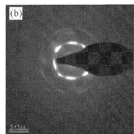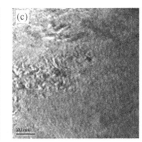

图 6-12　CrMoN 复合膜 TEM 形貌及电子衍射花样

（a）打底 Cr 层衍射花样；（b）中间 CrN 层衍射花样；

（c）顶层 CrMoN 明场像；（d）顶层 CrMoN 层衍射花样

### 6.1.3　CrMoN 复合膜的力学性能

不同 Mo 含量的 CrMoN 复合膜的纳米压入加载、卸载曲线如图 6-13 所示。测试得到的硬度值和弹性模量见图 6-14。

CrMoN 复合膜最大压入深度明显小于 CrN 薄膜，弹性回复大。CrMoN 复合膜的硬度在 24～29GPa 之间变化，高于相同工艺参数制备的 CrN 薄膜（21GPa）。Mo 元素的增添使 CrMoN 复合膜的硬度提高，并且随着 Mo 含量的增多，CrMoN 复合膜的硬度增大，$Cr_{0.35}Mo_{0.65}N$ 复合膜的硬度值最高，为 28.6GPa，最大压入深度最小，塑性变形抗力最好，力学性能最优。

分析 CrMoN 复合膜力学性能强化的主要因素有：①晶粒细化。由 XRD 结果可知，CrMoN 复合膜的致密度明显高于 CrN 薄膜，且随着 CrMoN 复合膜中 Mo 含量的增加，CrMoN 复合膜的晶粒尺寸变小，细晶强化提高薄膜硬度。②固溶强化。CrN 与 MoN 具有相同的晶体结构，均具有面心立方点阵的 NaCl 结构，Mo 原子可置换 CrN 晶格中的 Cr 原子，形成（Cr，Mo）N 固溶体，置换固溶引起晶格强烈的点阵畸变，产生残余应力，晶格畸变导致的残余应力一方面可以提高薄膜的硬度；另一方面可以抑制薄膜的晶粒生长，进一步提高了薄膜的硬度。随着 CrMoN 复合膜中 Mo 含量的增多，形成的置换固溶体增加，引起晶格的点阵畸变程度增强，使其硬度升高。

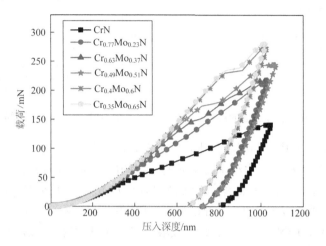

图 6-13　CrN 基复合膜纳米压痕的载荷-位移曲线

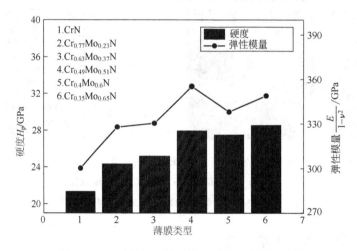

图 6-14　CrN 基复合膜的纳米硬度和弹性模量值

## 6.2　CrMoN/MoS₂ 固体润滑复合膜的制备及显微组织

### 6.2.1　试验方法

对 CrMoN 复合膜进行低温离子渗硫处理，反应气体为固体硫蒸气。CrMoN 复合膜接阴极，炉壁接阳极，当真空度达到 10Pa 时，给炉内通入氨气，并在阴阳极之间通 800V 的高压直流电，在此高压作用下，氨被电离成离子，以一定的能量轰击阴极，从而使阴极温度不断升高。至 230℃后停止轰击，在此温度下固体硫被气化，渗硫处理共进行 2.5h，冷却后取出真空封存保存。

采用原子力显微镜（AFM）及场发射扫描电子显微镜（FESEM＋EDS）分析渗硫后 CrMoN 复合膜表面形貌及元素成分；用俄歇电子能谱仪（AES）分析渗硫层中元素沿深度的分布，用 X 射线衍射仪（XRD）及 X 射线光电子能谱仪（XPS）分析渗硫层的相结构及元素化合价态，采用高分辨透射电镜（HRTEM）分析渗硫后复合膜的物相结构，用纳米压痕仪测定了渗硫后复合膜表面附近的纳米硬度和弹性模量。

## 6.2.2　成分和相结构

### 6.2.2.1　薄膜的成分和相结构分析

表 6-6 为不同 Mo 靶电流 CrMoN 复合膜渗硫前后的元素百分含量。从表中可以看出，渗硫后，CrMoN 复合膜中 Cr 元素和 Mo 元素的含量略有减小，其原因在于渗硫处理的前半期，阴极靠离子轰击加热时，固定于阴极的 CrMoN 复合膜表面受到氨离子的不断轰击，部分 Cr 离子和 Mo 离子被溅射剥离出 CrMoN 复合膜表面，S 原子将沿着缺陷及晶界向 CrMoN 薄膜内部渗透。并且随着 Mo 靶电流值的增大，渗硫后 CrMoN 复合膜中 S 元素的含量也逐渐增加，$Cr_{0.35}Mo_{0.65}N$ 渗硫复合膜中 S 元素含量最高。

**表 6-6　渗硫对 CrMoN 复合膜成分（at%）的影响**

| 复合膜 | 渗硫前 | | 渗硫后 | | |
| --- | --- | --- | --- | --- | --- |
| | Cr/ wt% | Mo/ wt% | Cr/ wt% | Mo/ wt% | S/ wt% |
| $Cr_{0.77}Mo_{0.23}N$ | 38.63 | 11.42 | 37.58 | 10.97 | 1.5 |
| $Cr_{0.63}Mo_{0.37}N$ | 31.75 | 18.87 | 30.9 | 17.54 | 2.18 |
| $Cr_{0.49}Mo_{0.51}N$ | 25 | 26.48 | 22.51 | 24.11 | 3.38 |
| $Cr_{0.4}Mo_{0.6}N$ | 20.72 | 30.69 | 19.16 | 27.29 | 4.96 |
| $Cr_{0.35}Mo_{0.65}N$ | 17.07 | 33.27 | 14.93 | 28.17 | 6.9 |

图 6-15 为 $Cr_{0.49}Mo_{0.51}N$ 及 $Cr_{0.49}Mo_{0.51}N$ /MoS₂ 复合膜的 XRD 图谱。从图中可以看出，渗硫后形成的 CrMoN/MoS₂ 复合膜的择优取向仍为（200）面，但在 $2\theta=33.5°$ 出现新的衍射峰，经过标定，为 MoS₂ 和 $CrS_{1.17}$ 的混合相。除此之外，MoS₂ 相在 $2\theta$ 为 58° 及 60.5° 的位置出现衍射峰，分别对应于（110）面及（113）面，其晶格常数 $a=b=3.16Å$，$c=12.299$ Å，为密排六方结构，具有 P63/mmc（194）的空间群结构。同时 $CrS_{1.17}$ 相在 $2\theta$ 为 43.7°、53° 及 70.8° 的位置出现衍射峰，分别对应于（224）面、（600）面及（308）面。$CrS_{1.17}$ 具有简单六方结构，晶格常数 $a=b=12Å$，$c=11.52Å$，因此 $CrS_{1.17}$ 不像 MoS₂ 一样较易发生滑移。

图 6-16 为不同 Mo 含量的 CrMoN/MoS₂ 复合膜的 XRD 图谱。从图中可以看出，随着 Mo 含量的增加，$Cr_{1-x}Mo_xN$/MoS₂ 复合膜在 37° 和 43° 的位置衍射峰的半高宽（FWHM）有所增加，峰强变高，且向小角度偏移，表明氮气下薄膜中晶格常数发生了变化，晶粒变细。随着 Mo 含量的增加，$Cr_{0.49}Mo_{0.51}N$/MoS₂ 复合膜在 33° 左右的位置衍射峰逐渐变宽，同时在 74° 左右的位置存在宽化的衍射峰。

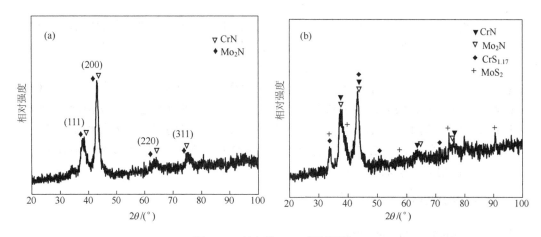

图 6-15　复合膜 XRD 衍射图谱

（a）$Cr_{0.49}Mo_{0.51}N$；（b）$Cr_{0.49}Mo_{0.51}N/MoS_2$

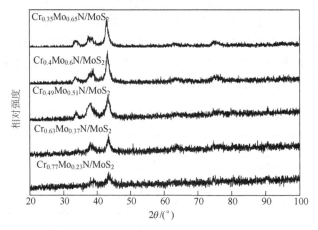

图 6-16　$CrMoN/MoS_2$ 复合膜 XRD 图谱

#### 6.2.2.2　薄膜的化学态分析

图 6-17 为 $CrMoN/MoS_2$ 复合膜的 XPS 全谱分析。从图中可以看出，$CrMoN/MoS_2$ 复合膜中有 Cr、Mo、N、S 元素以及少量的 O 元素。由于 CrMoN 复合膜渗硫层表面极易被氧化，O 元素可能源于低温离子渗硫过程中炉内残留的氧气，或是渗硫结束后取出试样时大气中的氧气。

图 6-18 为 $CrMoN/MoS_2$ 复合膜各元素的 XPS 图谱。从图中可以看出，$Cr2p3/2$ 的主峰为 Cr-N（575.3eV）、Cr-S（574.4eV）及 Cr-O（576.8eV）峰的叠加，经去卷积计算的 Cr2p 谱中有三种物质存在，其中最主要的峰对应的结合能为 574.4eV，对应着 Cr-S 的结合能。Cr-O 峰的出现可能来自 CrMoN 复合膜表面的氧化及低温离子渗硫装炉时氧气的混入。$Mo3d5/2$ 有两个主峰，一个为 Mo（228eV）和 Mo-S（229eV）的叠加，另一个为 Mo-N（231.5eV）峰。S2p 峰的结合能为 162.5eV 和 161.3eV，分别对应着 Mo-S 及 Cr-S 的结合能，另外还有 S-N 化合物的存在。N1s 主要存在金属氮化物，N1s 谱主要峰位为 Cr-N（396.5eV）及 Mo-N（397.5eV）的叠加，同时存在 S-N。这与 XRD 分析结果相吻合。

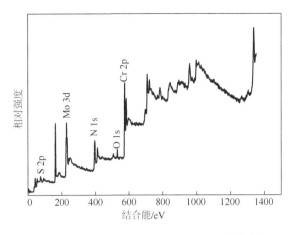

图 6-17　CrMoN 渗硫复合膜表面 XPS 全谱分析

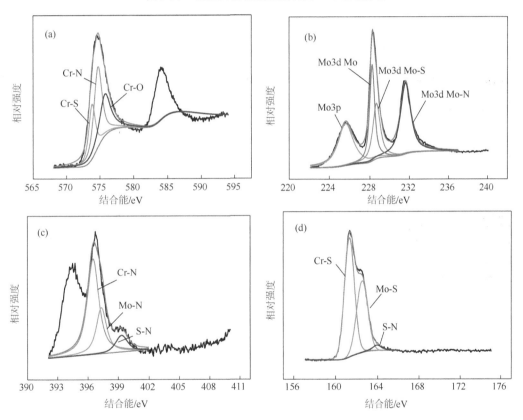

图 6-18　CrMoN 渗硫复合膜的 XPS 分析

（a）Cr2p；（b）Mo3d；（c）N1s；（d）S2p

　　峰强与峰宽之积是峰面积（$I$），而 $I$ 反应了对应化合物在沉积层中的含量。图 6-19 为 CrMoN/MoS₂ 渗硫复合膜中的 $MoN_x$、Mo 及 MoS₂ 成分含量的变化。从图中可以看出，随着 Mo 含量的增多，CrMoN 复合膜中 $MoN_x$ 相的减少量逐渐增多，Mo 单质减少量降低，与此同时，MoS₂ 生产量逐渐增多，因此，我们推测 MoS₂ 主要来自于 $MoN_x$ 与 S 的反应生成物。

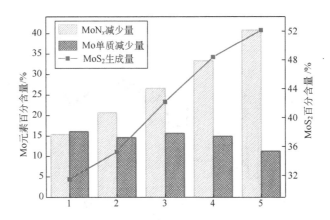

图 6-19　CrMoN/MoS$_2$ 渗硫复合膜中 MoN$_x$、Mo 及 MoS$_2$ 的成分变化

用热力学理论对硫化反应过程进行分析，在 CrMoN/MoS$_2$ 复合膜中，确定 MoS$_2$ 的生成来源是研究的关键问题。

广义的氧化不仅是指金属与氧气形成氧化物的反应，还包括金属与含硫、碳、氮等气体介质反应形成金属化合物的过程。因此，硫化反应属于广义的氧化反应中的一种。在恒温恒压条件下，温度（$T$）、压力（$P$）和吉布斯自由能（$G$）是涉及的最重要的三个热力学参量[62]。

设 M 代表金属，对于反应：　　　　$M+O_2 \longleftrightarrow MO_2$　　　　　　　　　（6-3）

根据范德霍夫（Vant Hoff）等温方程，反应的吉布斯自由能的变化为：

$$\Delta G = \Delta G^{\ominus} RT \ln K_p \qquad (6-4)$$

式中，平衡常数 $K_p = \alpha_{MO_2}/(\alpha_M P_{O_2})$；$\Delta G^{\ominus}$ 为标准状态下的吉布斯自由能；$R$ 是气体常数；$\alpha_i$ 为各物质的活度。

在反应式（6-3）中，M 和 MO$_2$ 均为固态纯物质，取其活度等于 1，即 $\alpha_M = \alpha_{MO_2} = 1$，则式（6-4）可转化为

$$\Delta G = \Delta G^{\ominus} - RT \ln P_{O_2} \qquad (6-5)$$

利用式（6-5）可计算形成氧化物时的平衡氧分压为

$$P_{O_2}^{eq} = \exp[\Delta G^{\ominus}/(RT)] \qquad (6-6)$$

当环境的氧分压大于平衡氧分压时，金属才能发生氧化。

反应式（6-3）的方向可以由自由能 $\Delta G$ 的变化来判断：

自由能 $\Delta G < 0$，反应自发向正方向进行；

自由能 $\Delta G = 0$，反应达到平衡；

自由能 $\Delta G > 0$，反应向逆方向进行。

根据热力学第二定律，物质的熵变 $\Delta S$、焓变 $\Delta H$、自由能 $\Delta G$ 之间的关系式为：

$$\Delta G^{\ominus} = \Delta H^{\ominus} - T\Delta S^{\ominus}$$

当渗硫温度为 500K，等离子渗硫过程中，Mo 与 S 可能发生化学反应如下：

$$Mo+2S \longrightarrow MoS_2 \qquad (6-7)$$

$$Mo_2N+5S \longrightarrow 2M_OS_2+SN \tag{6-8}$$

上述两种反应式中的反应物与生成物的焓和熵从《实用无机物热力学数据手册》中查得。

$$Mo \left[ \Delta H_{f,500}^{\ominus}=0J/mol, \quad S_{f,500}^{\ominus}=41.479J/(mol \cdot K) \right]$$

$$S \left[ \Delta H_{f,500}^{\ominus}=273067J/mol, \quad S_{f,500}^{\ominus}=179.658J/(mol \cdot K) \right]$$

$$SN \left[ \Delta H_{f,500}^{\ominus}=238927J/mol, \quad S_{f,500}^{\ominus}=258.699 J/(mol \cdot K) \right]$$

$$Mo_2N \left[ \Delta H_{f,500}^{\ominus}=-80073J/mol, \quad S_{f,500}^{\ominus}=100.168J/(mol \cdot K) \right]$$

$$MoS_2 \left[ \Delta H_{f,500}^{\ominus}=-284419J/mol, \quad S_{f,500}^{\ominus}=97.822J/(mol \cdot K) \right]$$

对反应式（6-7），有：

$$\Delta H_{500}^{\ominus}=-284419-273067 \times 2= -830553J/mol$$

$$\Delta S_{500}^{\ominus}=97.822-(41.479+179.658 \times 2)=-302.973 J/(mol \cdot K)$$

$$\Delta G_{500}^{\ominus} = \Delta H_{500}^{\theta} - T\Delta S_{500}^{\ominus}=-830553+302.973 \times 500=-679066.5 J/mol<0$$

对反应式（6-8），有：

$$\Delta H_{500}^{\ominus}=-284419 \times 2+238927-(-80073+273067 \times 5)=-1854100 J/mol$$

$$\Delta S_{500}^{\ominus}=97.822 \times 2+258.699-(100.168+179.658 \times 5)=-544.115 J/(mol \cdot K)$$

$$\Delta G_{500}^{\ominus} = \Delta H_{500}^{\theta} - T\Delta S_{500}^{\ominus}=-1854100-(-544.115 \times 500)=-3436142.5 J/mol<0$$

因此，反应式（6-7）、式（6-8）在设计的温度内可以自发进行。可以推测出，由 Mo 单质与 S 发生反应及 MoNₓ 与 S 发生置换反应都是可行的，从热力学角度看，在一定温度、压力条件下，反应可能进行的方向是自由能减小（$\Delta G<0$）的方向。而且 $\Delta G$ 的负值越大，反应的热力学推动力也越大。低温离子渗硫工艺在 $T=230℃=503.15K$ 温度下实施，通过对反应式（6-7）、式（6-8）的热力学计算结果可知，反应式（6-8）的 $\Delta G$ 的负值要远大于反应式（6-7），反应更容易向右进行，因此，MoNₓ 会更快地与 S 发生反应生成 MoS₂，MoS₂ 主要来源于 MoNₓ 与 S 发生的反应生成物。

对渗硫过程中 Cr 元素与 S 可能发生的反应进行热力学计算。同样考虑两种反应：

$$Cr+1.17S \longrightarrow CrS_{1.17} \tag{6-9}$$

$$CrN+2.17S \longrightarrow CrS_{1.17}+SN \tag{6-10}$$

Cr、CrN 及 CrS 的焓和熵为：

$$Cr \left[ \Delta H_{f,500}^{\ominus}=0 J/mol, \quad S_{f,500}^{\ominus}=36.559J/(mol \cdot K) \right]$$

$$CrN \left[ \Delta H_{f,500}^{\ominus}=-115270J/mol, \quad S_{f,500}^{\ominus}=62.805J/(mol \cdot K) \right]$$

$$CrS_{1.17} \left[ \Delta H_{f,500}^{\ominus}=-169079J/mol, \quad S_{f,500}^{\ominus}=98.696J/(mol \cdot K) \right]$$

对反应式（6-9），有：

$$\Delta H_{500}^{\ominus}=-169079-273067 \times 1.17=-488567.39 J/mol$$

$$\Delta S_{500}^{\ominus}=98.696-(36.559+179.658 \times 1.17)=-148.062 J/(mol \cdot K)$$

$$\Delta G_{T}^{\ominus} = \Delta H_{500}^{\ominus} - T\Delta S_{500}^{\ominus}=-488567.39+148.062T<0$$

对反应式（6-10），有：

$$\Delta H_{500}^{\ominus}=-169079+ 238927-(-115270+273067 \times 2.17)=-407437.39J/mol$$

$$\Delta S_{500}^{\ominus} = 98.696 + 258.699 - 62.805 - 179.658 \times 2.17 = -95.266 \, \text{J/(mol·K)}$$

$$\Delta G_T^{\ominus} = \Delta H_{500}^{\ominus} - T\Delta S_{500}^{\ominus} = -407437.39 + 95.266T < 0$$

经计算，上述反应式（6-9）及式（6-10）的 $\Delta G_T^{\ominus}$ 均小于 0，反应均可在渗硫温度下进行，即渗硫过程中可以生成 $CrS_{1.17}$，与 XRD 结果相符。

## 6.2.3　形貌分析

### 6.2.3.1　表面形貌分析

图 6-20 为 CrN 及 $CrMoN/MoS_2$ 复合膜渗硫表面形貌。从图中可以看出，渗硫后的薄膜表面形貌发生很大变化，晶粒结构由原来的块状转变为颗粒状，晶粒尺寸大大减小。CrN 薄膜表面还可观察到晶界，$CrMoN/MoS_2$ 复合膜表面晶界完全消失，呈疏松多孔的颗粒状结构。在渗硫过程中，硫化物会在晶界处及缺陷位置形核，然后逐渐长大，形成渗硫层宏观上的颗粒状结构。在渗层的生长过程中，会有择优生长的现象。某一部位的择优生长可能来源于优先形成的核心或已形成的硫化物层表面的粗糙不平以及基体表面本身的凹凸不平。随着硫化物核心的形成以及表面的粗糙化，由于凸起的几何阴影作用，较高的部位更容易优先生长，因此这些地方硫化物会优先沉积、长大，而凹的地方就会形成微孔。呈现渗硫处理获得的渗硫层的最终表面形貌。当 Mo 含量增多时，$CrMoN/MoS_2$ 复合膜表面晶粒尺寸减小，变得较为平整。其原因为在 CrMoN 复合膜沉积过程中，大量的 Mo 原子会置换 CrN 晶格中的 Cr 原子，形成置换固溶体，引起晶格剧烈的点阵畸变，并出现离子冲击的大小凹坑，沿晶界更多，有利于硫化物在凹坑内的聚集与沉积，也有利于硫原子的扩散，在低温离子渗硫过程中，可形成较多的成核结点，硫化物在这些结点沉积并长大，相互间迅速聚集，形成细小颗粒的硫化物，之后硫化物逐层生长，已形成的硫化物层表面趋于平整，且缺陷减少。

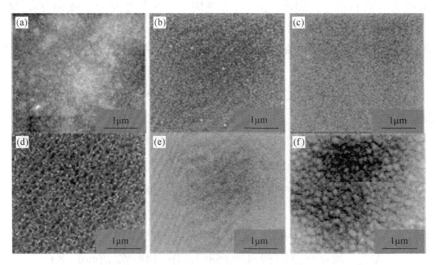

图 6-20　CrN 基固体润滑复合膜表面形貌

（a）CrN；（b）$Cr_{0.77}Mo_{0.23}N$；（c）$Cr_{0.63}Mo_{0.37}N$；（d）$Cr_{0.49}Mo_{0.51}N$；（e）$Cr_{0.4}Mo_{0.6}N$；（f）$Cr_{0.35}Mo_{0.65}N$

图 6-21 为 CrN 基复合膜渗硫前后平均粗糙度值变化。从图中可以看出：①CrMoN 复

合膜的粗糙度低于 CrN 薄膜，当 $Cr_{1-x}Mo_xN$ 复合膜中 $x$ 小于 0.6 时，随着 $x$ 值的增大，CrMoN 复合膜粗糙度下降幅度较大，当 $x$ 大于 0.6 时，CrMoN 复合膜的粗糙度变化较小。②渗硫后复合膜粗糙度明显小于未渗硫薄膜，且变化趋势与未渗硫薄膜一致。

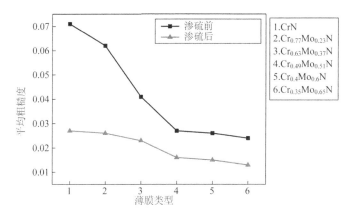

图 6-21　CrN 基复合膜渗硫前后粗糙度变化

### 6.2.3.2　截面形貌分析

图 6-22 为 CrN 薄膜及 CrMoN 复合膜渗硫前后截面形貌。从图中可以看出，CrN 薄膜以接近垂直于衬底的柱状生长，较大的柱状晶晶间夹有细小的纤维状晶粒［图 6-22（a）］。而 CrMoN 复合膜分为明显的两层，上部区域为 CrMoN 复合膜区域，薄膜组织为柱状晶组织，细小的柱状晶垂直于界面生长，下部区域为 Cr/CrN 过渡层区域，厚度约为 0.7μm，薄膜与基体之间结合较为紧密［图 6-22（c）］。

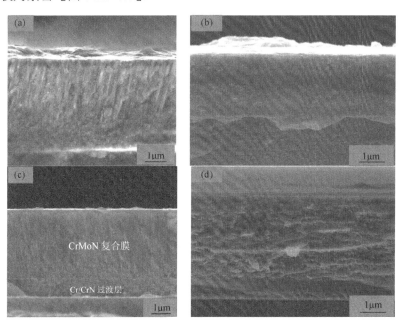

图 6-22　CrN 薄膜及 CrMoN 复合膜渗硫后截面形貌

（a）CrN；（b）CrN/MoS₂；（c）CrMoN；（d）CrMoN/MoS₂

渗硫后 CrN 及 CrMoN 复合膜形貌发生了很大改变，CrN 薄膜不再呈现柱状结构，变得较为致密，但相比于 CrMoN/MoS$_2$ 复合膜截面，层状结构较不明显，这可能是由于 CrN 薄膜中含有较多的 Cr 元素，在空气中极易形成铬氧化合物，阻碍 S 原子的渗入[84]。而在温度较高时，这种阻碍作用可能会更大。渗硫过程是一个不断化合、离解、扩散的过程。硫化层的形成主要靠硫化物的吸附和沉积，在硫离子不断轰击工件表面的同时，在表面已形成的硫化物层一部分被离子轰击，重新分解出硫离子或原子，回到真空容器中；而另一部分则在较高温度下向内层扩散，这种逐层扩散的方式就形成了 CrMoN/MoS$_2$ 复合膜的层状截面形貌。

## 6.3 成膜机理

### 6.3.1 薄膜中元素沿深度的分布

图 6-23 所示分别为 CrN 薄膜及 CrMoN 复合膜渗硫表面各元素沿深度剖面分布的 AES 分析结果。由于渗硫后渗硫层极易被氧化，尽管密封保存，但 CrN 薄膜及 CrMoN 复合膜渗硫表面仍存在 3～8nm 的碳氧污染层。

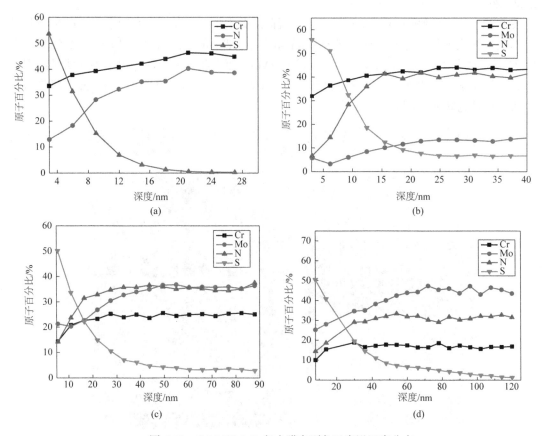

图 6-23　CrMoN/MoS$_2$ 复合膜表面各元素沿深度分布

（a）CrN；（b）Cr$_{0.77}$Mo$_{0.23}$N；（c）Cr$_{0.49}$Mo$_{0.51}$N；（d）Cr$_{0.35}$Mo$_{0.65}$N

从图中可以看出，CrN 薄膜表面 S 含量较少，渗层较薄，由于 CrN 薄膜表面容易生成铬氧化合物，阻碍了 S 原子的渗入。与 CrN 薄膜相比，CrMoN 复合膜渗层较厚，由表及里，S 元素含量逐渐减少，Mo 元素及 Cr 元素含量逐渐增加并达到稳定值。$Cr_{0.77}Mo_{0.23}N$ 复合膜在距表层 14nm 范围内，S/Mo 原子摩尔比大于 1，表明 CrMoN 复合膜渗硫表层存在一个厚度为 14nm 的富硫层。之后 S/Mo 原子摩尔比开始小于 1，S 元素含量的下降趋势增大，当距表层 40nm 处时，S 元素含量逐渐降低至零，可以认为 S 元素沿着复合膜的缺陷及晶界扩散约为 40nm。由上述分析可知，渗硫层由表层的富 S 层及扩散层组成。随着 CrMoN 复合膜中 Mo 含量的增多，富硫层深度逐渐增加，$Cr_{0.35}Mo_{0.65}N$ 复合膜渗硫表层的富硫层厚度约为 25nm，渗硫层最厚，约为 120nm。

### 6.3.2　成膜机理分析

图 6-24 为 CrMoN/MoS₂ 固体润滑复合膜表面刻蚀 30min 后的表面形貌，取图 6-24（a）中的 1，2，3 点进行观察。从图中可以看出，在渗硫层内部，即渗层刚沉积部位的颗粒较大，比较疏松 [图 6-24（b）]，而越靠近渗硫层表面位置，颗粒尺寸减小且变得密集 [图 6-24（c）（d）]。

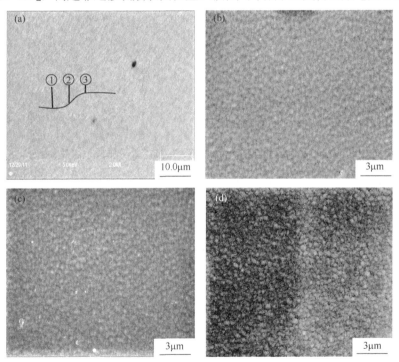

图 6-24　CrMoN/MoS₂ 固体润滑复合膜表面形貌

（a）表面形貌（溅射 30min）；（b）1 点处形貌；（c）2 点处形貌；（d）3 点处形貌

由于硫化物的沉积首先发生在晶界或位错等其他缺陷较集中的地方，在高能位置成核或与其他扩散原子碰撞成核，这种成核模式称为非反应性成核，这样会造成核与核之间较大的间隙。这种间隙造成的界面气泡会引起非浸润型生长，直到这些核已经达到一定尺寸，它们才生长到一起。硫化物成核后向周围生长，在随后的沉积过程中，会有择优生长的现象。某一部位的择优生长可能来源于优先形成的核心或已形成的硫化物，随着硫化物核心的形成以及表面的粗糙化，择优生长变得不明显，当生长到一定尺寸时就会同以其他形核质点为核心生长的硫化物相遇，使得硫化物的尺寸受到抑制，成为颗粒状。在随后的渗硫层的沉积过程中，硫化物颗粒层层堆叠，形成纳米级的硫化物颗粒，且相互碰撞聚集在一起。由此可推断出，$CrMoN/MoS_2$ 复合膜表面渗硫层形成的物理模型为形核—层层堆叠生长—聚集生长。

### 6.3.3  $MoS_2$ 在薄膜中的分布规律研究

图 6-25 为 $CrMoN/MoS_2$ 复合膜高倍明场像和相应的电子衍射花样。从图中可以看出，$CrMoN/MoS_2$ 复合膜存在大量位错，根据晶粒特点，标示出 5 个区域，对这几个区域晶粒的晶面间距进行测定如表 6-7 所示。从表中可知，区域 $A$ 的晶粒为 $MoS_2$，区域 $B$ 和区域 $E$ 的晶面间距较小，晶粒取向一致，为 CrN 和 $Mo_2N$ 的混合物，区域 $A$ 和区域 $B$ 的界面为不共格界面，$MoS_2$ 晶粒嵌入 CrN 及 $Mo_2N$ 的晶粒中。区域 $C$ 和区域 $D$ 反映了同一种物质的不同晶面的晶粒取向。从其相应的电子衍射花样可以看出，$MoS_2$ 为密排六方结构，$CrN/Mo_2N$ 为面心立方结构，$MoS_2[001]$ 晶带轴方向与 $CrN/Mo_2N$ 混合相 [101] 晶带轴方向重合，且 $MoS_2$（010）与 $CrN/Mo_2N$ 混合相（110）方向平行。

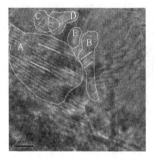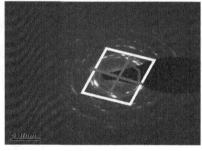

$$\left[\vec{B}\right]_{CrN} = [101](白);\quad \left[\vec{B}\right]_{MoS_2} = [001](灰)$$

图 6-25  $CrMoN/MoS_2$ 复合膜高倍明场像及衍射花样

表 6-7  区域 1 的衍射数据及晶格常数

| 区 域 | 测定值/nm | 物相 | 晶面 |
|---|---|---|---|
| 区域 A | 0.273 | $MoS_2$ | （100） |
| 区域 B | 0.245 | CrN | （111） |
| 区域 E | 0.239 | $Mo_2N$ | （111） |
| 区域 C | 0.237 | CrN | （111） |
| 区域 D | 0.202 | CrN | （200） |

## 6.4  $CrMoN/MoS_2$ 固体润滑复合膜的硬度和结合强度

### 6.4.1  纳米硬度分析

纳米压入仪测试薄膜硬度的加载、卸载曲线如图 6-26 所示，测试得到的结果见表 6-8。

从图 6-26 中可以看出，CrMoN/MoS₂ 复合膜的最大压入深度要小于 CrN 渗硫薄膜，最大压入载荷要明显大于原始薄膜。$Cr_{0.35}Mo_{0.65}N/MoS_2$ 复合膜最大压入深度最小，弹性回复最大。说明：此薄膜抵挡外物压入能力最强，即外物侵入其内最困难；即使外物侵入其内，薄膜发生弹性变形，当卸载后，此薄膜能最大程度地恢复。

图 6-27 为 $Cr_{0.35}Mo_{0.65}N/MoS_2$ 复合膜截面纳米硬度沿深度分布曲线。从图中可以看出，$Cr_{0.35}Mo_{0.65}N/MoS_2$ 复合膜渗硫表层硬度较低，在摩擦过程中剪切发生在表层，且易于向对磨件表面转移，在摩擦表面削峰填谷，增大接触面积，起到良好的减摩作用；次表层硬度较高，距表面 150nm 左右的位置硬度值最高，且与基体有良好的过渡，可以给表层有效的支撑，不易发生塑性变形，从而可避免表层发生层状剥落，延长其减磨作用时间。

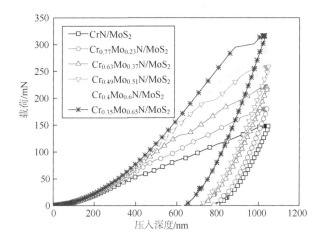

图 6-26　CrN 基固体润滑复合膜纳米压痕的载荷-位移曲线

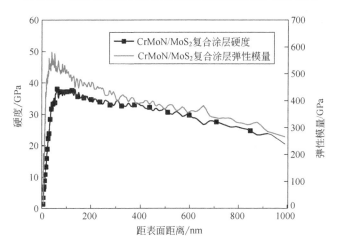

图 6-27　渗硫前后 CrN 基复合膜截面硬度变化

表 6-8 为距薄膜表面 300～400nm 范围内硬度及弹性模量平均值得计算结果，从表中可知，CrMoN/MoS₂ 复合膜的硬度低于 CrMoN 复合膜。分析 CrMoN/MoS₂ 复合膜硬度值降低的原因为：在渗硫结束后形成的 CrMoN/MoS₂ 复合膜中出现了 MoS₂ 这种新相，而 MoS₂ 是硬度较低的软相，同时 S 原子进入层间的间隙与（Cr，Mo）N 结构中的 Mo 原子形成六方层状相结构，使得原本

因 CrN、MoN 相互固溶形成的高内应力结构被破坏，固溶强化效果减弱，从而降低了薄膜的硬度。随着 Mo 含量的增加，CrMoN/MoS$_2$ 复合膜的硬度值增大，塑性变形抗力提高，力学性能提升，Cr$_{0.35}$Mo$_{0.65}$N/MoS$_2$ 复合膜的硬度值最高，塑性变形抗力最大，力学性能最优。文献表明[63,64]，微纳米尺度范围内，晶粒尺寸与硬度服从 Hall-Petch 关系，即硬度与晶粒直径平方根的倒数成正比，随着 Mo 含量的提高，CrMoN/MoS$_2$ 复合膜的晶粒尺寸逐渐减小，故其硬度逐渐提高。

弹性模量是材料的重要性能指标，是研究材料断裂行为的基本参量，它表征的是原子离开平衡位置的难易程度，体现了材料抵抗弹性形变的能力，和原子间结合力密切相关。随着 Mo 含量的提高，CrMoN/MoS$_2$ 复合膜的 $H^3/E^{*2}$ 值增大，抗塑性变形能力提升，晶间键合强度增强。

表 6-8    CrN 基固体润滑复合膜纳米压入测试结果

| 复合膜 | $H$/GPa | | $E^*$/GPa | | $(H^3/E^{*2})$/GPa | | $d_{max}$/nm | |
|---|---|---|---|---|---|---|---|---|
| | 渗硫前 | 渗硫后 | 渗硫前 | 渗硫后 | 渗硫前 | 渗硫后 | 渗硫前 | 渗硫后 |
| CrN | 21.35 | 20.92 | 300.1 | 289.2 | 0.108 | 0.109 | 1046.954 | 1046.518 |
| Cr$_{0.77}$Mo$_{0.23}$N | 24.33 | 23.10 | 327.9 | 304.5 | 0.134 | 0.133 | 1042.884 | 1040.136 |
| Cr$_{0.63}$Mo$_{0.37}$N | 25.18 | 24.49 | 330.5 | 306.6 | 0.146 | 0.156 | 1040.078 | 1032.231 |
| Cr$_{0.49}$Mo$_{0.51}$N | 27.93 | 27.04 | 355.2 | 326.4 | 0.172 | 0.176 | 1044.179 | 1030.895 |
| Cr$_{0.4}$Mo$_{0.6}$N | 27.50 | 26.55 | 338.1 | 320.3 | 0.172 | 0.182 | 1036.397 | 1026.126 |
| Cr$_{0.35}$Mo$_{0.65}$N | 28.55 | 27.70 | 348.8 | 322.1 | 0.192 | 0.205 | 1027.832 | 1020.909 |

## 6.4.2   结合强度分析

图 6-28、图 6-29 为 CrN 基复合膜渗硫前后划痕临界载荷 $L_c$ 与 $H^3/E^{*2}$ 值的比较。

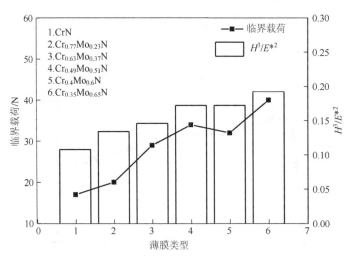

图 6-28   CrN 基复合膜临界载荷与 $H^3/E^{*2}$ 值的比较

由图可见，CrN 薄膜的划痕临界载荷值为 17N，而磁控溅射沉积的 CrMoN 复合膜临界载荷值的范围为 20~40N，随着薄膜中 Mo 含量的增加，其临界载荷值随之升高。CrMoN/MoS$_2$ 复合膜的结合强度明显提高，CrN 薄膜渗硫后的临界载荷值由原来的 17N 升高到 21N，CrMoN/MoS$_2$ 复合膜的临界载荷值范围为 32~62N，Cr$_{0.35}$Mo$_{0.65}$N 复合膜的结合强度最优。CrN 基复合膜结合强度的变化趋势与 $H^3/E^{*2}$ 值的变化趋势基本相同。这表明复合膜的结合强度与其抗塑性变形能力紧密相关，增大材料的塑性变形抗力，也就可以提高材料韧性。

　　图 6-30 为 CrN 薄膜及 CrMoN 复合膜渗硫前后划痕形貌。从图中可以看出，CrN 沉积薄膜存在大量裂纹，并有部分裂纹扩展到划痕轨迹之外，形成片状剥落，脆性较大，CrMoN 复合膜仍可以发现裂纹存在，但相比之下要细小，没有明显剥落。CrMoN/MoS₂ 复合膜的韧性明显变好，裂纹和剥落数量都少于 CrMoN 复合膜。MoS₂ 的层状界面结构能够使裂纹偏移，起到阻裂作用，同时使薄膜结合强度提高。同时，（Cr，Mo）N 硬相中嵌入的 MoS₂ 软相通过剪切应变可以吸收划痕时的能量，从而提高了结合力。

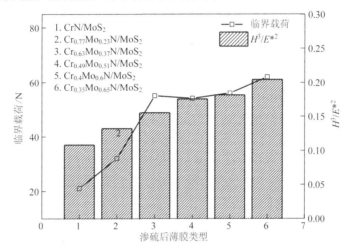

图 6-29　CrN 基固体润滑复合膜临界载荷与 $H^3/E^{*2}$ 值的比较

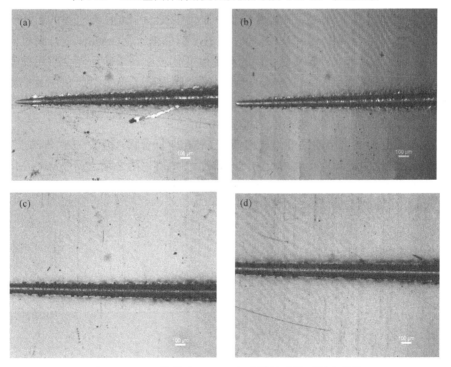

图 6-30　CrN 薄膜及 CrMoN 复合膜渗硫前后划痕形貌

（a）CrN 薄膜；（b）CrN/MoS₂；（c）CrMoN 复合膜；（d）CrMoN/MoS₂ 复合膜

## 6.5　小结

（1）在 65Mn 钢基体和硅片上沉积了 CrMoN 复合膜，薄膜致密，厚度约为 5μm。研究发现通过改变 Mo 靶电流值大小，可以控制 CrMoN 复合膜中的 Cr、Mo 元素的原子百分含量。CrN 薄膜中添加了 Mo 元素后，薄膜择优取向由（220）面转变为（200）面，CrMoN 添加的 Mo 元素部分替换了 CrN 晶格中的金属原子并保持原有的晶格，形成置换固溶体。并且随着 CrMoN 复合膜中 Mo 含量的增多，晶面间距逐渐增大，晶粒尺寸逐渐减小。薄膜的组织为柱状晶组织，细小的柱状晶垂直于界面生长。晶粒细化和固溶强化作用导致 CrMoN 复合膜的硬度和韧性均优于 CrN 薄膜。随着 Mo 含量的增加，CrMoN 复合膜的力学性能呈上升趋势。

（2）对 CrMoN 复合膜进行低温离子渗硫处理，得到 CrMoN/MoS$_2$ 复合膜，并且随着 Mo 靶电流值的增大，渗硫后 CrMoN 复合膜中 S 元素的含量也逐渐增加，Cr$_{0.35}$Mo$_{0.65}$N 渗硫复合膜中 S 元素含量最高。XRD 结果表明，CrMoN/MoS$_2$ 复合膜存在 MoS$_2$ 的衍射峰。随着 Mo 含量的增加，CrMoN/MoS$_2$ 复合膜衍射峰向小角度偏移，晶粒变细，并且衍射峰宽化。XPS 结果表明，CrMoN/MoS$_2$ 复合膜中存在 MoS$_2$，用热力学理论对硫化反应过程进行分析，确定 MoS$_2$ 的生成来源于 Mo 单质与 S 发生反应及 MoN$_x$ 与 S 发生置换反应，其中 MoS$_2$ 主要来源于 MoN$_x$ 与 S 发生的反应生成物。

（3）形貌分析表明，CrMoN/MoS$_2$ 复合膜与 CrMoN 复合膜表面形貌相比，发生很大变化，晶粒结构由原来的块状转变为颗粒状，晶粒尺寸大大减小；当 Mo 含量增多时，CrMoN 渗硫复合膜表面变得更加疏松，晶粒更加细小。根据形貌观察推断出，CrMoN/MoS$_2$ 复合膜表面渗硫层形成的物理模型为形核—层层堆叠生长—聚集生长。CrMoN 复合膜的粗糙度低于 CrN 薄膜，当 Cr$_{1-x}$Mo$_x$N 复合膜中 $x$ 小于 0.6 时，随着 $x$ 值的增大，CrMoN 复合膜粗糙度下降幅度较大；当 $x$ 大于 0.6 时，CrMoN 复合膜的粗糙度变化较小。渗硫后复合膜粗糙度明显小于未渗硫薄膜。AES 分析结果表明，CrMoN/MoS$_2$ 复合膜渗硫层表层由富 S 层及扩散层组成。随着 CrMoN 复合膜中 Mo 含量的增多，富硫层深度逐渐增加，Cr$_{0.35}$Mo$_{0.65}$N 复合膜渗硫表层的富硫层厚度约为 25nm，渗硫层最厚，约为 120nm。

（4）CrMoN/MoS$_2$ 复合膜的硬度值要略低于 CrMoN 复合膜，但 $H^3/E^{*2}$ 值高于 CrMoN 复合膜，随着 Mo 含量的提高，硬度增大的同时，$H^3/E^{*2}$ 值也随之增大。CrMoN/MoS$_2$ 复合膜的临界载荷值范围为 32～62N，高于磁控溅射沉积的 CrMoN 复合膜（20～40N），Cr$_{0.35}$Mo$_{0.65}$N/MoS$_2$ 复合膜的结合强度最优。

# 第7章 CrMoN/MoS₂微纳米固体润滑复合膜的摩擦学行为

本章将采用往复式 CETR-UMT-3 型多功能摩擦磨损试验机,在干摩擦条件下对 CrN 基固体润滑复合膜的摩擦学性能进行研究,分析磨损表面的形貌与元素组成、摩擦表面功能元素的化学价态和面分布,讨论渗硫前后 CrN 基复合膜磨损机理,以及它们的摩擦学性能与摩擦反应膜的组成和分布形态之间的联系,探讨薄膜成分对其摩擦磨损性能的影响。同时研究了 Mo 含量及渗硫工艺对 CrMoN 复合膜摩擦性能的影响,确定了最优的薄膜工艺。

## 7.1 试验方法

干摩擦条件下的磨损试验在 CETR UMT-3 型多功能摩擦磨损试验机上进行,试样尺寸均为 40mm×30mm×1mm。对偶件采用 $\phi$4mm 的 GCr15 钢球,成分如表 7-1 所示(HRC≥61)。试验在室温大气(相对湿度 RH 为 40%~42%),室温(20~25℃)环境中进行,频率固定为 4Hz(相当于滑动速度 0.96m/min),选取载荷为 20N、30N、40N、60N。位移幅值 2mm,摩擦系数每隔 1 min 进行记录和处理,摩擦系数取 30 min 内的平均值。每组数据均为相同试验条件下 3 次重复测量结果的平均值,测定摩擦系数随时间的变化。

磨损后试样在丙酮中超声清洗,采用 Micro XAM 3D 轮廓仪测量下试样的磨痕的三维形貌,并测定磨损体积。用 SEM+EDX 分析渗硫 CrN 基复合膜表面、截面及磨面的形貌和成分,使用 XPS 分析薄膜表面元素化合价态,AES 测定磨面元素分布状态。

表 7-1 GCr15 钢球成分

| 材料 | 标准 | C/% | Si/% | Mn/% | Cr/% | P/% | S/% |
|------|------|------|------|------|------|------|------|
| GCr15 | YB9-68 | 0.95~1.05 | 0.15~0.35 | 0.2~0.4 | 1.3~1.65 | ≤0.027 | ≤0.020 |

## 7.2 CrN 基固体润滑复合膜的摩擦学试验

### 7.2.1 摩擦系数

图 7-1 所示为载荷 40N,滑动速率 0.96m/min,磨损时间 30min 干摩擦条件下 CrN 薄膜、CrMoN 复合膜及 CrMoN/MoS₂ 固体润滑复合膜的摩擦系数曲线。从图中可以看出,未渗硫薄膜的摩擦系数均高于渗硫后薄膜的摩擦系数,CrN 薄膜的摩擦系数最高(0.7 左右),CrMoN

复合膜的摩擦系数次之（0.66 左右），CrMoN/MoS$_2$ 复合膜的摩擦系数最低（0.61 左右）。在摩擦开始阶段，由于薄膜表面膜的存在，隔离了摩擦副的直接接触，会使摩擦系数降低，当表面膜去除后，摩擦系数上升。CrMoN/MoS$_2$ 复合膜的实时摩擦系数随摩擦时间变化而呈现小范围有规律的波动。

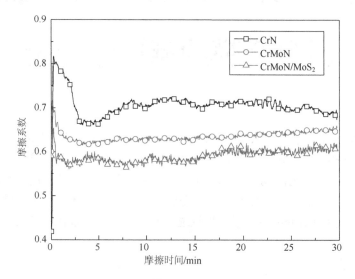

图 7-1　不同薄膜的摩擦系数变化曲线

## 7.2.2　磨损量

图 7-2 为三种薄膜的磨损体积。从图中可以看出，CrN 薄膜的磨损体积较大，CrMoN 复合膜的磨损体积次之，CrMoN/MoS$_2$ 复合膜的磨损体积最小。

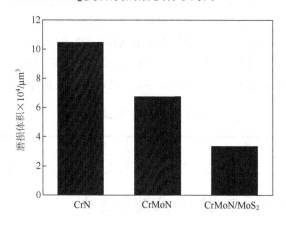

图 7-2　不同薄膜的磨损体积

## 7.2.3　磨损表面的形貌及元素组成

图 7-3 为 CrN 及 CrMoN 复合膜表面磨痕形貌。从图 7-3（a）中可以看出，CrN 薄膜表面分布着平行于滑动方向的较深的犁沟，同时粘着磨损现象较为严重。CrMoN 薄膜表面比较

平整，犁沟变浅，与 CrN 薄膜相比，没有明显的粘着磨损痕迹，与其对磨的钢球表面只分布着少量平浅的犁沟［图 7-3（b）］。

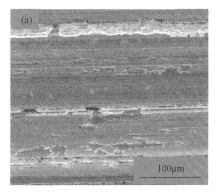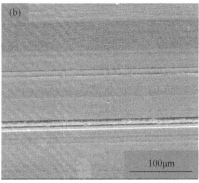

图 7-3　磨损薄膜表面磨痕形貌

（a）CrN 薄膜；（b）CrMoN 复合膜

图 7-4 为 CrN 薄膜及 CrMoN 复合膜磨痕表面 EDX 分析结果。从图 7-4（a）中可以看出，CrN 薄膜磨痕表面出现 C 和 Fe 元素，来源于磨损过程中与对磨钢球的相互挤压，使得对磨钢球表面的微凸体被磨掉，成为磨粒元素再次参与到磨损过程中，加重了磨损，发生了较为严重的磨粒磨损和粘着磨损。如图 7-4（b）所示，在磨损过程结束后，CrMoN 复合膜磨痕表面的 Cr 元素和 Mo 元素大量减少，出现了大量的 O 元素以及 Fe 元素，分析 Fe 元素的来源可能有两种：一是磨损过程中薄膜剥落露出钢基体，二是来自于对磨钢球。通过观察磨损形貌可知，薄膜表面并未发生薄膜剥落现象，摩擦系数在磨损过程中也保持平稳状态，故 Fe 元素来源于对磨钢球表面。在磨损过程中由于摩擦热反应，大量金属元素被氧化，金属氧化物的存在可起到减摩效果。

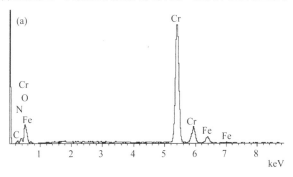

| 元素 | wt% | at% |
| --- | --- | --- |
| C K | 6.09 | 14.68 |
| N K | 11.10 | 22.96 |
| O K | 13.10 | 23.71 |
| Cr K | 64.77 | 36.08 |
| Fe K | 4.94 | 2.56 |

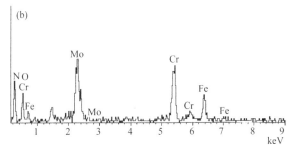

| 元素 | wt% | at% |
| --- | --- | --- |
| N K | 18.8 | 39.57 |
| O K | 19.63 | 21.58 |
| Cr K | 22.40 | 14.13 |
| Fe K | 8.43 | 12.25 |
| Mo L | 23.6 | 12.47 |

图 7-4　CrMoN 薄膜磨痕表面元素分析

图 7-5 为 CrMoN/MoS$_2$ 复合膜及其对磨试样磨痕形貌。从图中可以看出，在 CrMoN/MoS$_2$ 复合膜中，磨痕均匀光滑，无裂纹及剥落现象。与其对磨的钢球表面较平整，没有明显的犁沟，同时可观察到片状的附着物。图 7-6 为 CrMoN/MoS$_2$ 薄膜薄膜及其对磨试样磨痕表面元素分析。从图中可以看出，CrMoN/MoS$_2$ 复合膜磨痕表面的金属元素含量都有所减少，其中 Mo 元素含量大量减少，同时出现 Fe 元素。摩擦副 GCr15 钢球表面出现了 Mo 元素和 S 元素，表明 MoS$_2$ 在磨损过程中发生了转移，从 CrMoN/MoS$_2$ 复合膜表面转移到了对磨钢球表面，同时，钢球表面的 Fe 原子与薄膜表面的活性 S 原子发生反应生成 FeS，起到了双重减摩润滑的作用。

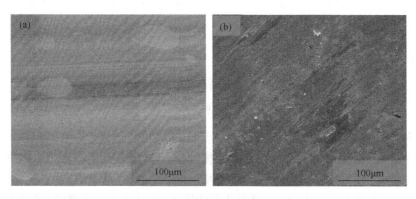

图 7-5 磨痕形貌

（a）CrMoN/MoS$_2$ 薄膜；（b）GCr15 钢球

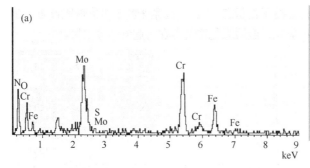

| 元素 | wt% | at% |
| --- | --- | --- |
| N K | 21.60 | 37.49 |
| O K | 9.63 | 16.26 |
| Cr K | 20.07 | 18.28 |
| Fe K | 11.13 | 7.56 |
| Mo L | 31.39 | 14.16 |

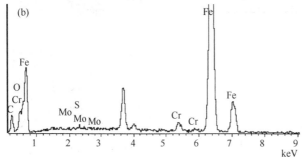

| 元素 | wt% | at% |
| --- | --- | --- |
| C K | 22.76 | 51.23 |
| O K | 9.19 | 15.54 |
| S K | 0.41 | 0.35 |
| Cr K | 1.29 | 0.67 |
| Fe K | 6.36 | 2.18 |
| Mo L | 0.38 | 0.14 |

图 7-6 磨痕表面元素分析

（a）CrMoN/MoS$_2$ 薄膜；（b）GCr15 钢球

图 7-7 为三种薄膜磨损后的三维形貌图。从图中可以看出，CrN 薄膜的摩擦轨迹呈较深的沟槽状，有大量磨屑在磨痕两侧堆积，CrMoN 复合膜的磨痕明显变浅，磨痕表面存在因擦伤而形成的深浅不一的犁沟，无裂缝和剥落现象，磨痕两侧产生的磨屑减少。CrMoN/MoS₂复合膜的磨痕表面，可看到窄而浅的犁沟，磨损状况良好。

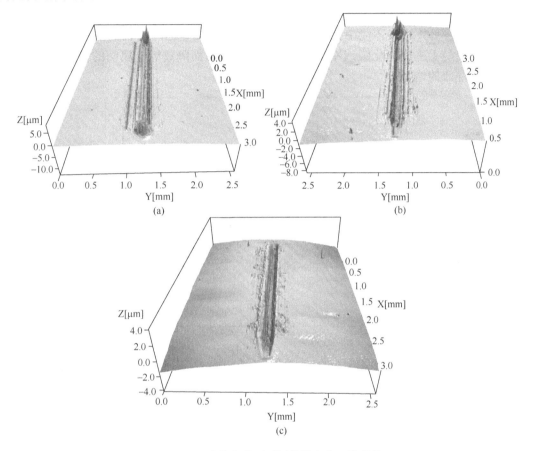

图 7-7　干摩擦条件下不同薄膜磨痕三维形貌

（a）CrN；（b）CrMoN；（c）CrMoN/MoS₂

图 7-8 为各薄膜磨痕横截面轮廓曲线对比图。从图中可以看出，CrN 薄膜磨痕两侧存在较深的剥离坑，并且磨痕两端的磨屑堆积较多，CrMoN 复合膜的磨损明显较轻，犁沟深度较浅，磨屑也较少，CrMoN/MoS₂复合膜的磨痕较为平浅，仅在两端存在少量的磨屑堆积。

## 7.2.4　磨损表面元素的化学态

为进一步了解磨痕表面的化学组成，利用 X 射线光电子能谱仪（XPS）分析了 CrMoN 及 CrMoN/MoS₂薄膜摩擦表面上主要元素的化学状态。

图 7-9 为 CrMoN 复合膜表面摩擦表面元素的化合价分析。从图中可以看出，Cr 元素的 Cr2p3/2 峰位于 574.3eV、575.8eV 及 576.8eV 处，对应的物质分别为 Cr、CrN 及 Cr₂O₃。

Mo 元素的 Mo3d 峰位于 228eV、230.8eV 及 232.4eV 处，对应的物质分别为 Mo、$MoN_x$ 及 $MoO_3$。O 元素的 O1s 峰位于 529.7eV、530.1eV 及 531.5eV 处，分别对应着 $Fe_2O_3$、$MoO_3$ 及 $Cr_2O_3$。说明 CrMoN 复合膜在摩擦磨损过程中通过摩擦热反应生成了 Cr 及 Mo 的氧化物，并且由于和对磨钢球的挤压，使得部分 Fe 元素转移到薄膜表面并被氧化成为氧化铁。P. Hones[58]认为薄膜中的 Mo 与 O 反应形成的 $MoO_3$ 也是一种固体润滑剂，有助于提高薄膜的润滑能力。另外大气环境中存在的空气、水汽等杂质，当摩擦轨迹上出现膜破损露出金属底材时会马上生成氧化膜或粘附上一层污染膜，从而隔离纯金属间的接触，这些都利于薄膜耐磨寿命的增加。

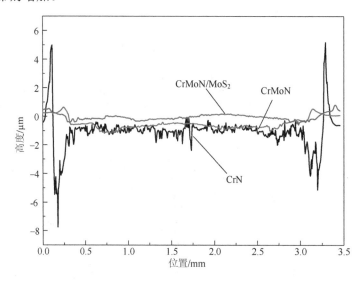

图 7-8　磨痕横截面轮廓曲线

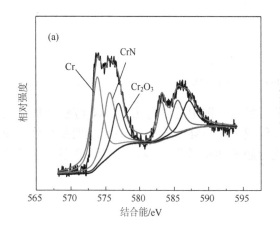

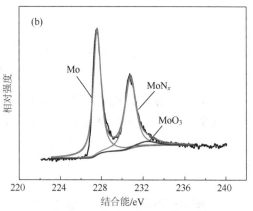

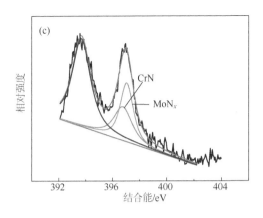
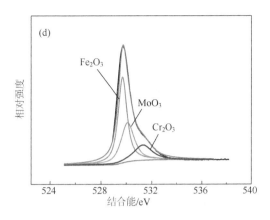

图 7-9　CrMoN 复合膜摩擦表面元素组成

（a）Cr2p；（b）Mo3d；（c）N1s；（d）O1s

图 7-10 为 CrMoN/MoS₂ 薄膜摩擦表面上主要元素的化合价分析。从图中可以看出，Cr 元素的 Cr2p3/2 峰位于 574.8eV、575.9eV 及 576.8eV 处，对应的物质分别为 $Cr_2S_3$、CrN 及 $Cr_2O_3$，三种 Cr 元素的化合物中，$Cr_2S_3$ 所占比例较高。Mo 元素的 Mo3d 峰位于 228eV、229eV 和 231.6eV 处，分别对应着 Mo、$MoS_2$ 和 $MoN_x$，此外，在 232.9eV 处对应着 $MoO_3$ 和 $MoOS_2$ 的混合物。S 元素的 S2p 峰位于 161eV、161.7eV、162.5eV、165.2eV、166.8eV 及 169.6eV 处，分别对应 FeS、$Cr_2S_3$、$MoS_2$、SN、$MSO_3$ 及 $MSO_4$（M 代表金属）。说明在磨损过程中的摩擦热作用下，$MoS_2$ 在大气中会吸附水气反应生成钼氧硫化合物，进一步氧化为 $MoO_3$，反应式为：

$$MoS_2 + H_2O \longrightarrow MoOS_2 + H_2$$

$$2MoS_2 + 9O_2 + 4H_2O \longrightarrow 2MoO_3 + 4H_2SO_4$$

同时薄膜中的 Mo 元素会不断与表面活性 S 原子发生反应生成 $MoS_2$，而对磨钢球表面的单质铁会与渗硫层表面的活性 S 原子反应生成 FeS，部分 FeS 又会进一步氧化成 $FeSO_4$。FeS 和 $MoO_3$ 的存在会起到减摩作用。

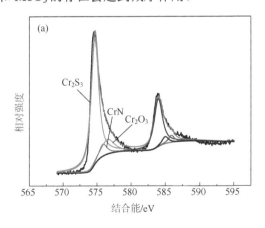
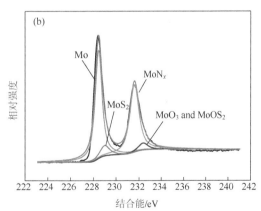

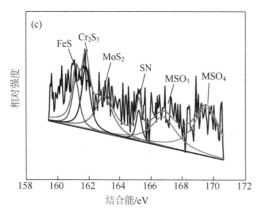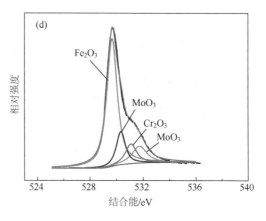

图 7-10　CrMoN/MoS$_2$ 复合膜摩擦表面元素组成

（a）Cr2p；（b）Mo3d；（c）S2p；（d）O1s

### 7.2.5　渗硫层减摩作用机理

MoS$_2$ 作为一种常用的固体润滑剂，对改善零件表面的摩擦学性能起着重要的作用，这已经成为一个不争的事实，也被我们的试验所证实。磨损试验表明，在磨损结束后，摩擦表面仍存在 MoS$_2$，薄膜中的 Mo 元素会不断地与表面活性 S 原子发生反应，同时会有 O 原子进入部分 MoS$_2$ 晶格，取代 S 原子形成硫钼氧的化合物，如 MoOS$_2$ 等，这种硫钼氧的化合物在继续磨损过程中，大部分会被氧化为氧化钼，继续起到润滑减摩作用。

在摩擦过程中，硫化物层不仅会发生机械破坏，同时也会发生化学破坏，而且大气中的氧也会对硫化物起到氧化作用而析出活性硫。因高温作用而分解的硫有一部分和对磨钢球表面的铁生成 FeS，黏附到摩擦表面继续起到减摩耐磨作用，同时钼硫化物的氧化产物氧化钼的存在也会降低磨损。硫化物在摩擦过程中，又会向对偶面转移。由于硫化物低的硬度及其与金属表面良好的黏附性，在摩擦过程中，硫化物一方面起到隔绝摩擦副金属间的直接接触，避免黏着的作用；另一方面，它易向对偶面转移而起到减摩耐磨作用。在正常磨损过程中，受正应力作用被塞挤入微孔中的硫化物不断被挤出或带出进入金属表面，可以覆盖住金属微凸体，使摩擦副金属表面不接触而改善其摩擦学性能。另外，摩擦过程中被带出的硫化物微粒对对磨件表面亦起到促进磨合，填充微凸体空隙和抛光的作用。

### 7.2.6　Mo 含量对薄膜摩擦学性能的影响

图 7-11、图 7-12 为干摩擦条件下不同 Mo 含量的 CrMoN 复合膜渗硫前后的平均摩擦因数及磨损体积变化。由图可见，CrMoN 复合膜的摩擦因数变化不大，呈现减小趋势，Cr$_{0.35}$Mo$_{0.65}$N 复合膜的摩擦因数较小。渗硫后 CrMoN 复合膜表面的摩擦因数变化较大，均小于未渗硫时薄膜的摩擦因数，且随着 Mo 含量的增加，CrMoN 复合膜渗硫前后的磨损体积均减小。

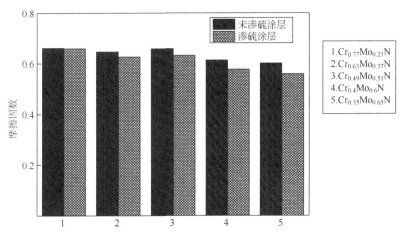

图 7-11　CrMoN 复合膜平均摩擦因数

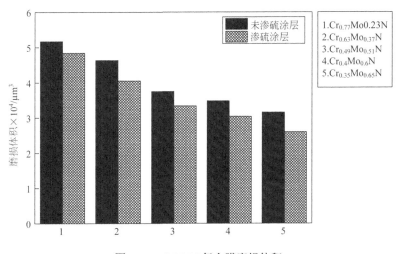

图 7-12　CrMoN 复合膜磨损体积

　　鲍登（F.P Bowden）和泰伯（D.Tabor）认为[67]，两金属表面在摩擦过程中会形成大于分子量级的金属接点，并在接点处发生剪切。此外，如果一个表面比另一个表面硬，则较硬表面的凸点会在较软的表面上产生犁沟。因此，摩擦阻力可用两项之和来表示，其中一项代表剪切过程，另一项代表犁沟过程。对于理想弹塑性材料，$A_r\sigma_y=L$。式中 $\sigma_y$ 为金属的屈服压力；$L$ 为法向载荷；$A_r$ 为实际接触面积。由于金属与金属的紧密接触区会发生牢固粘着，接点发生冷焊。若 $\tau$ 为剪断接点所需的单位面积上的力，则摩擦力可表示为：$F = A_r\tau = \dfrac{L_\tau}{\alpha_y}$，$\mu = \dfrac{F}{L} = \dfrac{\tau}{\sigma_y}$。

　　由于假设材料为理想弹塑性体，因此，可取 $\tau$ 等于临界剪切应力 $\tau_0$，于是 $\mu=\tau_0/\sigma_y$。对于大多数金属来说，比值 $\tau_0/\sigma_y$ 相差不多。这也正是为什么大多数金属的机械性能如硬度变化很大而彼此间摩擦系数却相差不大的原因。如两个硬的金属接触时，$\sigma_y$ 大，$A_r$ 小，$\tau_0$ 大。对于大多数金属，$\tau_0=\sigma_y/5$。因此，在硬金属上镀覆一层软金属可降低摩擦系数。此时载荷由本体母材承担，而剪切发生在镀覆的软金属层，公式中的 $\tau_0$ 为软金属的临界剪切应力，$\sigma_y$ 为硬金属的屈服强度，因此，$\mu$ 值比较低。

图 7-13 为干摩擦条件下渗硫前后 CrMoN 复合膜的磨损形貌。从图中可以看出：①不同薄膜在未渗硫条件下的磨损情况较渗硫处理后严重，离子渗硫层的存在能够显著降低各类薄膜的表面磨损。②与磨损性能相应，当 Mo 含量较少时，薄膜表面犁沟较深，随着 Mo 含量

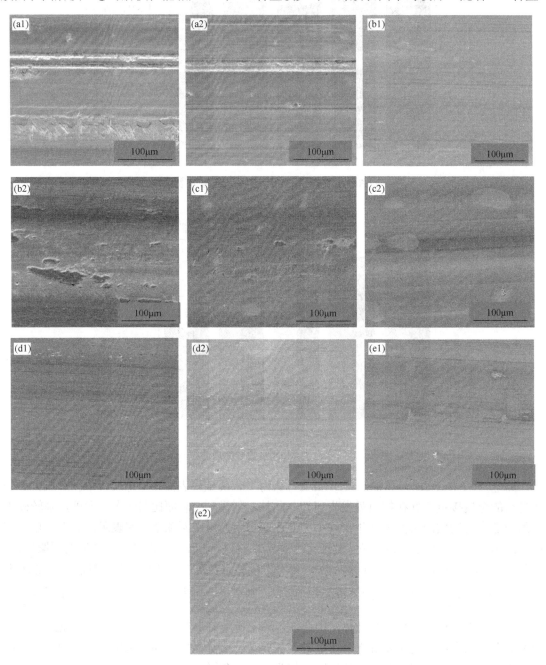

图 7-13 干摩擦条件下 CrN 基复合膜薄膜磨损形貌

（a1）$Cr_{0.77}Mo_{0.23}N$；（a2）$Cr_{0.77}Mo_{0.23}N/MoS_2$；（b1）$Cr_{0.63}Mo_{0.37}N$；（b2）$Cr_{0.63}Mo_{0.37}N/MoS_2$；

（c1）$Cr_{0.49}Mo_{0.51}N$；（c2）$Cr_{0.49}Mo_{0.51}N/MoS_2$；（d1）$Cr_{0.4}Mo_{0.6}N$；

（d2）$Cr_{0.4}Mo_{0.6}N/MoS_2$；（e1）$Cr_{0.35}Mo_{0.65}N$；（e2）$Cr_{0.35}Mo_{0.65}N/MoS_2$

的增加，CrMoN 复合膜磨损表面的犁沟和裂纹减少变浅。③在低温离子渗硫处理后，在 CrMoN/MoS₂ 复合膜中，磨痕均匀光滑，无裂纹及剥落现象。经 30min 磨损后，试样表面仅呈现轻微的"凹坑"。随着 Mo 含量的增加，磨痕表面"凹坑"增多［图 7-13（e2）］。在试验过程中，薄膜沉积的颗粒和溅射缺陷等微观区域在周期性载荷作用下产生微裂纹，当微裂纹汇合时，薄膜便发生逐层剥落，形成不规则的凹坑，同其主要的磨损形式为疲劳磨损。刘勇[68]等研究认为，MoS₂ 薄膜在较低载荷摩擦时，薄膜表面被轻微抛光，并伴有向对偶件的材料转移，薄膜表面的塑性变形不明显，可看到深浅不同、大小不一的痘斑状凹坑，其磨损机制主要为疲劳磨损。

　　为了进一步研究的摩擦磨损机理，分别对 CrMoN 复合膜及 CrMoN/MoS₂ 在空气中的磨痕表面进行了三维轮廓观察，如图 7-14。从图中可以看出，$Cr_{0.49}Mo_{0.51}N$ 复合膜的摩擦轨迹呈较深的沟槽状，有大量磨屑在磨痕两侧堆积，当 CrMoN 复合膜中 Mo 原子含量继续增加时，CrMoN 复合膜的磨痕明显变浅，$Cr_{0.35}Mo_{0.65}N$ 复合膜的磨痕最浅，由此可知，CrMoN 复合膜中 Mo 元素的添加的确可以改善薄膜的磨损程度，但不是随着 Mo 含量的增多而线性减小，只有 $Cr_{0.35}Mo_{0.65}N$ 复合膜的磨损性能最好。CrMoN/MoS₂ 复合膜的磨痕两侧堆积的磨屑减少，犁沟变窄。Mo 元素含量对其磨痕影响变化与 CrMoN 复合膜一致。

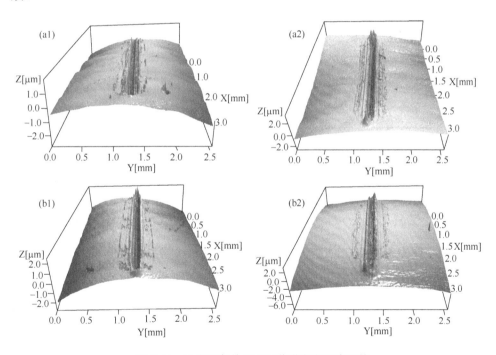

图 7-14　干摩擦条件下不同薄膜磨痕三维形貌

（a1）$Cr_{0.77}Mo_{0.23}N$；（a2）$Cr_{0.77}Mo_{0.23}N/MoS_2$；

（b1）$Cr_{0.63}Mo_{0.37}N$；（b2）$Cr_{0.63}Mo_{0.37}N/MoS_2$；

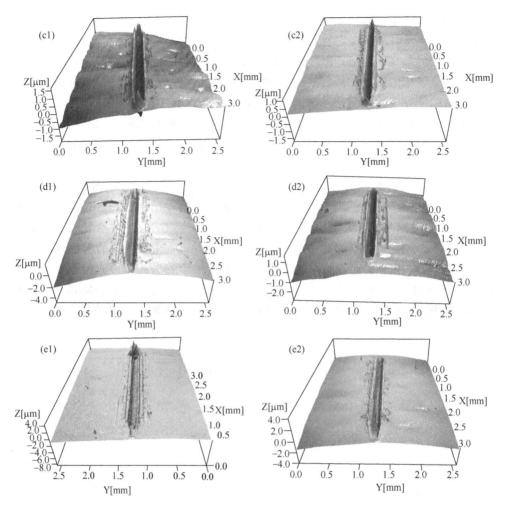

图 7-14 干摩擦条件下不同薄膜磨痕三维形貌（续）

（c1）$Cr_{0.49}Mo_{0.51}N$；（c2）$Cr_{0.49}Mo_{0.51}N/MoS_2$；

（d1）$Cr_{0.4}Mo_{0.6}N$；（d2）$Cr_{0.4}Mo_{0.6}N/MoS_2$；（e1）$Cr_{0.35}Mo_{0.65}N$；（e2）$Cr_{0.35}Mo_{0.65}N/MoS_2$

图 7-15 为干摩擦条件下 CrMoN 复合膜渗硫前后的最大磨痕宽度曲线。从图中可以看出，CrMoN 复合膜的磨痕两侧堆积较多，磨痕较深，$Cr_{0.49}Mo_{0.51}N$ 复合膜的磨痕宽度最大，当 Mo 含量继续增加，CrMoN 复合膜的磨痕宽度减小，$Cr_{0.35}Mo_{0.65}N$ 复合膜的磨痕宽度最小。$CrMoN/MoS_2$ 复合膜的最大磨痕深度和宽度都大大减小，并且磨痕两侧的堆积减少。这是由于在磨损过程中，$CrMoN/MoS_2$ 复合膜的渗硫层被碾压并黏附于对摩件表面，或填充于凹陷处，使其宽度逐渐增加，同时又阻碍了金属间的直接接触，避免粘着的发生。

$H^3/E^{*2}$ 值代表薄膜的塑性变形抗力，反映薄膜的韧性。渗硫前后不同 Mo 含量的 CrMoN 复合膜的 $H^3/E^{*2}$ 值与磨损体积之间的关系如图 7-16 所示。从图中可以看出，CrMoN 复合膜的磨损量与 $H^3/E^{*2}$ 值密切相关，$H^3/E^{*2}$ 值越小，摩损体积越大。

同种材料磨损量与载荷、滑动距离成正比，而不直接与材料的硬度相关，在载荷和滑动距离一定的情况下，磨损量与 $K$ 有关。不同材料的 $K$ 值不同，$K$ 值与材料的剪切弹性模量、临界滑动距离有关，材料的韧性影响临界滑动距离，韧性好，临界滑动距离大，磨损量小。

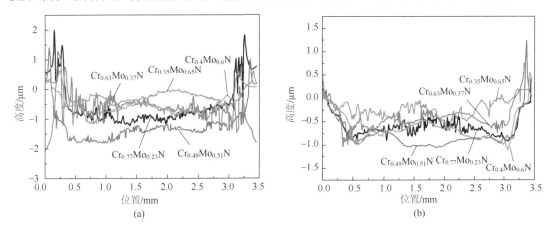

图 7-15　干摩擦条件下 CrMoN 及 CrMoN/MoS₂复合膜磨痕宽度曲线

（a）CrMoN 复合膜；（b）CrMoN/MoS₂复合膜

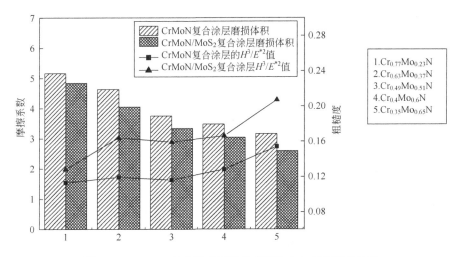

图 7-16　CrMoN 复合膜表面塑性变形抗力与磨损量的关系

　　不同 Mo 含量的 CrMoN/MoS₂复合膜 Cr-S 和 Mo-S 化合物成分比与薄膜摩擦系数的关系如图 7-17 所示。从图中可以看出，随着 CrMoN 复合膜中 Mo 含量的增加，CrMoN/MoS₂复合膜中形成的 Mo-S 化合物的含量是逐渐增加的，Cr-S 化合物含量逐渐减少，CrMoN/MoS₂复合膜的摩擦系数总体趋势是减小的，说明渗硫复合膜表面的 Mo-S 化合物的增多、渗硫层的增厚对渗硫薄膜摩擦系数的降低起到一定的作用。在摩擦力作用下，由于削峰填谷的作用，表面较未渗硫处理的试样更为光滑，摩擦系数的犁铧作用分量较小。

## 7.2.7　渗硫条件对薄膜摩擦学性能的影响

　　在渗硫过程中，各工艺参数间相互影响，相互制约，共同控制着渗硫层的厚度及表面含量。其中主要参数有渗硫温度和渗硫保温时间，其次还有电流、电压、真空度等。其中温度的提高会使硫的蒸发变快，同时使真空室中的粒子无规则运动加剧。此外，渗硫时间长短对渗硫的生成也有影响，时间短，可能薄膜表面硫含量少，润滑性能较差。因此，本节主要讨论渗硫温度和保温时间对薄膜性能的影响，选取 $Cr_{0.35}Mo_{0.65}N$ 复合膜进行低温离子渗硫处理。

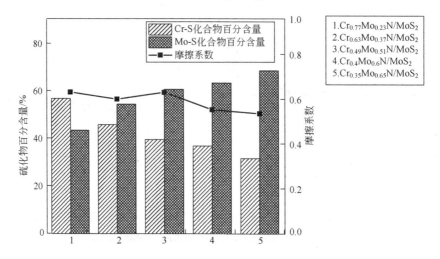

图 7-17　CrMoN/MoS$_2$ 复合膜 Cr-S 和 Mo-S 化合物成分比与薄膜摩擦系数的关系

### 7.2.7.1　渗硫温度对渗硫层的影响

将 CrMoN 复合膜分别在 200℃、230℃ 及 290℃ 温度下渗硫，保温时间均为 2h，测定表面含硫量，如图 7-18 所示。

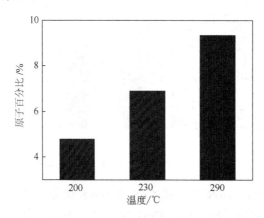

图 7-18　不同渗硫温度下 CrMoN/MoS$_2$ 薄膜表面含硫量

从图中可以看出，随着渗硫温度的升高，薄膜表面硫含量逐渐增多。这是由于在较高的处理温度下，金属表面原子的活性增大，更易于发生各种化学反应，生成化合物。同时，气体中电离作用也随放电电压升高而加剧，到达试样表面的硫离子数也增多。另外，当温度升高时，从硫蒸发器中蒸发出的硫蒸气也增多。在真空室内气压一定的情况下，硫的浓度增加对表面含硫量的增加起促进作用。所以在相同时间内就能形成较多的硫化物，并在较高的温度下迅速聚集在一起，形成较大的颗粒。

固体硫的升华点为 112℃。因此在升温过程中，当真空室内温度达到 120℃ 左右时，硫蒸发器中的硫就已经开始升华并向外挥发，此时渗硫过程实际上就开始进行了。但由于温度较低，渗硫作用还不太明显。当温度达到 140℃ 左右时，已经可以看到蓝色的辉光和波纹状光圈。因此定义真空室内温度达到 140℃ 至保温阶段结束后这一时间间隔为渗硫时间；而保温时间则是指温度达到处理工艺温度时与保温结束这一时间间隔。显而易见，对于每一种渗硫工艺，其实际渗硫时间要长于保温时间。而对于不同的渗硫工艺，在相同的保温时间下，随着渗硫温度的升高，实际渗硫时间延长，有利于其表面硫含量的增加。

在三种渗硫温度下，CrMoN/MoS₂ 复合膜摩擦因数的变化如图 7-19 所示。从图中可以看出，三种渗硫温度下摩擦系数随摩擦时间呈现小范围有规律的波动，在渗硫温度 200℃ 时，摩擦系数较高，约为 0.56；在渗硫温度 230℃ 下摩擦系数最低，为 0.54 左右；当渗硫温度继续升高时，其摩擦系数与 230℃ 渗硫温度下薄膜摩擦系数相近，但波动较大。

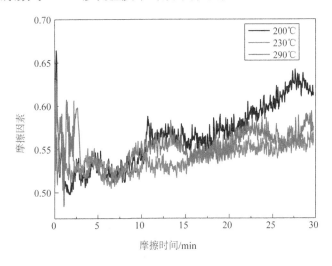

图 7-19　三种渗硫温度下 CrMoN/MoS₂ 复合膜摩擦因数变化

图 7-20 为三种渗硫温度下 CrMoN/MoS₂ 复合膜磨损体积的变化。从图中可以看出，在渗硫温度 230℃ 下，薄膜具有较小的磨损量，而 200℃ 的渗硫温度下，薄膜的磨损量较大。

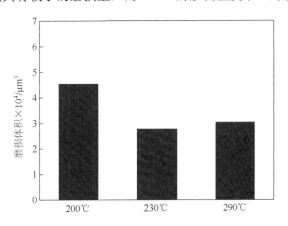

图 7-20　三种渗硫温度下 CrMoN/MoS₂ 复合膜磨损体积变化

三种渗硫温度下薄膜表面磨损形貌如图 7-21 所示。从图中可以看出，三种渗硫温度下薄膜表面磨痕两侧都有聚集的磨屑，对其进行成分测定，为铁的氧化物。在渗硫温度为 200℃

下，薄膜表面磨痕两侧聚集的磨屑较多，磨痕中部白色物质经成分分析发现以金属铬及钼的氧化物为主。随着渗硫温度升高到 230℃，对磨钢球磨痕表面越平整，磨痕周围的磨屑的聚集越少。在渗硫温度 290℃的渗硫薄膜对磨的钢球表面存在黑色块状物，经成分测定为 FeS。

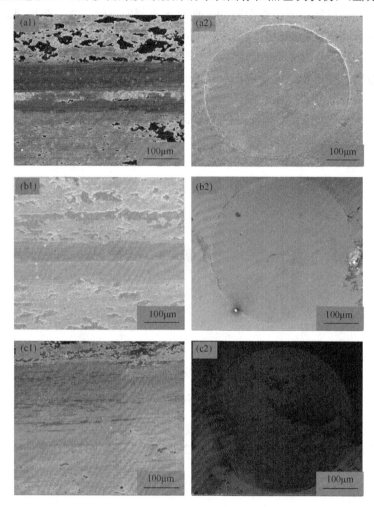

图 7-21　三种渗硫温度下复合膜磨损形貌

（a1）200℃下 CrMoN/MoS₂ 复合膜；（a2）200℃下 GCr15 钢球表面；（b1）230℃下 CrMoN/MoS₂ 复合膜；

（b2）230℃下 GCr15 钢球表面；（c1）290℃下 CrMoN/MoS₂ 复合膜；（c2）290℃下 GCr15 钢球表面

　　三种渗硫温度下磨损后薄膜及对磨钢球表面 S 元素含量和薄膜摩擦系数及磨损体积之间关系如图 7-22、图 7-23 所示。从图中可以看出，渗硫薄膜磨损表面 S 元素含量较磨损前均有减少。渗硫温度为 200℃时，磨损后薄膜表面 S 元素含量较低，渗硫温度为 230℃时，磨损后薄膜表面 S 元素含量较高，对磨钢球表面也有较高的 S 含量，但当温度进一步升高时，磨损表面及对磨钢球表面 S 元素含量略有下降。同时，可以发现，三种渗硫温度下薄膜的摩擦系数及磨损量随着薄膜表面 S 元素含量升高而降低，渗硫温度为 230℃时，由于薄膜表面 MoS₂ 及 FeS 的双重润滑作用使得薄膜的拥有最高的 S 含量及最低的摩擦系数及磨损体积。

　　由此可知，渗硫薄膜的耐磨性与磨损表面含硫量有密切联系。渗硫温度低，薄膜表面含硫量少，在磨损过程中的润滑效果较差，渗硫温度高，渗硫层颗粒较大，表面较为粗糙，耐磨性下降。因此，选择合适的渗硫温度，对薄膜的耐磨性能有重要影响。

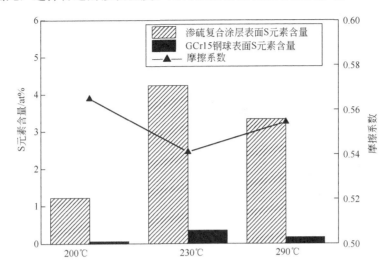

图 7-22　三种渗硫温度下 S 元素在磨损表面的含量与摩擦系数之间的关系

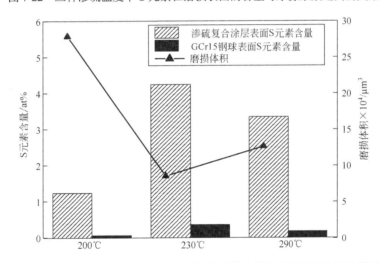

图 7-23　三种渗硫温度下 S 元素在磨损表面的含量与磨损体积之间的关系

对比图 7-19 和图 7-23 可知，在不同渗硫温度下，磨损后 CrMoN/MoS₂ 复合膜表面的 S 含量与未磨损薄膜相比，均有所下降。在 200℃的渗硫温度条件下，CrMoN/MoS₂ 复合膜表面的 S 含量大约降低 74.5%；在 230℃条件下，CrMoN/MoS₂ 复合膜表面的 S 含量降低 38.6%；在 290℃的条件下，CrMoN/MoS₂ 复合膜表面的 S 含量降低 64.3%。当渗硫温度较低时，CrMoN/MoS₂ 复合膜表面 S 含量较少；当渗硫温度较高时，得到的渗硫层表面颗粒较大，粗糙度上升，因此也不利于磨损。在 230℃温度下获得的 CrMoN/MoS₂ 复合膜的 S 含量对于磨损是最有利的。

#### 7.2.7.2　保温时间对渗硫层的影响

将 CrMoN 复合膜在 230℃的条件下做低温离子渗硫处理，保温时间分别为 0.5h、2.5h 及 4h，测定渗硫薄膜表面含硫量，如图 7-24 所示。从图中可以看出，随着渗硫时间的延长，渗层表面硫含量逐渐增多。渗硫过程是一个不断化合、离解、扩散的过程。硫化层的形成主要靠硫化物的吸附和沉积，在硫离子不断轰击工件表面的同时，在表面已形成的硫化物层一部分被离子轰击，重新分解出硫离子或原子，回到真空容器中；而另一部分则在较高温度下向

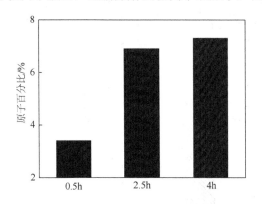

内层扩散。但由于试样亚表层以内温度并不高（150～300℃），因此扩散过程比较困难。随着渗硫时间的延长及渗层厚度的增加，硫化物的沉积将会变得愈来愈困难。相反，被轰击溅射出来的硫化物却可能愈来愈多。从图中也可以看到，随着时间的变化，渗层表面含量变化并不特别明显。比较图 7-19 和图 7-24，可以看出温度对渗硫层的影响要大于保温时间对渗硫层的影响。

图 7-24  不同渗硫时间 CrMoN 渗硫复合膜表面含硫量

从图 7-24 中可以看出，渗硫层表面含硫量在保温时间较短时，受时间影响较大，之后随时间的延长逐渐减小。这是由于在渗硫初期，试样表面上所有的金属原子都暴露在辉光放电电场中，受到高能离子轰击而被溅射出来的金属原子数量就较多，与到达试样最邻近表面的硫离子形成的 $MoS_2$ 也就较多，所以处理初期试样表面硫含量增加较快。随着渗硫时间的延长，试样表面逐渐被硫化物覆盖，且其厚度增加，因而硫化物形成速度变慢。另外，由于初期形成的硫化物也可能被溅射而脱离试样表面，其结果也降低试样表面含硫量，所以试样表面含量在 2h 后变化就不太明显。

渗硫时间对 $CrMoN/MoS_2$ 复合膜摩擦因数及磨损体积的影响如图 7-25 所示。从图中可以看出，随着渗硫时间的延长，复合膜的磨损体积有所减小，但在 230℃ 下保温 4h 的试块，其摩擦系数却较保温 2.5h 的薄膜略有增加。这是由于在 230℃ 下保温 4h 后，渗硫层表面含硫量较高，渗层较厚，表面粗糙度较大。根据 Amontons 定律，只有在基体材料硬度或强度高的情况下，才能有效地保证渗硫层的减摩作用，亦能促进基体耐磨性的提高。说明对于 CrMoN 复合膜，有一个合适的渗层厚度，可使其耐磨性达到最好。此工艺为 230℃ 下渗硫 2.5h。

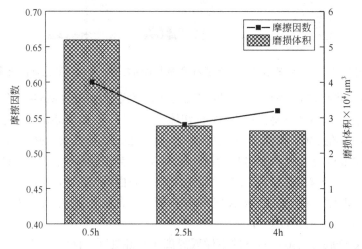

图 7-25  渗硫时间对 $CrMoN/MoS_2$ 复合膜摩擦因数及磨损体积的影响

## 7.3　小结

本章对 CrN 薄膜、CrMoN 复合膜及 CrMoN/MoS$_2$ 微纳米固体润滑复合膜干摩擦条件下的摩擦学性能进行研究，结果如下：

（1）在载荷 40N，滑动速率 0.96m/min，磨损时间 30min 的条件下，三种薄膜的摩擦系数为：CrN（0.7）＞CrMoN（0.66）＞CrMoN/MoS$_2$（0.61）。磨损体积值大小顺序亦为：CrN＞CrMoN＞CrMoN/MoS$_2$。CrMoN/MoS$_2$ 微纳米固体润滑复合膜的实时摩擦系数随摩擦时间变化而呈现小范围有规律的波动，这种波动可能起源于润滑膜的形成与脱落的交替过程。

（2）CrN 薄膜的磨损形式为磨粒磨损及粘着磨损；CrMoN 复合膜在摩擦过程中，由于摩擦氧化热反应，出现金属氧化物；CrMoN/MoS$_2$ 微纳米固体润滑复合膜的 MoS$_2$ 在磨损过程中从表面转移到了对磨钢球表面，在摩擦过程中，薄膜中的 Mo 元素会与活性 S 原子反应，不断生成 MoS$_2$，同时 O 原子进入部分 MoS$_2$ 晶格，取代 S 原子形成硫钼氧的化合物，这种硫钼氧的化合物在继续磨损过程中，大部分会被进一步氧化为氧化钼，继续起到润滑减摩作用。同时，钢球表面的 Fe 原子与薄膜表面的活性 S 原子发生反应生成 FeS，起到了双重减摩润滑的作用，从而降低磨损。

（3）随着 Mo 含量的增多，CrMoN/MoS$_2$ 微纳米固体润滑复合膜的摩擦系数减小，磨损量降低。当 Mo 含量较高时，在试验过程中，CrMoN/MoS$_2$ 微纳米固体润滑复合膜沉积的颗粒和溅射缺陷等微观区域在周期性载荷作用下产生微裂纹，当微裂纹汇合时，薄膜便发生逐层剥落形成不规则的凹坑，出现疲劳磨损。

（4）对 CrMoN/MoS$_2$ 微纳米固体润滑复合膜，Mo 含量越高，薄膜的 $H^3/E^{*2}$ 值越大，薄膜的耐磨性好；Mo-S 化合物的含量越高，CrMoN/MoS$_2$ 微纳米固体润滑复合膜的摩擦系数越低。

（5）渗硫温度对 CrMoN/MoS$_2$ 微纳米固体润滑复合膜磨损性能的影响为，在渗硫温度 200℃ 时摩擦系数较高，为 0.56；渗硫温度 230℃ 下摩擦系数最低，为 0.54 左右；渗硫温度 290℃ 时，其摩擦系数与 230℃ 渗硫温度下的薄膜摩擦系数相近，但波动较大。磨损体积大小为 200℃＞290℃＞230℃。渗硫时间超过一定值后，对 CrMoN/MoS$_2$ 微纳米固体润滑复合膜磨损性能影响变化不大，时间过长，薄膜表面粗糙度较大，耐磨性下降。由此说明对于 CrMoN/MoS$_2$ 微纳米固体润滑复合膜，在温度 230°C 下渗硫 2.5h，能够使薄膜具有合适的渗层厚度，在本实验中其耐磨性达到最好。

# 第8章 CrN 基复合膜活塞环的台架考核试验研究

通过对 CrN 基复合膜制备工艺优化，制备出了性能优良的 CrN 基复合膜，并对其性能与工艺参数之间的关系进行了系统研究。在此基础上，制备了坦克发动机 CrN 基复合膜活塞环以及与其匹配的激光渗硫复合处理缸套。根据"装甲车辆用柴油机台架试验方法"，采用坦克发动机台架试验台考核 CrN 基复合膜的抗高温摩擦磨损性能和摩擦副匹配性能，并与原始的坦克发动机电镀 Cr 活塞环进行比较研究。

## 8.1 试验方法

### 8.1.1 活塞环与缸套样品准备

在工艺参数优化的基础上，选取适用于活塞环薄膜服役工况的制备工艺参数。采用多弧离子镀在活塞环表面沉积制备了 Cr/CrN 纳米多层膜（本章简称 CrN 薄膜活塞环）和 CrTiAlN 复合膜作为台架试验样品。其中 CrN 薄膜的制备工艺参数为：基体温度 300℃，负偏压-150V，Cr 靶弧电流 60A，氮气浓度 40%，调制周期 120nm。CrTiAlN 复合膜的制备工艺参数为：基体温度 300℃，负偏压-200V，Cr 靶弧流 60A，TiAl 靶弧电流 45A，氮气浓度 45%，基体旋转速度 1.2r/min。两种薄膜的厚度均约为 6μm。CrTiAlN 复合膜活塞环的宏观形貌如图 8-1 所示。采用激光渗硫复合处理技术对缸套内壁进行了处理，其宏观形貌如图 8-2 所示。

图 8-1 坦克发动机 CrTiAlN 薄膜活塞环宏观形貌  　图 8-2 激光渗硫处理的缸套内壁形貌

### 8.1.2 试验设备

台架考核试验设备采用专用的"某型坦克发动机台架试验台"。发动机台架试验主要设备和测试仪器型号规格见表 8-1。

将待考核的活塞环与缸套样品装配到发动机中，装配完毕后，将坦克发动机安装在发动机台架试验台上，然后按照坦克发动机试验大纲组织发动机可靠性试验。

表 8-1　发动机台架试验设备、仪器一览表

| 序号 | 名　　称 | 型号规格 | 生产厂家 |
| --- | --- | --- | --- |
| 1 | 测功机 | YP880－S | 启东测功设备厂 |
| 2 | 发动机自动测试仪 | FCKS2002 | 启东测功设备厂 |
| 3 | 转速油耗测试仪 | YSWI | 湖南仪表厂 |
| 4 | 干湿温度计 | JWS-A4 | 上海仪器厂 |
| 5 | 大气压力计 | DYM1 | 上海气象仪表厂 |

## 8.1.3　试验过程

### 8.1.3.1　试验与检验依据标准

试验标准采用"装甲车辆用柴油机台架试验方法"和"装甲车辆用柴油机台架性能参数测量要求"，活塞环试验前后的外径尺寸变化采用专用标准环槽和塞尺进行测量，测量精度为 0.01mm，其测试现场见图 8-3。缸套内壁尺寸测量采用专用的内径千分尺（图 8-4），测量精度为 0.01mm。

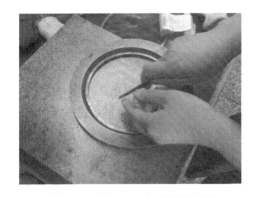

图 8-3　活塞环开口间隙测量现场　　　　　图 8-4　缸套内壁测量现场

### 8.1.3.2　活塞环/缸套的装配方案

将制备好的 CrN、CrTiAlN 复合膜活塞环样品与电镀 Cr 活塞环样品分成三组，对称地配置在发动机缸套内。缸套的处理工艺为：中频淬火原始处理工艺和激光渗硫复合处理，活塞环与缸套对应的装配位置如表 8-2 所示。从不同摩擦副的装配位置可以看出：原始活塞环/缸套摩擦副的装配位置为左排 1 缸、2 缸和右排 1 缸、2 缸，CrN 薄膜活塞环与激光渗硫缸套摩擦副的装配位置为左排 3 缸、4 缸和右排 3 缸、4 缸，CrTiAlN 复合膜活塞环与激光渗硫缸套摩擦副的装配位置为左排 5 缸、6 缸和右排 5 缸、6 缸。

表 8-2 活塞环与缸套对应的位置

| 名称 | 活塞环与缸套对应的位置 | | | | | |
|------|------|------|------|------|------|------|
| 位置 | 左排 1 缸 | 左排 2 缸 | 左排 3 缸 | 左排 4 缸 | 左排 5 缸 | 左排 6 缸 |
| 缸套 | 中频淬火 | 中频淬火 | 激光渗硫 | 激光渗硫 | 激光渗硫 | 激光渗硫 |
| 活塞环 | 电镀 Cr | 电镀 Cr | CrN 薄膜 | CrN 薄膜 | CrTiAlN | CrTiAlN |
| 位置 | 右排 1 缸 | 右缸 2 | 右缸 3 | 右缸 4 | 右缸 5 | 右缸 6 |
| 缸套 | 中频淬火 | 中频淬火 | 激光渗硫 | 激光渗硫 | 激光渗硫 | 激光渗硫 |
| 活塞环 | 电镀 Cr | 电镀 Cr | CrN 薄膜 | CrN 薄膜 | CrTiAlN | CrTiAlN |

在装配前，首先分别测量每一活塞环的开口间隙、重量和环厚度，以及相应缸套的上下内径，然后整体装配发动机，达到柴油发动机的装配技术要求。装配完后将其安装在发动机试验台上。然后按照坦克发动机试验大纲组织发动机台架试验。

### 8.1.3.3 试验过程

将 12 套活塞环装配在柴油发动机中，按照试验规范在台架上进行磨合试验、功能试验、工厂验收试验、外特性试验和可靠性试验，检测柴油发动机的转速、功率、燃油比消耗率、机油比消耗率等参数指标。

台架试验分两个阶段：第一阶段，台架试验 600h 后进行拆检分析，测量发动机缸套内壁和活塞环外径的尺寸变化，比较分析不同活塞环薄膜的抗磨损性能，并更换尺寸超差报废的活塞环。第二阶段，台架试验 1100h 后进行拆检分析，比较分析不同活塞环薄膜的抗磨损性能，对 CrN 基复合膜活塞环的实际应用效果进行评价分析，对不同活塞环/缸套的匹配效果进行分析。

## 8.2 试验数据分析

与实验室条件下的磨损试验不同，在台架考核试验条件下，活塞环服役的平均温度在 200℃ 以上，但瞬时温度和局部温度随运动条件反复变化。同时，与磨损试验时的固定载荷不同，实际活塞环工作过程中受力条件变化不均，变化复杂；因此，其服役条件更加恶劣，可以充分比较不同活塞环薄膜的抗高温磨损性能和摩擦副的匹配性能。

### 8.2.1 活塞环磨损尺寸分析

#### 8.2.1.1 活塞环开口间隙比较分析

活塞环开口间隙是反映活塞环外径尺寸变化的一项重要指标，通过活塞环外径尺寸的变化可以知道活塞环外径的磨损情况。图 8-5 为台架试验 600h 前后电镀 Cr、CrN 薄膜和 CrTiAlN 复合膜三组梯形活塞环的开口间隙变化平均值比较图。从图中可以看出，电镀 Cr 活塞环开口间隙试验前后变化的平均值最大，为 0.68mm，其中左 1 缸电镀 Cr 活塞环的开口间隙甚至达到了 2.5mm，远远超出规定的最大值，梯形环的导角部分磨出锐角，图 8-6 为试验前后电镀 Cr 活塞环的倒角形貌比较图。台架试验结果证实了电镀 Cr 活塞环的严重磨损是制约坦克发动机使用寿命的一个重要因素。磨损量居第二位的是 CrN 薄膜活塞环，其开口间隙试验前后变化的平均值为 0.05mm。CrTiAlN 复合膜活塞环的开口间隙变化平均值最小，为 0.025mm。三种活塞环的开口间隙变化平均值的大小顺序为：电镀 Cr＞CrN＞CrTiAlN。

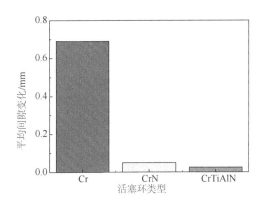

图 8-5 600h 后活塞环开口间隙变化均值

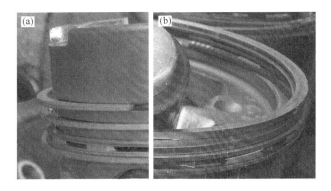

图 8-6 电镀活塞环试验前和后 600h 的表面状态

（a）台架试验前（有倒角）；（b）600h 后（磨出锐边）

　　由于电镀 Cr 活塞环磨损严重，无法继续使用，因此，将所有电镀 Cr 的活塞环更换成新的电镀 Cr 活塞环。CrN 和 CrTiAlN 复合膜活塞环的开口间隙均在尺寸要求范围之内，不进行更换，重新装配后，继续使用。

　　台架试验时间为 1100h 后，对活塞环外径尺寸变化进行测量，活塞梯形环试验前后开口间隙平均值变化如图 8-7 所示。从图 8-7 可以看出，镀 Cr 活塞环开口间隙试验前后变化的平均值最大，为 0.65mm，同样磨损严重。CrTiAlN 复合膜活塞环的开口间隙试验前后变化平均值相对最小，为 0.05mm。CrN 薄膜活塞环的开口间隙试验前后变化的平均值为 0.125mm。可见通过 1100h 的台架试验，可获得三组不同类型活塞环外径的抗磨损性能的排序为：CrTiAlN 复合膜活塞环＞CrN 薄膜活塞环＞Cr 镀层活塞环。这表明 CrTiAlN 复合膜具有最优的抗高温磨损性能，图 8-8 为台架试验 1100h 后，CrTiAlN 复合膜活塞环的宏观表面状态，从图中可以看出，其表面膜层几乎保持原状，倒角处也无磨损痕迹，还可以继续使用。

### 8.2.1.2　活塞环重量变化分析

　　活塞环重量是反映活塞环磨损量的一项综合指标。通过对活塞环试验前后重量变化的统计分析，可以比较出不同活塞环的抗磨损能力。试验前活塞环的标准重量为 35.5g，试验后活塞环的重量损失越大，表明活塞环磨损越严重。图 8-9 为电镀 Cr、CrN 薄膜、CrTiAlN 复合膜活塞环台架试验前后重量变化平均值。从图中可以看出，电镀 Cr 活塞环试验前后重量变化的平均值最大，为 3.9g，其次为 CrN 薄膜活塞环，为 0.9g，最小的是 CrTiAlN 活塞环，为 0.6g。通过比较可知，这三组不同类型薄膜活塞环的综合抗磨损性能的排序为：CrTiAlN 复合膜活塞环＞CrN 薄膜活塞环＞Cr 电镀层活塞环。

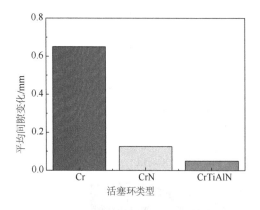

图 8-7　1100h 后活塞环开口间隙变化平均值

图 8-8　CrTiAlN 薄膜活塞环
1100h 后的形貌

### 8.2.1.3　活塞环厚度变化分析

厚度变化主要反映了活塞环厚度方向与活塞环槽之间的磨损。标准活塞环厚度为 2.38mm 左右。1100h 台架试验后，对电镀 Cr、CrN 薄膜和 CrTiAlN 复合膜三组活塞环的厚度进行了测量，并与原始尺寸进行比较，厚度变化平均值如图 8-10 所示。从图中可以看出，三组活塞环的厚度变化都不大；其中电镀 Cr 活塞环的厚度变化相对来说较大一些。这表明电镀 Cr 活塞环的径向磨损，引起了活塞环振动的加剧，致使活塞环沿厚度方向也会产生磨损。同时，对活塞环槽宽度进行了测量，发现尺寸基本没有变化，表明活塞环表面涂覆高硬度的薄膜不会引起活塞环槽的异常磨损。

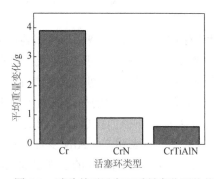

图 8-9　试验前后活塞环重量变化平均值

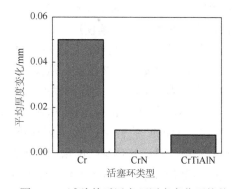

图 8-10　试验前后活塞环厚度变化平均值

## 8.2.2　缸套内壁磨损尺寸分析

图 8-11 为台架试验前后，与三种不同活塞环匹配的缸套内壁尺寸变化平均值比较分析。

从图中可看出，与电镀 Cr 匹配的缸套内壁尺寸变化平均值最大，其次为与 CrN 薄膜匹配的缸套，与 CrTiAlN 复合膜活塞环匹配的缸套内壁尺寸变化平均值最小，约为与电镀 Cr 匹配的缸套内壁尺寸变化平均值的 1/15。三组缸套内壁尺寸的变化趋势与活塞环的磨损尺寸值相一致，表明匹配良好的摩擦副总磨损量相对较轻，而匹配较差的原始摩擦副磨损比较严重，使得缸套内壁的磨损也比较严重。

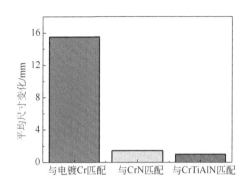

图 8-11　试验前后缸套内壁尺寸变化平均值

通过以上台架试验前后活塞环与缸套磨损尺寸变化分析可以得出，①CrN 薄膜及 CrTiAlN 复合膜活塞环具有较强的抗高温磨损性能，能够满足活塞环薄膜的实际工况要求，同时使活塞环的使用寿命得到显著提高。②CrTiAlN 复合膜活塞环与缸套激光渗硫复合处理配对的摩擦副，性能匹配最好，显著降低了缸套与活塞环的磨损量，表明此对摩擦副具有非常优异的匹配性，有效解决了缸套/活塞环磨损严重的难题。

## 8.3　台架试验前后活塞环表面薄膜的性能比较分析

### 8.3.1　厚度比较分析

图 8-12 为台架试验前后，活塞环表面 CrN 薄膜及 CrTiAlN 复合膜的平均厚度变化。由于台架试验后 Cr 电镀层已被全部磨掉，不作为比较对象。从图 8-12（a）中可以看出，试验前，活塞环表面 CrN 薄膜的平均厚度为 6.2μm，经过 1100h 的台架试验后，活塞环表面 CrN 薄膜的平均厚度为 2.1μm，其平均厚度减小了 4.1μm。从图 8-12（b）中可以看出，试验前，活塞环表面 CrTiAlN 复合膜的平均厚度值为 6.4μm，试验后活塞环表面 CrTiAlN 薄膜的平均厚度值为 3.6μm，其平均厚度减小了 2.8μm，小于 CrN 薄膜的平均厚度变化。通过比较可知，试验后，活塞环表面 CrTiAlN 薄膜的厚度大于 CrN 薄膜，活塞环表面剩余的 CrTiAlN 薄膜及 CrN 薄膜对活塞环表面继续起保护作用。

### 8.3.2　硬度分析

图 8-13 为台架试验前后，活塞环表面 CrN 薄膜及 CrTiAlN 复合膜的平均硬度变化。从图 8-13（a）中可以看出，试验前，CrN 薄膜活塞环表面的平均硬度为 20GPa，经过 1100h 的台架试验后，CrN 薄膜活塞环表面的平均硬度为 13GPa，降低了 7GPa。从图 8-13（b）中可以看出，试验前，

CrTiAlN 复合膜活塞环的平均硬度为 30GPa，同样，试验后 CrTiAlN 复合膜活塞环表面的平均硬度也出现了下降。其平均硬度值为 19GPa，其平均硬度降低了 11GPa。通过试验后活塞环薄膜的成分和残余应力分析，可知在发动机工作过程中，高温磨损环境使 CrN 及 CrTiAlN 复合膜部分产生了氧化反应，同时使薄膜的残余应力得到了释放，导致薄膜的硬度值降低。

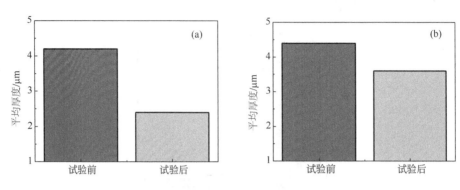

图 8-12　试验前后活塞环表面薄膜的平均厚度变化

（a）CrN 薄膜；（b）CrTiAlN 复合膜

### 8.3.3　残余应力分析

采用 X-350A 型 X 射线衍射应力测试仪对台架试验前后 CrN 及 CrTiAlN 复合膜活塞环的残余应力进行了测试分析。图 8-14 为台架试验前后，CrN 及 CrTiAlN 复合膜活塞环的平均残余应力变化。从图 8-14（a）中可以看出，试验前，CrN 薄膜活塞环的平均残余应力值为-1026MPa，表现为压应力；试验后，CrN 薄膜活塞环的平均残余应力值为-512MPa，其平均残余应力值降低了-514MPa。从图 8-14（b）中可以看出，试验前，CrTiAlN 复合膜活塞环的平均残余应力值为-1236 MPa；试验后，CrTiAlN 复合膜活塞环的平均残余应力值为-691MPa，其平均结合强度降低了-545MPa。表明在活塞环工作过程中，薄膜中的残余应力获得了释放，使残余应力值大幅度下降。

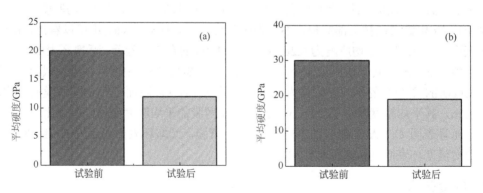

图 8-13　试验前后活塞环表面薄膜的平均硬度变化

（a）CrN 薄膜；（b）CrTiAlN 复合膜

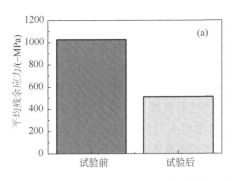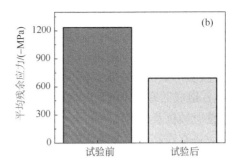

图 8-14　试验前后活塞环薄膜的平均残余应力变化

（a）CrN 薄膜；（b）CrTiAlN 复合膜

### 8.3.4　结合强度分析

图 8-15 为台架试验前后，活塞环表面 CrN 薄膜及 CrTiAlN 复合膜的平均结合强度变化。从图 8-15（a）中可以看出，试验前，活塞环表面 CrN 薄膜的平均结合强度为 62N；试验后，其平均结合强度为 34N。从图 8-15（b）中可以看出，试验前，活塞环表面 CrTiAlN 复合膜的平均结合强度为 72N；试验后，其平均结合强度值为 42N，降低了 30N，但仍高于 CrN 薄膜的结合强度。

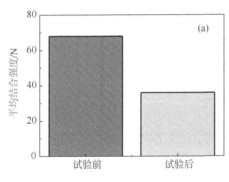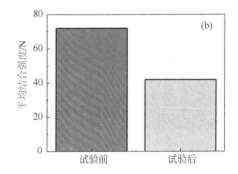

图 8-15　试验前后活塞环薄膜的平均结合强度变化

（a）CrN 薄膜；（b）CrTiAlN 复合膜

## 8.4　摩擦副磨损机制分析

分别以电镀 Cr 活塞环及对磨缸套、CrN 薄膜活塞环及对磨缸套、CrTiAlN 复合膜活塞环及对磨缸套为分析对象，采用 SEM、EDS 等分析方法对台架试验后的活塞环与缸套进行解剖分析，以研究不同摩擦副的磨损机制。

### 8.4.1　电镀 Cr 活塞环/中频淬火缸套摩擦副

图 8-16 为台架试验后电镀 Cr 活塞环/中频淬火缸套摩擦副表面磨损形貌与成分比较分析图。从图 8-16（a）、（b）可看出，台架试验后，电镀 Cr 活塞环磨损严重，活塞环表面只有

Fe 和 O 元素，没有出现 Cr 元素，表明 Cr 电镀层已经完全被磨掉了。活塞环的磨损表层为基体元素，表面磨损产物为 $Fe_2O_3$。从磨损形貌来看，活塞环磨损表面存在较深的纵向塑性犁沟、较深块状剥落坑和点蚀坑，较深的纵向塑性犁沟说明存在磨粒磨损；点蚀坑是在交变应力作用下，材料疲劳形成的；块状剥落坑是由于活塞环与其摩擦副缸套表面相互摩擦时，由于表面润滑不良，造成活塞环表面发生胶合现象，产生了粘着磨损，出现了较大的粘着坑。同时，剥落的 Cr 镀层颗粒及润滑油中的金属屑会随着润滑油进入到活塞和缸套之间，形成三体磨料磨损。同时，还存在高温腐蚀氧化磨损。因此，电镀 Cr 活塞环的失效形式为综合的磨粒磨损、疲劳磨损、高温粘着磨损和高温腐蚀氧化磨损。

从图 8-16（c）、（d）可看出，台架试验后，缸套的磨损表面发生了很明显的高温粘着磨损现象、疲劳磨损脱落和犁沟式磨粒磨损的特征，缸套表面粗糙度很大，存在明显的剥落坑，同时还存在磨粒磨损在缸套表面留下平行于滑动方向的犁沟。从缸套磨损表面能谱分析可看出，中频淬火缸套磨损表面的成分为 Fe、O、C、Cr、Mn 和 Ca 元素，其中 Fe 和少量的 Mn 元素为基体成分，O 和 C 元素来自磨损过程中产生的氧化物。Ca 元素为残留的润滑油中的功能性元素。Cr 元素则来自活塞环电镀 Cr，表明活塞环 Cr 电镀层在发生高温粘着磨损后，产生了化学转移，Cr 电镀层粘附在缸套表面的剥落凹坑中，这也进一步证实了电镀 Cr 活塞环与中频淬火缸套之间产生了高温粘着磨损。

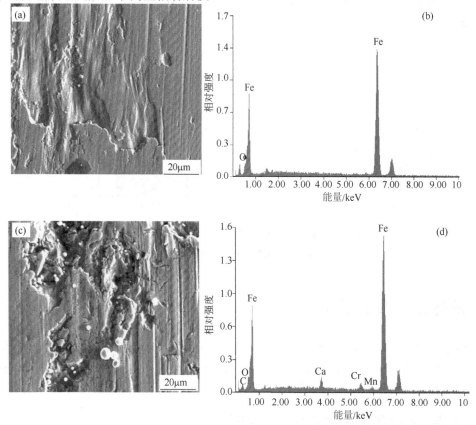

图 8-16　台架试验后电镀 Cr 活塞环/中频淬火缸套摩擦副磨损形貌与成分分析

（a）活塞环磨痕形貌；（b）活塞环磨痕成分分析；（c）缸套磨痕形貌；（d）缸套磨痕成分分析

### 8.4.2　CrN 薄膜活塞环/激光渗硫缸套摩擦副

图 8-17 为台架试验后 CrN 薄膜活塞环/激光渗硫缸套摩擦副表面磨损形貌与成分比较分析图。从图 8-17（a）、（b）可看出，CrN 薄膜磨损表面光滑平整，分布着细微的磨痕，磨损表面存在塑性变形，没有出现剥落和点蚀现象，主要以磨粒磨损为主。从薄膜磨损表面的能谱分析可以看出，CrN 薄膜磨损表面主要有 Cr、N、O 和少量的 Fe 元素，表明活塞环表面依旧覆盖着 CrN 薄膜，O 元素来自高温磨损过程中产生的氧化物，少量的 Fe 元素为 CrN 薄膜液滴磨掉后露出的基体成分。

从图 8-17（c）、（d）可看出，台架试验后，缸套的磨损表面主要为犁沟式磨粒磨损的形貌特征，缸套表面留下平行于滑动方向的犁沟，深浅不一，表明被磨掉的 CrN 薄膜硬质颗粒在摩擦副运动过程中起了磨粒的作用。摩擦副的磨损机制主要以磨粒磨损为主，没有出现粘着磨损现象。从缸套磨损表面能谱分析可以看出，激光缸套磨损表面的主要成分为 Fe、O 和 C 元素，其中 Fe 为基体成分，O 和 C 元素来自磨损过程中产生的氧化物。缸套表面没有出现 S 元素，表明缸套表面的 FeS 薄膜经过 1100h 的台架试验磨损后，已经被磨掉了，但由于 FeS 润滑层在发动机起动初期油润滑不良的情况下，起到固体润滑的作用，能够使缸套与活塞环摩擦副更快更好地适配，同时避免机油润滑不良局部过热情况下发生的粘着磨损现象。

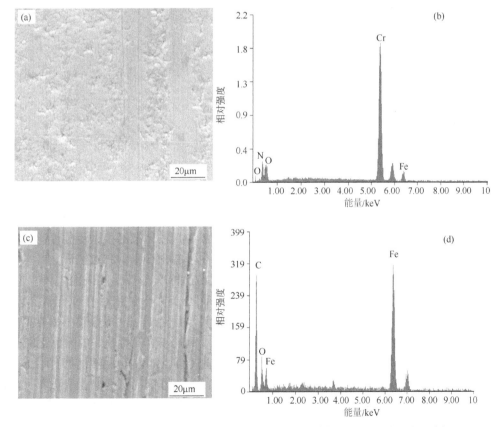

图 8-17　台架试验后 CrN 薄膜活塞环/激光渗硫缸套摩擦副磨损形貌与成分分析

（a）活塞环磨痕形貌；（b）活塞环磨痕成分分析；（c）缸套磨痕形貌；（d）缸套磨痕成分分析

### 8.4.3　CrTiAlN 复合膜活塞环/激光渗硫缸套摩擦副

图 8-18 为台架试验后 CrTiAlN 复合膜活塞环/激光渗硫缸套摩擦副表面磨损形貌与成分比较分析图。

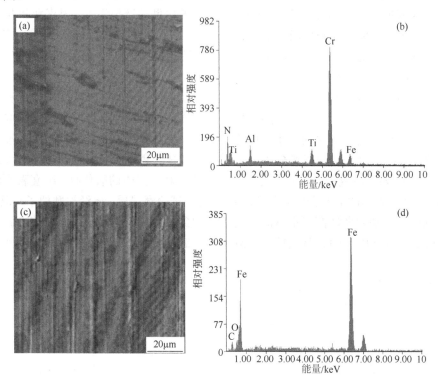

图 8-18　台架试验后 CrTiAlN 复合膜活塞环/激光渗硫缸套摩擦副磨损形貌与成分分析
（a）活塞环磨痕形貌；（b）活塞环磨痕成分分析；（c）缸套磨痕形貌；（d）缸套磨痕成分分析

从图 8-18（a）、（b）可看出，CrTiAlN 复合膜磨损表面光滑平整，分布着细微的磨痕，磨损表面有润滑机油渗入的痕迹，这是由于 CrTiAlN 复合膜表面具有一定孔隙度，附油性极佳，在磨损过程中，润滑机油能够渗入 CrTiAlN 复合膜中，在摩擦磨损过程中能够在摩擦副表面起到充分润滑的效果。CrTiAlN 复合膜磨损表面也没有出现剥落和点蚀现象，主要以磨粒磨损为主。从薄膜磨损表面的能谱分析可以看出，CrTiAlN 复合膜磨损表面主要有 Cr、Ti、Al、N、O 和少量的 Fe 元素，其中 N 元素含量较高，而 O 元素含量相对于 N 元素含量较少，表明台架试验后活塞环表面依旧覆盖着 CrTiAlN 复合膜，且 CrTiAlN 复合膜中的主要化合物还是以氮化物的形式存在，只有部分金属元素被氧化，薄膜依然保持较好的耐磨性能。O 元素来自高温磨损过程中产生的氧化物，少量的 Fe 元素为 CrTiAlN 复合膜液滴磨掉后露出的基体成分。从图 8-18（c）、（d）可看出，与 CrN 薄膜活塞环匹配的缸套磨损表面相比较，与 CrTiAlN 复合膜活塞环匹配的缸套磨损表面也主要以磨粒磨损为主，两者磨损形貌相似，表面也分布着平行于滑动方向的犁沟，但深度较浅，表面相对比较光滑平整，磨损轻微。同时表面还有润滑机油渗入的痕迹，表明该摩擦副之间润滑情况良好，摩擦副主要以磨粒磨损为主，没有出现粘着磨损现象。从缸套磨损表面能谱分析可以看出，磨损表面的主要成分也为

Fe、O 和 C 元素，但 O 元素含量相对较少，表明缸套在磨损过程中产生的氧化物量较少。同样缸套表面也没有出现 S 元素。

通过以上分析可以总结出，CrTiAlN 复合膜活塞环/激光渗硫缸套摩擦副主要以磨粒磨损为主，没有出现粘着磨损现象；而原始摩擦副为综合的磨粒磨损、疲劳磨损、高温粘着磨损和高温腐蚀氧化磨损。摩擦副之间的相互匹配性直接影响摩擦副之间的磨损机制，进而导致不同摩擦副之间抗摩擦磨损性能的差异；由于 CrTiAlN 复合膜表面硬度较高、抗塑性变形能力较强，且与激光渗硫缸套匹配良好，减轻了原始摩擦副中出现的磨粒磨损、疲劳磨损和高温粘着磨损。同时，CrTiAlN 复合膜由于具有非常优良的抗高温氧化和热腐蚀能力，有效降低了活塞环表面薄膜的高温腐蚀氧化磨损。

## 8.5　小结

活塞环/缸套的台架试验表明，CrTiAlN 复合膜活塞环与缸套激光渗硫复合处理配对的摩擦副，具有非常优异的摩擦学匹配性。该摩擦副主要以磨粒磨损为主，没有出现粘着磨损现象；减轻了原始摩擦副的磨粒磨损、疲劳磨损、高温粘着磨损和高温腐蚀氧化磨损。台架试验 1100h 后，CrTiAlN 复合膜活塞环的开口间隙变化平均值约为电镀 Cr 活塞环的 1/25。且与 CrTiAlN 复合膜活塞环匹配的缸套内壁尺寸变化平均值最小，约为与电镀 Cr 匹配的缸套内壁尺寸变化平均值的 1/15。试验后，CrTiAlN 复合膜活塞环表面的薄膜仍然存在，倒角处也无磨损痕迹，继续对活塞环表面起保护作用。有效地解决了活塞环/缸套磨损严重而制约发动机使用寿命的难题，为 CrN 基复合膜在活塞环表面的应用打下良好的基础。

# 参 考 文 献

[1] 张玉申. 高功率密度柴油机及其关键技术 [J]. 车用发动机, 2004, 8 (3): 6-9.

[2] 张英才, 鹿云, 张厚君. 活塞环的摩擦学问题及其对策 [J]. 汽车工艺与材料, 2000, 32 (2): 15-20.

[3] 杨忠敏. 车用动力柴油化的技术研究与开发方向 [J]. 柴油机设计与制造, 2004, 3 (1): 1-6.

[4] 刘星, 聂春光. 中国工业经济发展与工业污染排放的变化 [J]. 统计与决策, 2007, 4: 65-67.

[5] 回春玲. 污水处理设施建设与管理对策探讨 [J]. 沈阳环境科学, 2002, 4: 36-37.

[6] 李宏宇. 发展循环型工业治理我国工业污染 [J]. 理论探讨, 2006 (2): 72-74.

[7] Warcholinski B, Gilewicz A, Kuklinski Z, Myslinski P. Arc-evaporated CrN, CrN and CrCN coatings [J]. Vacuum, 2009, 83 (2): 715-718.

[8] Tam P L, Zhou Z F, Shum P W, Li K Y. Structural, mechanical, and tribological studies of Cr–Ti–Al–N coating with different chemical compositions [J]. Thin Solid Films, 2008, 516 (6): 5725-5731.

[9] Merlo A M. The contribution of surface engineering to the product performance the automotive industry. Surf. Coat. Technol., 2003, 174-175 (2): 21-26.

[10] Oliveira U de, Ocelik V, Hosson J T M de. Micro-stresses and microstructure in thick cobalt-based laser deposited coatings [J]. Surface and Coatings Technology, 2007, 201 (14): 6363-6371.

[11] 贾锡印. 内燃机的润滑与磨损 [M]. 北京: 国防工业出版社, 1988: 15-32.

[12] 李新德. 影响发动机活塞环使用寿命的因素 [J]. 工程机械与维修, 2006, 8 (2): 139-141.

[13] 张家玺. 基于系统理论的缸套活塞环摩擦副失效分析 [J]. 农业机械学报. 2002, 33 (3): 20-24.

[14] Taylor C M. Automobile engine tribology - design considerations for efficiency and durability [J]. Wear, 1998, 221 (3): 1-8.

[15] 范钦满, 陈云飞. 活塞环润滑状态的分析与应用 [J]. 机械设计与制造工程, 2000, 29 (1): 20-22.

[16] 任浸, 内燃机活塞环—缸套摩擦磨损实验方法的研究 [D]. 北京: 北京工业大学硕士论文, 2001: 4-18.

[17] 朱华, 赵勇. 柴油机活塞环磨损的原因及预防 [J]. 润滑与密封, 2006, 21 (2): 186-187.

[18] 刘家浚. 材料磨损原理及其耐磨性 [M]. 北京: 清华大学出版社, 1993: 23-45.

[19] 张清. 金属磨损和金属耐磨材料手册 [M]. 北京: 冶金工业出版社, 1991: 27-45.

[20] 方亮, 高义民, 周庆德. 磨粒磨损中磨粒几何外形参数的分析方法 [J]. 摩擦学学报, 1995, 35 (4): 348-354.

[21] 李金桂编. 腐蚀表面工程技术 [M]. 北京: 化学工业出版社, 2003: 429-440.

[22] 徐滨士, 朱绍华. 表面工程的理论与技术 [M]. 北京: 国防工业出版社, 1999: 344-350.

[23] Vetter J, Barbezat G, Crummenauer J, Avissar J. Surface treatment selections for automotive applications. Surface & Coatings Technology, 2005, 200 (2): 1962-1968.

[24] 毕君. 激光热处理活塞环工艺与机理研究 [J]. 机电工程技术, 2005, 34 (2): 90-93.

[25] 顾卓明, 黄婉娟, 王仁兵. 多层复合镀层工艺与性能的研究 [J]. 机械工程材料, 2002, 26 (10): 26-29.

[26] 钟厉, 韩西, 周上棋. 40Cr 钢离子渗氮层相转变机理研究 [J]. 热加工工艺, 2002 (3): 1-4.

[27] Narendra B, Dahotre S, Nayak. Nanocoatings for engine application [J]. Surface & Coatings Technology, 2005, 194 (2): 58-67.

[28] 孙希泰等. 材料表面强化技术 [M]. 北京: 化学工业出版社, 2005: 12-28.

[29] 梁超. 汽车发动机活塞环的技术现状和发展 [J]. 汽车与配件, 2006, 16 (8): 32-35.

[30] 唐玉红浏千喜, 甘四清等. 活塞环镀铬质量控制 [J]. 汽车配件, 2003, 23 (2): 41-42.

[31] 漆世泽, 鹿云, 韩志勇. 柴油机活塞环镀层摩擦学特性研究 [J]. 汽车技术, 2005, 36 (1): 28-33.

[32] 刘晓红, 余宪海. 柴油机活塞环 Ni-W-SiC 复合电刷镀研究 [J]. 汽车技术, 2005, 24 (4): 25-28.

［33］梁志杰. 现代表面镀覆技术［M］. 北京：国防工业出版社，2005.

［34］Carlos Eduardo Pinedo. The use of selective plasma nitriding on piston rings for performance improvement［J］. Materials and Design. 2003，24（2）：131-135.

［35］傅乐荣，王可. 离子氮碳共渗在柴油机气缸套和活塞环上的应用［J］. 金属热处理，2002，27（6）：37-40.

［36］肖文凯，童风华，李朝志. 马氏体不锈钢活塞环的气体氮化［J］. 热加工工艺，2005，32（8）：47-50.

［37］毕艳丽，关德林，田建明. 船用活塞环的离子软氮化及摩擦磨损特性［J］. 佳木斯大学学报，2004，22（4）：472-475.

［38］江虹，周松流，樊波平. 内燃机活塞环的等离子渗氮［J］. 热处理，2005，20（1）：39-42.

［39］刘稳善，张天明. 活塞环表面等离子喷涂强化及耐磨性能的研究［J］. 柴油机，2004，24（5）：38-40.

［40］Picas J A，Forn A，Matthaus G. HVOF coatings as an alternative to hard chrome for pistons and valves［J］. Wear，2006，261（2）：477-484.

［41］Lima R S，Kucuk A，BerndtU C C. Evaluation of microhardness and elastic modulus of thermally sprayed nanostructured zirconia coatings［J］. Surface and Coatings Technology，2001，135（2）：166-172.

［42］Leon L，Shawa U，Daniel Gobermana etc.The dependency of microstructure and properties of nanostructured coatings on plasma spray conditions［J］. Surface and Coatings Technology，2000，130（2）：1-8.

［43］王福贞，闻立时.表面沉积技术［M］. 北京：机械工业出版社，1989：33-45.

［44］SUDARSHAN T S. 表面改性技术工程师指南［M］. 北京：清华大学出版社，1992：53-75.

［45］Warcholinski B，Gilewicz A，Kuklinski Z，Myslinski P. Arc-evaporated CrN，CrN and CrCN coatings［J］. Vacuum，2009，83（2）：715-718.

［46］Lin J，Wu Z L，Zhang X H，Mishra B. A comparative study of CrNx coatings Synthesized by dc and pulsed dc magnetron sputtering［J］. Thin Solid Films，2009，517（3）：1887-1894.

［47］郝建军，马跃进，张建华. 表面工程技术在车用发动机上的应用［J］. 车用发动机，2001，24（6）：13-15.

［48］汤春峰，曲选辉，段柏华. 内燃机活塞环材料及其表面处理［J］. 内燃机配件，2006，8（5）：3-7.

［49］Longhai Shen，Songning Xu，Naikun Sun，Taimin Cheng. Synthesis of nanocrystalline CrN by arc discharge［J］. Materials Letters，2008，62（5）：1469-1471.

［50］Ernst W，Neidhardt J，Willmann H. Thermal decomposition routes of CrN hard coatings synthesized by reactive arc evaporation and magnetron sputtering［J］. Thin Solid Films，2008，517（3）：568-574.

［51］Pradhan S K，Nouveau C，Vasin T A，Djouadi M A. Deposition of CrN coatings by PVD methods for mechanical application［J］. Surface & Coatings Technology，2005，200（4）：141-145.

［52］Forniés E，Escobar Galindo R，Sánchez O，Albella J M. Growth of $CrN_x$ films by DC reactive magnetron sputtering at constant $N_2$/Ar gas flow［J］. Surface & Coatings Technology，2006，200（1）：6047-6053.

［53］Liu C，Leyland A，Lyon S，Matthews A. An a.c. impedance study on PVD CrN-coated mild steel with different surface roughnesses［J］. Surface and Coatings Technology，1995，76-77（3）：623-631.

［54］Polcar T，Parreira N M G，Novák R. Friction and wear behaviour of CrN coating at temperatures up to 500 ℃［J］. Surface & Coatings Technology，2007，201（5）：5228-5235.

［55］Yajun M，Wancheng Z，Yucong W，Simon T C. Tribological performance of three advanced piston rings in the presence of MoDTC-modified GF-3 oils［J］. Tribology Letters，2005，18（1）：75-83.

［56］Stallard J，Teer D G. A study of the tribological behaviour of CrN，Graphit-iC and Dymon-iC coatings under oil lubrication［J］. Surface & Coatings Technology，2004，188–189（1）：525-529.

［57］周庆刚，白新德，徐健. CrN/Cr 镀膜改性的 H13 钢摩擦学性能［J］. 清华大学学报（自然科学版），2003，43（6）：762-765.

［58］李戈杨.氮分压对 $CrN_x$ 薄膜相结构与力学性能的影响［J］. 电子显微报，2002，21（5）：629-630.

［59］刘兴举，王成彪，于翔．非平衡磁控溅射制备氮化铬膜及其摩擦学性能研究［J］．金属热处理，2005，30（5）：1-4．

［60］朱张校，陈爱国，刘千喜．用于活塞环的多元多层纳米膜的耐磨性研究［J］．汽车技术，2006，16（1）：31-35．

［61］赵晚成，马亚军，李生华．CrN 活塞环涂层的摩擦学性能［J］．润滑与密封，168（2）：59-63．

［62］潘国顺、杨文言等，活塞环表面离子镀硬质膜的摩擦学栓能研究［J］．电子显微学报，2001，20（4）：270-274．

［63］唐伟忠．薄膜材料制备原理、技术及应用［M］．北京：冶金工业出版社，1998：169-198．

［64］田民波，刘德令．薄膜科学与技术手册［M］．北京：机械工业出版社，1991：54-68．

［65］Sun Kyu Kim，Vinh Van Le，Pham Van Vinh．Effect of cathode arc current and bias voltage on the mechanical properties of CrAlSiN thin films［J］．Surface & Coatings Technology，2008，202（2）：5400-5404．

［66］许樵府．离子镀在航空发动机中的应用［J］．新工艺新技术新设备，2002，7（2）：71-72．

［67］Jyh-Wei Lee，Shih-Kang Tien，Yu-Chu Kuo．The effects of pulse frequency and substrate bias to the mechanical properties of CrN coatings deposited by pulsed DC magnetron sputtering［J］．Thin Solid Films，2006，494（3）：161-167．

［68］Alicja Krella，Andrzej Czy zniewski．Cavitation erosion resistance of Cr–N coating deposited on stainless steel［J］．Wear，2006，260（5）：1324-1332．

［69］Stockemer J，Winand R，Vanden P，Brande．Comparison of wear and corrosion behaviors of Cr and CrN sputtered coatings［J］．Surface and Coatings Technology，1999，115（3）：230-233．

［70］Komiya S，Ono S，Umezu N，etal．Charaeterization of Thick Cr-C and CrN Films DePosited by Hollow Cathode Diseharge［J］.Thin Solid Films，1977，45（3）：433-445．

［71］Aubert A，Gillet R．Hard chrome coatings deposited by physical vapour deposition［J］．Thin solid Films，1983，108：165-172．

［72］Shin K K，Dove D B，Crowe J R．Properties of Cr-N films produced by reactive sputtering［J］．J.Vac.Sci.Technol，1986，A4（2）：564-567．

［73］Kashiwagi K，Kobayashi K，Masuyama A.Chromium nitride films synthesized by radio-frequency reactive ion plating［J］．J.Vac.Sci.Technol.，1986，A4（2）：210-214．

［74］Ensinger W，Kuehi M.The formation of chromium nitrogen phases by nitrogen ion implantation during chromium deposition as a function of ion-to-atom arrival ratio［J］．Surf.Coat.Technol.，1997，94-95（2）：433-436．

［75］Ma C H，Huang J H，Haydn C．Texture evolution of transition-metal nitride thin films by ion beam assisted deposition［J］．Thin Solid Filrns，2004，446（2）：184-193．

［76］Lee J W，Huang J H．Mechanical property evaluation of cathodic arc plasma Deposited CrN thin films on Fe-Mn-Al-C alloys［J］．Surf.Coat.Technol.，2003，168（2-3）：223-230．

［77］Bertrand G，Mahdjoub H，Meunier C A．study of the Corrosion behaviour and proteotive quality of sputtered Chromium nitride coatings［J］．Surf. Coat. Teehnol.，2000，126（2-3）：199-209．

［78］Humnans T，Lewis D B，Brooks J S，et al.Chromium nitride coatings grown by unbalanced magnetron（UBM）and combined arc/unbalanced magnetron（ABS）deposition techniques［J］．Surf. Coat. Technol.，1996，86-87（1-3）：192-199．

［79］Laekner J.M.，Waldhauser W，Major B．et al．Growth structure and growth defects in pulsed laser deposited Cr-CrN$_x$-CrC$_x$N$_{1-x}$multilayer coatings［J］．Surf. Coat. Technol.，2005，200（11）：3644-3649．

［80］Zhang W H，Hsieh J H．Tribological behavior of TiN and CrN coatings sliding against an epoxy molding compound［J］．Surface and Coatings Technology，2000，130（4）：240-247．

［81］Rodriguez R J，Guette A．Tribological behaviour of hard coatings deposited by arc-evaporation PVD［J］．Vacuum，2002，67：559-566．

［82］Navinsek B，Panjan P．Oxidation of CrN$_x$ hard coatings reactively sputtered at low temperature［J］．Thin Solid

Films，1993，223（2）：4-6.

［83］Wei Yu Ho，Dung Hau Huang，et al. Study of characteristics of $Cr_2O_3$/CrN duplex coatings for aluminum die casting applications ［J］.Surface and Coatings Technology，2004，177（3）：172-177.

［84］Kimura A，Kawat M. Anisotropic lattice expansion and shrinkage of hexagonal TiAlN and CrAlN films ［J］. Surface and Coatings Technology，2003，169（1）：367-370.

［85］Paulitscha J，Mayrhofer P H，Münz W D. Structure and mechanical properties of CrN/TiN multilayer coatings prepared by a combined HIPIMS/UBMS deposition technique ［J］. Thin Solid Films，2008，517（1）：1239-1244.

［86］Min Zhang，Guoqiang Lin，Guoying Lu. High-temperature oxidation resistant（Cr，Al）N films synthesized using pulsed bias arc ion plating ［J］. Applied Surface Science，2008，254（2）：7149-7154.

［87］石永敬. 镁合金表面磁控溅射沉积 Cr 基涂层的结构与特性研究 ［D］. 重庆：重庆大学博士论文，2009：121-150.

［88］林松盛，代明江，侯惠君. 离子束辅助中频反应溅射（Cr，Ti，Al）N 薄膜的研究 ［J］. 真空科学与技术学报，2006，26（2）：162-165.

［89］Harris S G，doyle E D，Vlasveld A C et al. A study of the wear mechanisms of $T_xAl_xN$ and $Ti_{1-x-y}Al_xCr_yN$ coated high-speed steel twist drills under dry machining conditions ［J］. WEAR，2003，254：723-734.

［90］Lijing Bai，Xiaodong Zhu，Jiming Xiao，Jiawen He. Study on thermal stability of CrTiAlN coating for dry drilling ［J］. Surface & Coatings Technology，2007，201（3）：5257-5260.

［91］韩得虎，田万万，戴嘉维. 磁控溅射 $CrN_x$ 薄膜的制备与力学性能 ［J］. 功能材料，2002，33（5）：500-502.

［92］Zhang G A，Yan P X，Wang P. Influence of nitrogen content on the structural，electrical and mechanical properties of $CrN_x$ thin films ［J］. Materials Science and Engineering，2007，A 460–461（2）：301-305.

［93］Hedenqvist P，Hogmark S. Experience from scratch tesing of tribological PVD coating ［J］.Tribology International，1997，30（7）：507-516.

［94］Billard A，Mercs D，PerryF，FrantzC. Influence of the target temperature on a reactive sputtering process ［J］.Surface and Coatings Technology，1999，116–119（4）：721-726.

［95］Herr W，Matthes B，Broszeit E，Meyer M. Influence of substrate material and deposition parameters on the structure，residual stresses hardness and adhesion of sputtered $Cr_xN_y$ hard coatings ［J］.Surface and Coatings Technology，1993，57（1）：428-433.

［96］Rudigier H，Bergmann E，Vogel J，Properties of ion-plated TiN coatings grown at low temperatures ［J］. Surf. Coat. Technol.，1988，36（2）：675-682.

［97］Dobrev D，Guette A. Ion-beam induced texture formation in vacuum-condensed thin films ［J］. Thin Solid films，1982，92（2）：41-53.

［98］Lee D N. A model for development of orientation of vapour deposits ［J］. J. Mater. Sci.，1989，24（3）：4375-4378

［99］Nam K H，Jung M J，Han J G. A study on the high rate deposition of $CrN_x$ films with controlled microstructure by magnetron sputtering ［J］.Surface and Coatings Technology，2000，131（2）：222-227.

［100］Marinov M. Effect of ion bombardment on the initial stages of thin film growth ［J］. Thin Solid Films，1977，46（1）：267-274.

［101］Gautier C，Moussaoui H，Elstner F，JMachet.Comparative study of mechanical and structural properties of CrN films deposited by D.C.magnetron sputtering and vacuum arc evaporation ［J］.Surface and Coatings Technology，1996，86-87（2）：254-262.

［102］Sang Yul Lee，Gwang Seok Kim，Jun Hee Hahn. Effect of the Cr content on the mechanical properties of nanostructured TiN-CrN coatings ［J］. Surface and Coatings Technology，2004，177（2）：426-433.

［103］陈灵，曾德长，邱万奇，董小虹. TiAlCrN 和 TiAlCrN/CrN 复合膜的微观组织与力学性能 ［J］. 中国

有色金属学报，2009，19（9）：1608-1612.

［104］Cherng-Yuh Su，Cheng-Tang Pan，Tai-Pin Liou. Investigation of the microstructure and characterizations of TiN/CrN nanomultilayer deposited by unbalanced magnetron sputter process［J］. Surface & Coatings Technology，2008，203（2）：657-660.

［105］李戈扬. 纳米多层膜的微结构与超硬效应［J］. 上海交通大学学报，2001，35（3）：457-461.

［106］Kikuchi N，Kitagawa M，Sato A，et al. Elastic and plastic energies in sputtered multilayered Ti/ TiN films estimated by nanoindentation［J］. Surf. Coat. Technol.，2000，126（2-3）：131-135.

［107］Erturk E，Heuvel H J. Adhesion and structure of TiN arc coatings［J］. Thin Solid Films，1987，153（2）：135-147.

［108］Mendibide C，Steyer P，Fontaine J. Improvement of the tribological behaviour of PVD nanostratified TiN/CrN coatings - An explanation［J］. Surface & Coatings Technology，2006，201（6）：4119-4124.

［109］Sang Yul Lee，Gwang Seok Kim，Jun Hee Hahn. Effect of the Cr content on the mechanical properties of nanostructured TiN-CrN coatings［J］. Surface and Coatings Technology，2004，177-178（2）：426-433.

［110］ZAB IN SKIJ S，VOEVOD IN A A. Recent development of design of deposit ion and processing of hard coatings ［J］. J.Vac.Sci.Technol.，1998，16（3）：1890-1893.

［111］V ETTER J ，SCHOLL H J ，KN ETEK O. (Ti, Cr) N coatings deposited by cathodic vacuum arc evaporation ［J］. Surface and Coatings Technol，1995，74-75（2）：286-291.

［112］Makino Y，Nogi K. Synthesis of pseudobinary Cr-Al-N films with B1 structure by rf-assisted magnetron sputtering method［J］. Surf. Coat. Technol，1998，98（3）：1008-1012.

［113］Uchida M，Nihira N，Mitsuo A. Friction and wear properties of CrAlN and CrVN films deposited by cathodic arc ion plating method［J］. Surf. Coat. Technol.，2004，177-178（1）：627-630.

［114］Barshilia H C，Selvakumar N，Deepthi B. A comparative study of reactive direct current magnetron sputtered CrAlN and CrN coatings［J］. Surface & Coatings Technology，2006，201（2）：2193-2201.

［115］Hiroyuki Hasegawa，Masahiro Kawate，Tetsuya Suzuki. Effects of Al contents on microstructures of $Cr_{1-x}Al_xN$ and $Zr_{1-x}Al_xN$ films synthesized by cathodic arc method［J］.Surface & Coatings Technology. 2005，200（4）2409-2413.

［116］Yao Y K. Stoichiometry and Thermodynamics of Metallurgical Processes［M］. Cambridge：Cambridge University Press，1985：22-34.

［117］RU Qiang，HU Shejun，HUANG Nacan. Properties of TiAlCrN coatings prepared by vacuum cathodic arc ion plating［J］. RARE METALS，2008，27（3）：251-255.

［118］Khonsari M M，Wang S H. On the role of particulate contamination in scuffing failure［J］. Wear，1990，137（1）：51-62.

［119］马亚军. 活塞环涂层与全配方发动机油的摩擦学复配性能研究［D］. 北京：清华大学博士论文，2004：1-30.

［120］崔洪芝，尹华跃. 等离子束气缸套内壁硬化处理新技术［J］. 金属热处理，2000，34（3）：28-30.

［121］邱复兴，高阳. 活塞环气缸套的喷钼及钼合金表面处理［J］. 内燃机配件，2003，24（1）：7-9.

［122］刘元富，李恒清，柳国萍. 柴油机气缸套等离子多元共渗研究［J］. 石油机械，2000，28（1）：20-23.

［123］Skopp A，Kelling N，Woydta M. Thermally sprayed titanium suboxide coatings for piston ring/cylinder liners under mixed lubrication and dry-running conditions［J］. Wear，2007，262（2）：1061-1070.

［124］徐滨士，张振学，马世宁.新世纪表面工程展望［J］. 中国表面工程，2000，46（1）：2-7.

［125］杨国成，汪根培，蒋成彪. 激光淬火提高气缸套的耐磨性［J］. 江苏理工大学学报（自然科学版），2000，21（5）：17-22.

［126］张勇，简弃非，张有. 气缸套二维磨损对活塞环-气缸套摩擦副润滑特性的影响［J］. 内燃机学报，2001，19（1）：84-87.